矿区钒的时空分布
及微生物转化规律

张宝刚 等 著

科 学 出 版 社

北 京

内 容 简 介

本书是作者及其研究团队对其十余年“钒与微生物相互作用”研究的系统总结。研究团队依托攀枝花等多个钒冶炼场地，系统开展了钒的时空分布与微生物转化的研究，揭示了矿区地质环境不同介质（大气、土壤、水体、沉积物等）中钒的时空分布规律与赋存形态，绘制了第一张全国钒冶炼场地土壤污染水平图，评估了其污染水平与健康风险，阐明了土著微生物群落响应特征；解析了土著微生物群落转化钒的规律与群落结构演替特征，系统探究了营养元素（碳、氮、磷）、共存物质（电子供体类、电子受体类）与自然电场（阳极区、阴极区）对微生物介导的钒转化的影响规律。研究团队率先开启了矿区钒微生物生态的研究领域，揭示了微生物转化五价钒的过程与机理，有利于增强对钒生物地球化学过程的全面认识，也有利于生物修复技术在绿色矿山建设中推广应用。

本专著可供地球科学、环境科学等领域的科研人员、管理人员参阅，也适用于高等院校相关专业教师教学参考。

图书在版编目(CIP)数据

矿区钒的时空分布及微生物转化规律／张宝刚等著．—北京：科学出版社，2023.3

ISBN 978-7-03-074449-4

Ⅰ．①矿…　Ⅱ．①张…　Ⅲ．①钒矿物-时空分布-研究 ②钒矿物-微生物-转化-研究　Ⅳ．①P618.61

中国版本图书馆 CIP 数据核字（2022）第 253017 号

责任编辑：焦　健／责任校对：何艳萍
责任印制：吴兆东／封面设计：北京图阅盛世

科学出版社 出版
北京东黄城根北街 16 号
邮政编码：100717
http://www.sciencep.com
北京建宏印刷有限公司 印刷
科学出版社发行　各地新华书店经销
*
2023 年 3 月第　一　版　开本：787×1092　1/16
2023 年 3 月第一次印刷　印张：10 1/4
字数：250 000

定价：138.00 元

（如有印装质量问题，我社负责调换）

前　　言

钒作为我国重要的战略性关键金属，具有优异的性能，被称为“工业味精”“金属维生素”，在现代工业中广泛用作添加剂、催化剂。我国钒资源储量和产量均居世界第一位，钒矿开采、冶炼活动导致大量的钒进入地质环境，以钒为代表的微量元素地球化学行为日益受到关注。钒是中高毒性的污染物，过量的钒会对生命体产生严重危害，钒是氧化还原敏感金属，其毒性随着价态的升高而增大。微生物可实现钒的还原解毒，由此形成的生物修复技术具有经济高效、可实现原位修复的优点。因此，钒的环境生物地球化学行为是地球科学、环境科学领域的研究热点与学科前沿。

虽然自20世纪70年代起，逐渐有纯菌转化钒的零星报道，但相关研究只报道了纯菌可以还原钒的现象，并未从宏观地球科学视角与微生物群落层面对微生物转化钒进行阐释。自2009年起，笔者团队以“钒与微生物相互作用”为核心，依托四川攀枝花等国内多个钒冶炼场地，系统开展钒的时空分布与微生物转化的研究。在国际上率先开启了矿区钒微生物生态研究新方向，较早报道了微生物群落转化钒的规律，全面揭示地质环境中钒的赋存、微生物群落响应及微生物转化钒的规律，逐渐引领了钒环境生物地球化学的学科发展。取得的主要创新性成果包括以下几方面。

（1）在钒的时空分布与微生物响应方面，绘制了第一张全国钒冶炼场地土壤污染水平图，评估了不同区域钒赋存形态、污染水平及健康风险的差异，率先阐明了钒冶炼区域地质环境介质中微生物群落结构特征及对钒的响应机理，为厘清地质环境中钒的环境归趋，识别钒分布特征与赋存形态，开展有针对性的生物修复，提供了有效指导。

（2）在微生物群落转化钒方面，阐明了厌氧条件下微生物转化钒的机理与群落动态演化特征，刻画了地质环境介质中共存物质影响微生物转化钒的过程与机理，描绘了自然电场（阳极区、阴极区）对微生物介导的钒转化的影响规律，有利于阐明地质环境中微生物介导的钒的转化特征与识别主控因素，为实现钒污染地质环境的高效生物修复提供了思路。

本书是笔者团队近十年“钒与微生物相互作用”领域相关研究的系统总结。全书共7章：第1章介绍了钒的相关性质与研究背景；第2章剖析了矿区土壤介质中钒的时空分布特征及微生物群落动态响应规律；第3章阐释了其他环境介质（大气、水体沉积物）中钒的分布规律及对微生物群落的影响；第4章从微生物群落演替和有机电子供体角度揭示了混合微生物转化钒的特征；第5章阐明了共存物质（电子供体、电子受体）对微生物转化钒的影响；第6章报道了电场环境（阳极区、阴极区）对微生物转化钒的影响；第7章总结了现有研究成果及未来可能的研究内容。其中第1章、第6章、第7章由张宝刚、田彩星撰写；第2章由曹学龙、王松等合作完成；第3章由刘子齐、王亚男等撰写；第4章由田彩星、刘辉等撰写；第5章由成玉彤、王忠骊、李佳霖、李宗岩等合作完成。全书由贺锦曦完成排版，最后由张宝刚统稿定稿。

本书所涉及的研究内容，得到国家自然科学基金、教育部博士点基金及北京市自然科学基金的大力支持，在此表示衷心感谢！相关成果通过了以彭苏萍院士为组长的评审组的成果鉴定，达到了国际先进水平，获得了 2021 年度绿色矿山科学技术奖一等奖。本书得到了笔者的恩师、北京大学倪晋仁院士的指导与推荐，获得了 2021 年度南京大学紫金全兴环境基金出版基金，在此表示诚挚的谢意！

笔者及研究团队矢志于钒的环境生物地球化学研究，期待形成特色突出、见解独到的环境钒研究体系，但由于能力和水平有限，疏漏之处在所难免。不当之处，恳请业界专家、广大同仁批评指正、不吝赐教，共同推动钒环境生物地球化学学科的发展。

张宝刚

2023 年 1 月

目　录

第1章　引　　言

钒是一种过渡金属，在元素周期表中位于第四周期VB族。1830年，瑞典科学家首次发现此金属元素，该金属性质介于典型金属与弱典型金属之间。钒是d区元素，其原子具有五个价电子而且都可以形成化学键。钒具有多个价态，分别为+2、+3、+4和+5，自然环境中的钒常以+3、+4和+5价态存在。钒是一种单晶金属，其质地坚硬、熔点高。钒的用途广泛，目前主要作为添加剂添加到钢铁合金中来增加其强度与抗腐蚀能力，约占钒用量的85%（Schlesinger et al.，2017）。此外，钒和其他金属制成合金用于航空航天和武器制造中，钒钛合金强度高、延伸性强、机械性能良好，目前被广泛用于飞机、火箭发动机、喷射引擎、坦克履带及舰船耐压壳体，用量约10%。在化工方面，其可以作为催化剂、显色剂、干燥剂等（Bredberg et al.，2004）。钒可以作为颜料添加剂，也可以作为蓝色着色剂。钒的氧化物和偏钒酸盐可以用于生产印刷油墨。此外，钒可以用来制作钒液流电池，钒液流电池寿命长，能耐受大电流充放，目前被广泛使用，用量约5%（Zhang et al.，2018）。

钒可以通过多种途径进入地质环境中，土壤、地下水、地表水与沉积物中均存在钒的污染问题。其中人类对钒矿的开采与冶炼是造成钒污染的主要原因。钒冶炼过程中对矿物中的钒提取度只有70%（黄婉玉，2012），导致钒尾矿渣中依然含有大量的钒。矿渣中的钒在堆积的过程中由于降雨风化等作用从矿渣中被释放出来进而污染周边的土壤和地下水。钒冶炼过程中钒矿及石煤中的钒被提炼出来，钒会随着各类不同工艺而流入环境中，废气中的钒通过大气的湿沉降及干沉降等过程会污染周边土壤及地表水。含钒废水的排放能够严重污染周边的水环境。在钒的开采工艺过程中包括采矿、选矿、冶炼及尾矿在内的多个过程，周边的土壤均受到了钒的污染（Cao et al.，2017）。钒钛磁铁矿中的钒在水化学作用下也会释放到环境中。催化剂及其他钒制品的大量使用会逐渐污染周边环境。

这些研究均表明采矿、冶炼等人为活动使大量的钒释放到环境中，造成环境污染。钒作为一种痕量金属，对人体和一些生物体来说是一种必需的元素（Nielsen et al.，1990），其毒性相对较小，对于目前已经造成的钒的污染关注度不高。地质环境中钒的赋存水平及其可能造成的环境影响长期被忽视。然而钒是一种有毒的金属，当其在动植物体内累积量达到一定程度时会对动植物产生毒害作用。钒可以通过两种途径进入体内：第一种是通过饮食摄入含钒的食物导致钒在体内累积富集；第二种是通过皮肤接触和含钒废气的吸入导致钒进入体内。体内钒含量过多能够导致包括肺肿瘤、哮喘、结膜炎、鼻炎在内的多项疾病（Ngwa et al.，2009），研究表明钒具有致突变、致癌、致畸作用，钒污染的地表水能够引起鱼类死亡（Gillio et al.，2020）。污染土壤中的钒可以通过植物富集与食物链传递进入人体内，受钒污染的饮用水水源会对周边人类健康造成严重危害。因此应该重视钒污染地质环境。

目前钒污染比较严重的主要国家有中国、俄罗斯、南非等（Zou et al.，2019）。美国地质勘探局的钒矿产统计研究显示我国钒储蓄量居世界第一，是钒资源大国。我国的钒资源主要分布在四川、湖南、湖北和甘肃等地，其中四川钒储备量占全国的85.5%。近年来，地质环境中钒的分布正在逐渐被研究。Yang等（2017）在我国第一次土壤污染普查过程中系统调查了我国630万km^2国土面积钒分布情况及风险评估情况，覆盖了我国除香港、澳门和台湾外的所有省、市、自治区。典型污染区域的土壤钒分布及形态分布也被大量研究（Cao et al.，2017；祝贺等，2016；Zhang et al.，2015；Teng et al.，2011）。不同溪流和各类沉积物中钒的分布也被广泛研究（Zhou et al.，2019；王蕾等，2009；段丽琴等，2009）。这些研究通常是针对某一种特定的环境介质进行的研究，而很少有研究系统地考虑钒在大气、水体、土壤和沉积物等环境中的分布情况，以及其随着时间变化的分布特征。同时，进入地质环境中的钒对广泛存在的微生物的影响的了解仍不足。

土壤微生物作为土壤生态系统中重要的生命体组成，不仅在指示土壤生态系统稳定性方面发挥着重要作用，同时还具有巨大的土壤环境修复潜力（许光辉等，1991）。环境介质中的钒累积会改变微生物的群落结构（Yang et al.，2014）。环境中的钒能够显著影响微生物活性和群落结构，在钒含量过高地区，微生物的活性和土壤酶活性以及基础呼吸被严重抑制（Xiao et al.，2015）。Cao等（2017）报道在受钒污染的土壤中土壤微生物群落组成由土壤中钒含量以及其他营养物质决定。在地下水钒修复性研究中，水环境中的钒浓度越高，其系统中微生物群落的丰度和多样性越低（Kamika et al.，2014）。沉积物中钒的存在也对微生物群落结构的多样性和丰度有影响（Shaheen et al.，2019）。在各类受钒污染的环境介质中微生物的群落分布均与钒的分布有一定的相关性。钒能够显著影响地质环境中的微生物群落，在不同的钒浓度下微生物的结构不同。另外，Yelton等（2013）的研究表明，在添加乙酸盐和钒酸盐（V^{5+}）的地下水沉积物体系中，由微生物介导的V^{5+}的转化率高达99%，为生物修复方法处理环境中钒污染提供了可能。然而钒的转化受到共存物质和周围环境条件的影响，但这些条件的影响规律尚未揭示。

本成果依托国家自然科学基金教育部博士点基金及北京市自然科学基金，探究了矿区土壤和其他介质中的钒污染时空分布情况，同时借助分子生物学等手段阐明微生物在此基础上的响应方式，确定钒的形态变化与微生物在重金属（HMs）钒胁迫下的演替特征。为进一步探讨微生物转化钒的规律，在确定混合微生物对钒转化的过程后，探讨了不同碳源、共存电子供体、共存电子受体及电场环境对实验室条件下钒转化的影响，探索反应的功能微生物，并通过物理表征对反应机理作出分析和评估，促进微生物修复在不同介质钒污染中的实际应用。

参考文献

段丽琴，宋金明，许思思．2009. 海洋沉积物中的钒、钼、铊、镓及其环境指示意义．地质论评，55（3）：420-427.

黄婉玉，樊虎玲，邱梅，等．2012. 添加V(Ⅴ)对厌氧水稻土中Fe(Ⅲ)还原的影响．西北农业学报，21（9）：189-194.

王蕾，滕彦国，王金生，等．2009. 攀枝花尾矿库溪流中钒的分布及化学形态．环境化学，28（3）：445-448.

许光辉，李振高．1991．微生物生态学．南京：东南大学出版社．
祝贺，孙志高，衣华鹏，等．2016．黄河口不同类型湿地土壤中钒和钴含量的空间分布特征．水土保持学报，30（1）：315-320.
Bredberg K，Karlsson H T，Holst O. 2004. Reduction of vanadium（V） with *Acidithiobacillus ferrooxidans* and *Acidithiobacillus thiooxidans*. Bioresource Technology，92（1）：93-96.
Cao X，Diao M，Zhang B，et al. 2017. Spatial distribution of vanadium and microbial community responses in surface soil of Panzhihua mining and smelting area，China. Chemosphere，183：9-17.
Gillio M E，Niyogi S，Liber K. 2020. Multiple linear regression modeling predicts the effects of surface water chemistry on acute vanadium toxicity to model freshwater organisms. Environmental Toxicology and Chemistry，39（9）：1737-1745.
Kamika I，Momba M N. 2014. Microbial diversity of Emalahleni mine water in South Africa and tolerance ability of the predominant organism to vanadium and nickel. PLoS One，9（1）：86189.
Ngwa H A，Kanthasamy A，Anantharam V，et al. 2009. Vanadium induces dopaminergic neurotoxicity via protein kinase Cdelta dependent oxidative signaling mechanisms：relevance to etiopathogenesis of Parkinson's disease. Toxicology and Applied Pharmacology，240（2）：273-285.
Nielsen F H，Uthus E O. 1990. The Essentiality and Metabolism of Vanadium. Vanadium in Biological Systems. Dordrecht：Springer.
Schlesinger W H，Klein E M，Vengosh A. 2017. Global biogeochemical cycle of vanadium. Proceedings of the National Academy of Sciences of the United States of America，114（52）：11092-11100.
Shaheen S M，Alessi D S，Tack F M G，et al. 2019. Redox chemistry of vanadium in soils and sediments：interactions with colloidal materials，mobilization，speciation，and relevant environmental implications–A review. Advances in Colloid and Interface Science，265：1-13.
Teng Y，Yang J，Sun Z，et al. 2011. Environmental vanadium distribution，mobility and bioaccumulation in different land-use districts in Panzhihua Region，SW China. Environmental Monitoring and Assessment，176（1-4）：605-620.
Xiao X，Yang M，Guo Z，et al. 2015. Soil vanadium pollution and microbial response characteristics from stone coal smelting district. Transactions of Nonferrous Metals Society of China，25（4）：1271-1278.
Yang J，Huang J，Lazzaro A，et al. 2014. Response of soil enzyme activity and microbial community in vanadium-loaded soil. Water，Air，and Soil Pollution，225（7）：2012.
Yang J，Teng Y，Wu J，et al. 2017. Current status and associated human health risk of vanadium in soil in China. Chemosphere，171：635-643.
Yelton A P，Williams K H，Fournelle J，et al. 2013. Vanadate and acetate biostimulation of contaminated sediments decreases diversity，selects for specific taxa，and decreases aqueous V^{5+} concentration. Environmental Science and Technology，47（12）：6500-6509.
Zhang B，Zou S，Cai R，et al. 2018. Highly-efficient photocatalytic disinfection of *Escherichia coli* under visible light using carbon supported vanadium tetrasulfide nanocomposites. Applied Catalysis B：Environmental，224：383-393.
Zhang Y，Zhang Q，Cai Y，et al. 2015. The occurrence state of vanadium in the black shale-hosted vanadium deposits in Shangling of Guangxi Province，China. Chinese Journal of Geochemistry，34（4）：484-497.

Zhou Y, Gao L, Xu D, et al. 2019. Geochemical baseline establishment, environmental impact and health risk assessment of vanadium in lake sediments, China. Science of the Total Environment, 660: 1338-1345.
Zou Q, Xiang H, Jiang J, et al. 2019. Vanadium and chromium-contaminated soil remediation using VFAs derived from food waste as soil washing agents: a case study. Journal of Environmental Management, 232: 895-901.

第 2 章　土壤钒污染及微生物群落动态

2.1　钒冶炼不同工艺阶段对土壤的污染与微生物响应

土壤作为陆地生态系统的基本组成部分，在为生物体提供生境和营养物质方面扮演着重要的角色（Schadt et al., 2003）。因此，清洁安全的土壤环境是保障经济社会可持续发展的物质基础。根据我国首次开展的全国土壤污染状况调查（从 2005 年 4 月至 2013 年 12 月），我国土壤污染形势相当严峻，全国范围内的土壤总超标率高达 16.1%，其中重金属等无机污染物的超标点位更是达到了总超标点位的 82.8%，由此造成的粮食减产及经济损失难以估计。由于土壤重金属污染具有长期性、隐蔽性与不可逆性的特点，一旦土壤中的重金属通过食物链的形式累积放大，将严重影响人类的健康与生命安全（李广云等，2011）。

金属钒广泛分布在地壳中，据统计，地壳中金属钒的总含量比铜和铅的含量要高。钒作为一种宝贵的战略性资源，目前广泛应用于冶金、化工、轻工、电子及机械制造等现代工业领域（Ortizbernad et al., 2004）。自 20 世纪初期人们开始大量地开采及利用钒矿，钒制品的社会需求量与日俱增，随着含钒燃料的燃烧（如煤、石油等）及含钒矿物的高温工业（如钢铁冶炼、燃煤电厂等）快速发展，大量的钒被释放到环境中。作为大自然中一个开放的体系，土壤是环境中各种污染物的重要载体，环境中的金属钒不可避免地会进入这个体系，造成土壤钒浓度的不断升高。中国环境监测总站于 1990 年发布的土壤背景值研究表明，我国各类土壤钒的背景值的平均值为 78.6mg/kg（王云等，1995）。由于钒冶炼活动的不断增加，我国部分矿区的土壤钒浓度已高于土壤钒的背景值，土壤钒的污染问题值得密切关注。

2.1.1　不同工艺阶段对土壤污染情况

攀枝花西昌矿区储藏有丰富的钒钛磁铁矿资源，自 1978 年攀枝花钢铁公司建成雾化提钒的生产车间，钒制品的生产量与需求量正逐渐增大。在含钒矿物的开采、钒制品的生产与加工等阶段都会产生大量有毒有害的物质，对攀枝花矿区的自然环境势必造成一定的负面影响。同时土壤还是一个开放的环境体系，为自然环境中各种污染物质提供了最终的归宿。攀枝花矿区不同的钒生产工艺阶段会对周围土壤造成不同程度的污染，不同的钒污染程度都将影响土壤微生物的生长代谢，造成土壤中的土著微生物在群落结构与功能上的差异。

采集不同钒生产工艺阶段的 20cm 深表层土壤进行分析，样品涉及钒矿开采及钒制品加工生产的 5 个阶段，包括朱家包采矿场、排土场、选矿厂、钒冶炼厂及马家田尾矿库周围的场地土壤及农田土壤，首先对其基本理化性质进行了分析，指标包括土壤 pH、有机质、总氮、有效磷和有效硫。其中，土壤中含氮的有机物可在微生物的作用下分解成无机态的氮（氨氮和硝态氮）。有效磷，也称速效磷，包括全部水溶性的磷、部分吸附态的磷和有机态的磷，代表的是土壤中可以被植物所吸收的磷组分。有效硫随土壤性质的不同而会产生较大的不同，包含可溶性的硫和吸附态的硫。表 2.1 展示了普通土壤样品与农田土壤样品相关理化性质的分析结果，可以看出，攀枝花矿区选定的 5 个区域的土壤 pH 范围为 6.5 ~ 8.5，需要注意的是农田土壤的数值稍高于普通土壤。其中，钒钛磁铁矿的开采区的土壤主要呈现的是中性（6.5 ~ 7.5），而其他钒生产工艺阶段周围的土壤呈现的是偏碱性（7.5 ~ 8.5）。土壤中有机质含量的范围在 10 ~ 41g/kg（属于矿质土壤，有机质含量低于 200g/kg），其可提供土壤异养微生物正常代谢所需要的碳源。土壤总氮含量与有效磷含量的数值呈现普通土壤低于农田土壤的趋势，而有效硫含量的趋势则相反。土壤理化性质指标的测定，为土壤微生物生存的外部环境提供了数据支撑。

表 2.1　攀枝花矿区普通土壤样品与农田土壤样品的基本理化性质

取样点		pH	有机质含量/(g/kg)	总氮含量/(g/kg)	有效磷含量/(mg/kg)	有效硫含量/(mg/kg)	总钒含量/(mg/kg)
采矿场	普通土壤	6.80	26.02	0.30	10.23	33.47	149.31
	农田土壤	7.31	17.70	1.41	18.89	23.10	102.72
排土场	普通土壤	8.15	12.36	0.06	10.46	12.86	274.36
	农田土壤	8.48	11.59	0.95	11.19	8.52	146.01
选矿厂	普通土壤	8.10	10.96	0.14	35.58	22.81	223.16
	农田土壤	8.30	11.45	1.01	12.30	10.05	130.43
冶炼厂	普通土壤	8.17	10.90	0.11	20.87	26.04	4793.55
	农田土壤	7.34	20.45	2.86	38.34	7.49	1129.32
尾矿库	普通土壤	7.84	40.48	0.03	13.89	43.72	177.84
	农田土壤	8.25	26.49	2.53	20.26	22.43	136.89

攀枝花矿区蕴藏着丰富的钒钛磁铁矿资源，已知金属钒具有一定的毒性作用，所以其在土壤中的分布特征是本章所关注的重点之一。表 2.1 包含不同取样点土壤中钒含量的分析测定结果，从中可以看出，采集于攀枝花矿区不同工艺阶段的 10 个土壤样品中钒的含量都普遍高于中国土壤钒的背景值（82mg/kg）（Chen et al.，1991）。比较选定的不同工艺阶段周围土壤中钒含量的数值，可以发现存在以下关系：冶炼厂>排土场>选矿厂/尾矿库>采矿场。钒冶炼厂周围土壤中钒的含量普遍高于其他工艺阶段，尤其钒冶炼厂普通土壤中的钒含量达到了 4793.55mg/kg，这是因为冶炼过程会使得矿物的理化性质发生较大的改变，金属钒会以气溶胶或细小颗粒的形式进入大气环境，随后通过大气的干湿沉降进入土壤环境（Yang et al.，2013）。已有研究表明，钒钛磁铁矿中钒约占 0.95%，而用于钒冶炼所需要的钢渣中所含钒的比例超过了 10%，这也从另一个方面说明了钒冶炼厂周围土壤中钒含量异常偏高的原因（Zhao et al.，2013）。先前针对攀枝花矿区土壤剖面中钒含量

的研究显示，钒在表层土壤中的富集，其原因在于受到母质风化和矿区人为扰动的共同影响，在表层土壤以下，钒含量随土壤深度的增加而逐渐降低（滕彦国等，2011，2007）。需要特别注意的是，已有文献对该区域钒冶炼厂周围土壤的钒含量数值的报道（208.1～938.4mg/kg），而在此研究中冶炼厂周围的普通土壤中钒的含量为4793.55mg/kg，农田土壤为1129.32mg/kg，以此可以明显得出该矿区的钒污染程度正在不断加深（Teng et al.，2011）。这些结果进一步表明对钒污染下微生物的群落结构进行研究的迫切性。

2.1.2　不同工艺阶段土壤细菌群落变化

对不同工艺阶段周围的普通土壤与农田土壤样品的16S rRNA基因进行高通量测序，对原始数据样品进行区分与统计后，采矿场、排土场、选矿厂、冶炼厂与尾矿库的普通土壤分别获得24451、22581、24523、23959和38553条有效序列，农田土壤分别获得23655、23062、20739、25790和21396条有效序列。普通土壤编号依次为CK-0、PT-0、XK-0、YL-0及WK-0，农田土壤编号为CK-N-0、PT-N-0、XK-N-0、YL-N-0和WK-N-0。

借助分子生物学技术的应用可以得到丰富的生物信息。图2.1展示的是不同土壤细菌群落的稀释性曲线［基于97%相似度的OTU（operational taxonomic units，分类操作单元）］，由此可以得到所有土壤样品中细菌群落丰度的关系。可以看出，除选矿厂土壤样品外，其他工艺阶段农田土壤中的细菌丰度普遍高于相应的普通土壤，然而已知普通土壤中的钒含量高于相对应工艺阶段的农田土壤，这是由于植物的存在一方面加速了土壤中钒向土壤外环境的迁移，另一方面植物可以促进物质循环与能量流动，对土壤微生物的演替具有重要的推动作用（毕江涛等，2009）。

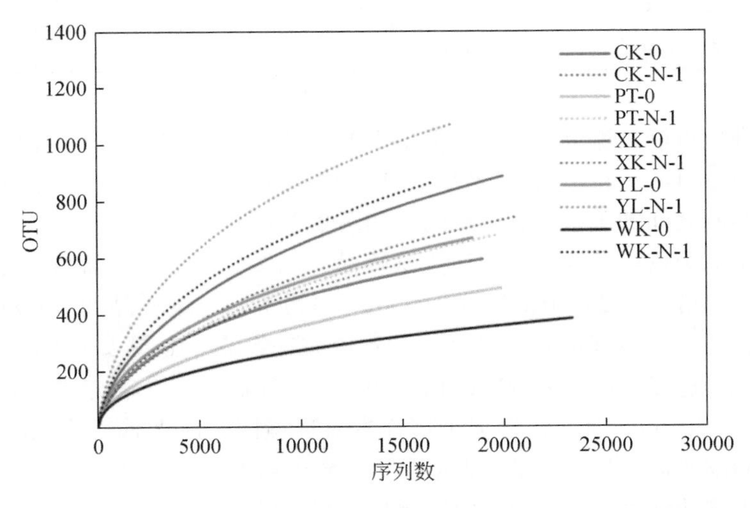

图2.1　攀枝花矿区不同工艺阶段普通土壤与农田土壤细菌群落的稀释性曲线

表2.2是不同土壤样品细菌群落的多样性指数表，其中Chao1指数和Ace指数在生态学中常用来估计物种的总数，而Shannon指数用以估算样品中微生物多样性，其数值越

大，说明群落多样性越高（Lu et al.，2012）。可以看出Chao1指数和Ace指数估算的物种总数的关系与稀释性曲线的结果一致，而且可以由表2.2得到土壤样品中的细菌丰度与细菌多样性呈正相关关系，即土壤样品中的细菌丰度越高，其多样性一般也越高。通过查阅相关文献发现，攀枝花矿区土壤细菌群落的丰度与多样性低于其相邻地区（惠东县），这可能是由于土壤中钒的存在对土壤种的细菌群落产生了毒害作用，从而降低了细菌群落的丰度与多样性（Fu et al.，2016）。然而将不同土壤样品中的钒含量与土壤细菌群落的丰度或多样性进行对比发现，5个工艺阶段周围的普通土壤或农田土壤中钒的大量存在并未对土壤细菌群落产生直接且明显的负面影响。举例来说，钒冶炼厂周围的农田土壤中钒含量的数值在所有农田土壤样品中最高（含量为1129.32mg/kg），然而该土壤样品中细菌群落的丰度与多样性最大。

表2.2　攀枝花矿区不同工艺阶段普通土壤与农田土壤细菌群落的多样性指数表

取样点		Chao1指数	Ace指数	Shannon指数
采矿场	普通土壤	902.33	1028.34	3.01
	农田土壤	1145.23	1362.45	3.46
排土场	普通土壤	829.31	1015.33	3.17
	农田土壤	1048.26	1316.53	3.25
选矿厂	普通土壤	1381.69	1378.25	4.20
	农田土壤	936.13	1168.96	3.60
冶炼厂	普通土壤	1013.30	1229.82	3.78
	农田土壤	1464.15	1503.21	4.74
尾矿库	普通土壤	692.50	830.75	3.29
	农田土壤	1444.65	1659.92	4.22

基本理化性质可能是造成土壤细菌群落丰度与多样性不同的另一个原因，研究随后引入冗余分析（redundancy analysis，RDA），用于检测并揭示土壤样品、环境因子、优势菌群三者之间或两两之间的关系，其分析结果如图2.2所示。

该分析选定的土壤样品为5个普通土壤样品，图2.2中的第一轴解释了57.22%的群落变化，而第二轴解释了23.30%的群落变化。因为不同土壤样品的pH相差不大，所以选定的土壤理化性质包括有机质、总氮、有效磷和有效硫。由图2.2可以看出，有机质、有效磷和有效硫是造成土壤细菌群落结构不同的主要环境因子，这与之前的研究结果相吻合（Zhang et al.，2016）。其次，根据土壤样本对环境因子所做垂线得到的距离可知，冶炼厂与选矿厂周围普通土壤中的细菌群落受有效磷的影响较大。不同于其他工艺阶段，排土场周围普通土壤的细菌群落受环境因子的影响并不明显。由环境因子间的夹角分析可知，有机质与有效硫之间呈正相关关系，而与有效磷呈负相关关系。除以上讨论的环境因子外，土壤中的钒也是影响土壤细菌群落的关键因素，已有研究表明钒可以通过与硫元素的结合来影响其生物可利用性，而且钒的存在会影响细菌的磷代谢（Zhang et al.，2014；Taylor et al.，2006）。

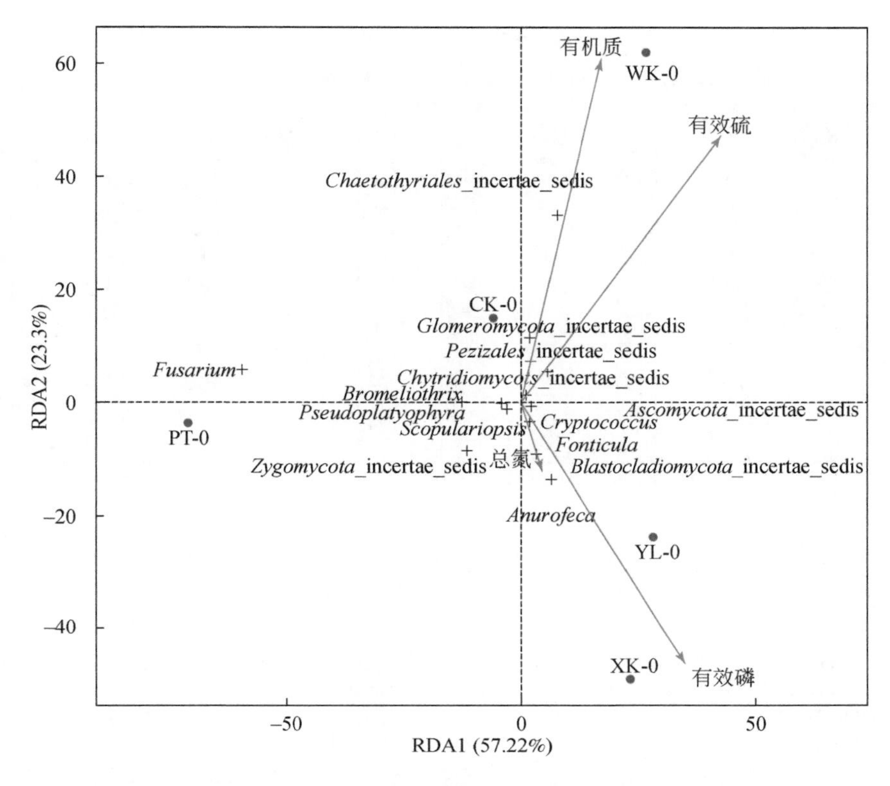

图 2.2 普通土壤样品中优势菌群与环境因子的冗余分析图

为了直观显示不同土壤样品在细菌群落结构上的不同，对所有土壤样品在门层面上（占比低于0.5%的门计入其他）进行统计，结果如图2.3所示。由图2.3可得，实验选定的不同工艺阶段周围的10个土壤样品中都普遍存在3个占优势的细菌门类，分别是拟杆菌门（Bacteroidetes）、厚壁菌门（Firmicutes）和变形菌门（Proteobacteria），然而这些占优势的细菌门类在不同土壤样品细菌群落中所占的比例明显不同。

将细菌群落在纲层面（占比低于0.5%的纲计入其他）进行统计，可以更加清晰地展示不同土壤样品中的细菌群落差异，所得结果如图2.4所示。由图2.4可以看出，不同土壤中的细菌在纲层面的组成各不相同，富集于土壤中的细菌微生物主要有放线菌纲（Actinabacteria）、鞘脂杆菌纲（Sphingobacteriia）、梭菌纲（Clostridia）和β-变形菌纲（Betaproteobacteria）。同时可以发现，部分细菌只富集于特定的土壤样品中，如厌氧绳菌纲（Anaerolineae）在选矿厂周围普通土壤中占比可达20.18%，而γ-变形菌纲（Gammaproteobacteria）在尾矿库普通土壤中占比高达25.49%。

将土壤中的物种按照丰度的高低进行分块聚集，Heatmap图可以通过图中颜色梯度和相似程度的对比，表现多个不同土壤细菌群落在属层面组成的相似性和差异性（Jami et al., 2013）。图2.5展示的是原始普通土壤中细菌群落的层级聚类分析结果，由土壤样品的聚类分析树可知，采矿场和冶炼厂、排土场和尾矿库土壤样品序列的差异关系（进化关系）分别相近，但所有土壤样品以颜色梯度表示的属的丰度相差较大。

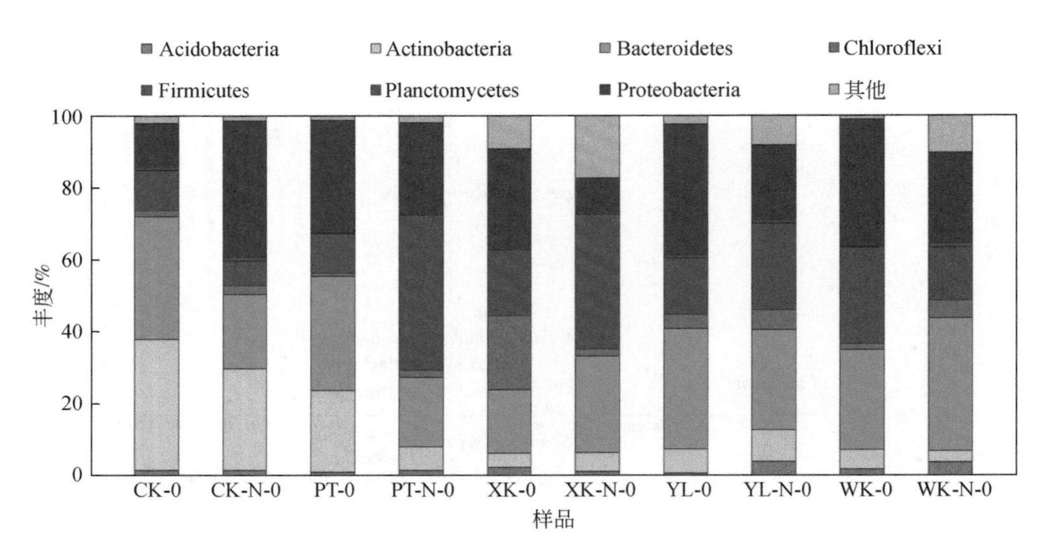

图 2.3　攀枝花矿区不同工艺阶段普通土壤与农田土壤中的细菌门类组成

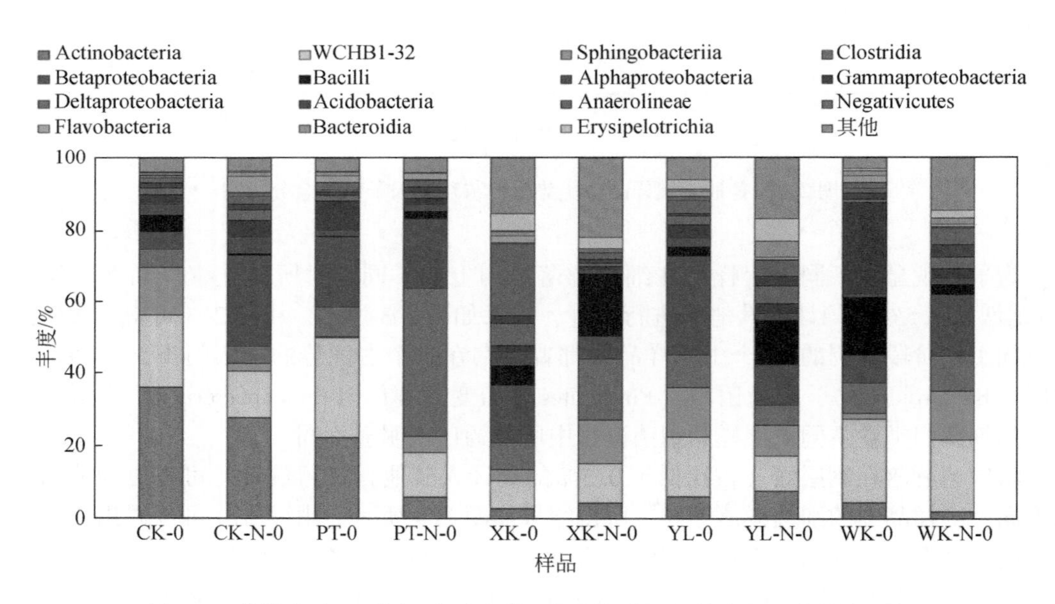

图 2.4　攀枝花矿区不同工艺阶段普通土壤与农田土壤中的细菌纲类组成

普通土壤样品中，地杆菌属（*Geobacter*）和丛毛单胞菌属（*Comamonas*）是采矿场土壤中存在的较为丰富的属。其中，硫还原泥土杆菌（*Geobacter metallireducens*）已被证实可以原位去除污染地下水中的钒，此外，地杆菌属还原三价铁的性能也已有报道（Smith et al.，2014；Ortiz-Bernad et al.，2004）。寡养单胞菌属（*Stenotrophomonas*）和固氮螺菌属（*Azospira*）是排土场土壤中比较富集的微生物，已有研究表明寡养单胞菌可以进行六价铬和二价铜的还原，而固氮螺菌（*Azospira oryzae*）可以还原硒酸盐或亚硒酸盐为无毒的元素

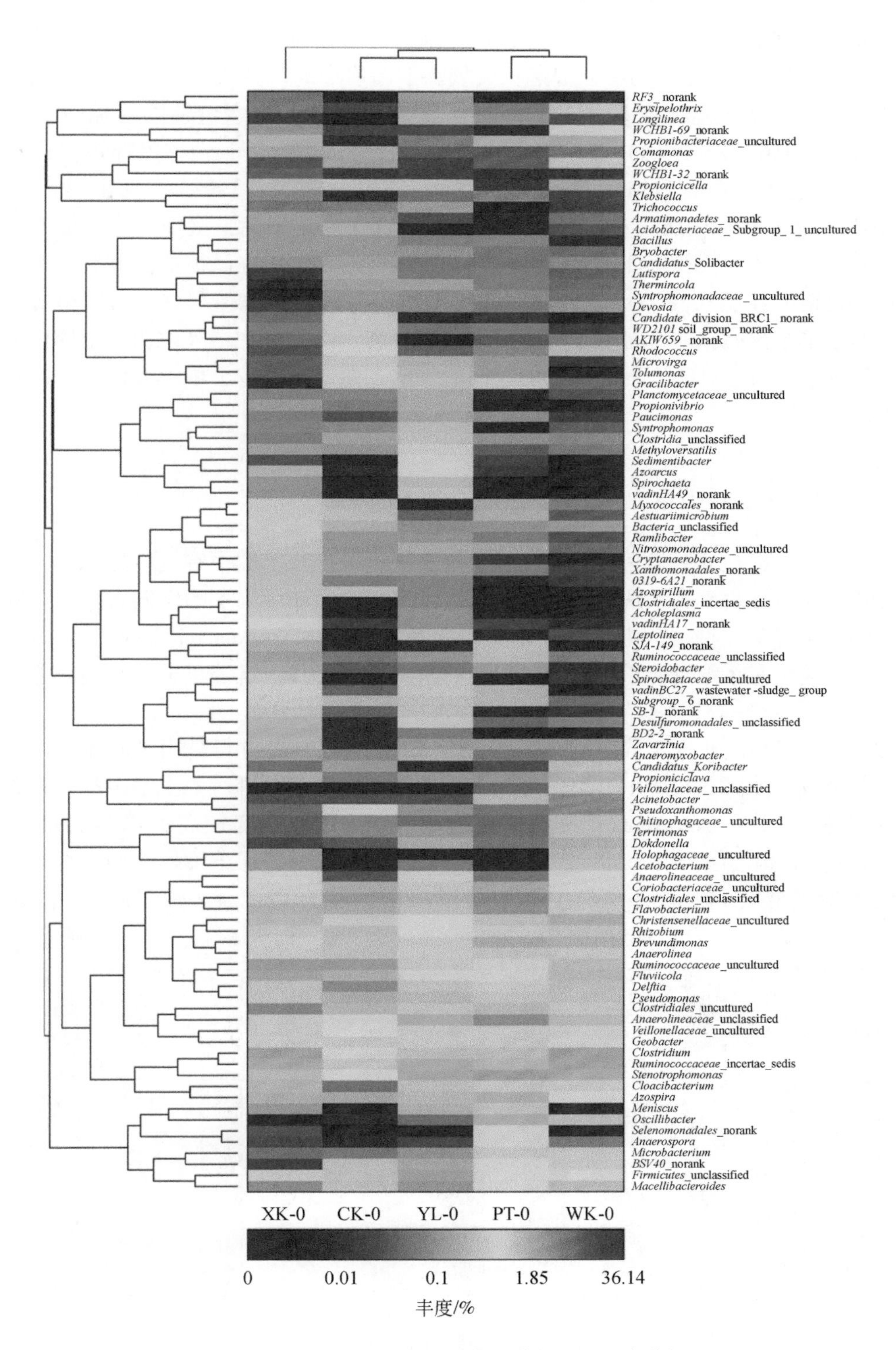

图 2.5　普通土壤样品中细菌群落的层级聚类分析

硒（Gunasundari et al., 2013）。对于选矿厂土壤，厌氧黏细菌属（*Anaeromyxobacter*）和梭菌属（*Clostridium*）为主要的细菌群落，厌氧黏细菌属中的一些细菌具有类似于固氮螺菌的性能，即还原硒酸盐或亚硒酸盐，而梭菌属的研究多针对六价铀的还原（He et al., 2010）。动胶菌属（*Zoogloea*）是冶炼厂土壤中占优势的菌群，其菌株已经被报道具有从模拟工业废水中去除镉和铬等重金属的性能（Solisio et al., 1998）。克雷白氏杆菌属（*Klebsiella*）和不动杆菌属（*Acinetobacter*）是普遍存在于尾矿库土壤中的土著微生物，根据已有研究，克雷白氏杆菌能够还原三价铁，不动杆菌在实验中已被证实具有还原六价铬及固定三价铬的性能（Su et al., 2016；Zhang et al., 2014）。总体来看，毛球菌属、动胶菌属和丛毛单胞菌属在所有普通土壤中存在较为丰富。以上这些结果说明，土壤样品中富集的土著细菌具有各种不同的还原性能，同时表明其在还原固定土壤中五价钒方面具有潜在能力。

2.1.3　不同工艺阶段土壤真菌群落变化

作为土壤中存在的一类重要微生物，土壤真菌可以参与土壤中有机质的降解，为植物提供必要的养分，是生态系统健康的指示物。由于受不同环境因子的协同影响，不同土壤环境中的真菌群落在种类、组成与分布规律方面各不相同（Anderson et al., 2003）。虽然真菌对于陆地生态系统具有重要作用，但现有研究缺少对其在钒等重金属污染胁迫下的多样性分析。

对采集于攀枝花矿区不同土壤样品的18S rRNA基因文库进行高通量测序，得到土壤真菌群落组成，如图2.6所示。由图可知，在攀枝花矿区不同钒污染土壤中都存在着丰度较高的子囊菌门（Ascomycota，占比均超过40%），其他丰度较高的门包括纤毛亚门（Ciliophora）和担子菌门（Basidiomycota）。不同工艺阶段的普通土壤样品中，采矿场周围土壤钒含量最低（149.31mg/kg），其土壤样品中的接合菌门（Zygomycota）占比最低

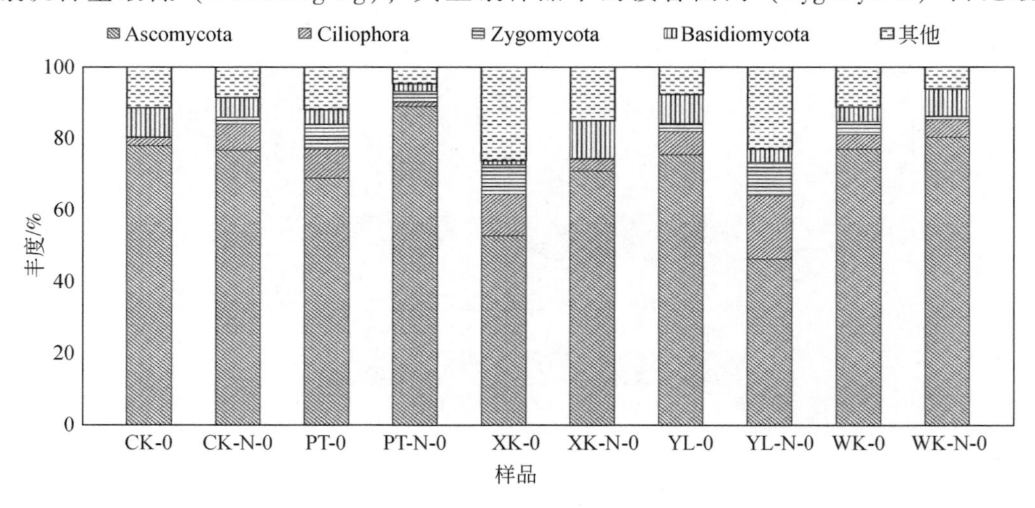

图2.6　攀枝花矿区不同工艺阶段普通土壤与农田土壤的真菌群落组成图

(0.22%)。在钒含量相对较低的农田土壤样品中（包括尾矿库、选矿厂及采矿场农田土壤样品），可以发现土壤样品中接合菌门占比均低于2%，而在钒含量相对较高的冶炼厂农田土壤中，接合菌门的占比达到了9.33%，说明接合菌门可能适合生长于钒含量相对较高的地区。

2.2　全国钒冶炼场地土壤污染状况

在钒生产过程中，冶炼过程最易造成钒污染（Imtiaz et al., 2015）。冶炼过程中排放的钒废料通常沉积在地表土壤上（Huang et al., 2015）。例如，在攀枝花，在钒生产的所有加工阶段中，冶炼厂表层土壤中钒含量最高，为4793.6mg/kg，大大超过了中国钒的土壤背景值（82mg/kg）（Cao et al., 2017）。钒也可以从土壤迁移到含水层，在美国科罗拉多州的一个含钒矿场发现地下水中钒含量高达5.10mg/L（Yelton et al., 2013），明显高于美国提出的15μg/L通报水平。此外，农田往往围绕着钒冶炼厂（Xiao et al., 2017），鉴于粮食安全和人类健康直接受到农田土壤质量的影响（Guan et al., 2019; Yang et al., 2019），附近钒冶炼厂对此类土壤的污染日益受到关注（Shaheen et al., 2019; Wang et al., 2018a）。然而，缺乏关于大规模钒冶炼厂附近农田土壤钒含量的信息以及相关的健康风险的信息。

通过分析在中国采集的76个样品（NE：东北地区；NC：华北地区；NW：西北地区；CC：华中地区；EC：华东地区；SW：西南地区；SC：华南地区），描述了中国冶炼厂周围农田土壤中钒含量的分布，研究钒的形态以评估生物利用度，还评估了其污染程度和健康风险。这项工作的结果有助于揭示冶炼厂周围农田土壤中钒的含量水平，并引起人们对以前被忽视的潜在健康问题的重视。

2.2.1　全国钒冶炼场土壤中钒分布和形态

在中国各地冶炼厂周围所有采样的农田土壤中均检测到钒，平均钒含量为115.5±121.1mg/kg（$n=76$），高于土壤中82mg/kg背景钒含量（$p<0.05$）（Cao et al., 2017）。该值也显著高于美国（80mg/kg）（地表土壤中钒含量$p<0.05$）和欧洲（68mg/kg）（Gao et al., 2017）。冶炼过程中，含钒粉尘云被排放并沉积在土壤上，导致农田土壤中钒含量增加。钒含量最高的两个地区是SW和NC，平均值分别为（198.0±231.9）mg/kg（$n=13$）和（158.3±110.0）mg/kg（$n=4$），两者均富含钒资源，并有许多加工工厂（Moskalyk et al., 2003）。相关性分析表明，钒含量与地理和气象参数密切相关，尤其是经度、海拔和大气温度。除钒外，还检测到镍、铬和锌等其他金属的含量升高。这些金属很可能来自钒冶炼中使用的矿物（Zhang et al., 2020b），表明周围农田土壤正受到不同金属组合的污染。类似的钒冶炼过程中的多金属污染在世界范围内普遍存在，如美国科罗拉多州的步枪场（Liang et al., 2012）。

可还原部分占钒形态的最大百分比（图2.7），与以往的研究发现（钒主要作为冶炼场土壤中的残留部分）存在不同（Zhang et al., 2019b）。结果表明，农业耕作活动（包括集约灌溉、土地淹没和频繁耕作）增强了钒粉尘颗粒的流动性，因为钒废物经历了湿/干和好氧/缺氧交替的条件（Shaheen et al.，2016）。这表明农田土壤中的钒具有较高的生物利用度（Song et al.，2018），这是一个环境问题。

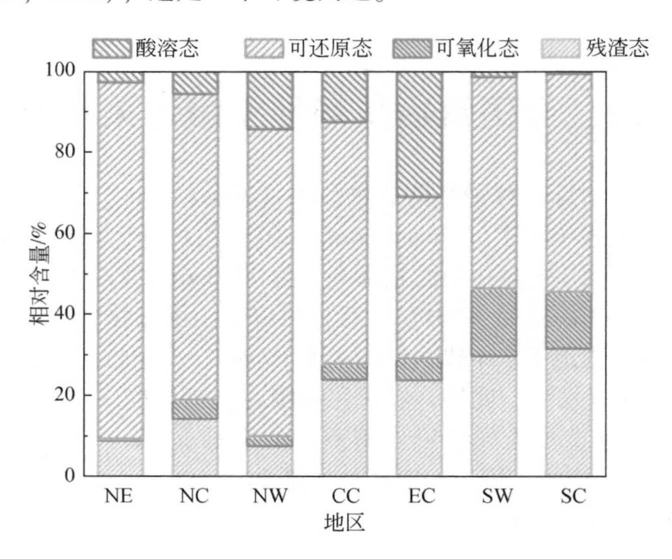

图 2.7　全国钒冶炼厂周边农田土壤中钒组分含量

NE：东北地区；NC：华北地区；NW：西北地区；CC：华中地区；EC：华东地区；SW：西南地区；SC：华南地区

2.2.2　全国钒冶炼场钒污染和健康风险评价

大多数地区钒的平均污染因子（CF）小于 1.00，为低污染程度（图 2.8）。然而，SW 和 NC 钒的平均 CF 分别为 1.53 和 1.23，高于 1.00，这意味着由于这些地区的钒含量相对较高，因此存在中等污染。除钒外，一些共存金属具有更高的平均 CF（图 2.8）。尤其是在除 SC 以外的所有地区都发现了非常高或相当大的镍污染。SW 锌的 CF 最大，是 6.45，其次为 CC，为 3.17，铅达到了非常高的浓度。铬在 SW 中达到了相当高的浓度，表明污染相对较重。这些污染水平与混合型工业区的污染水平相似（Pathak et al.，2015）。

基于 CF 值的所有样品的污染负荷指数（PLI）平均值为 1.51，其中 SW（2.40）显著高于其他区域（图 2.9）。PLI 值高于 1.0 表示金属显著富集土壤。多金属污染的案例发生在有长期冶炼活动历史的地区。Rinklebe 报道了德国河流沿岸遭受工业污染的土壤中有毒元素的类似行为（Rinklebe et al.，2019）。值得注意的是，在 SW 中发现了具有较高 PLI 值的特定地点的严重污染，因此需要紧急风险管理和可能的补救措施。

所有地区儿童钒的平均危害系数（HQ）均低于 1.00，其中两个最高值出现在 SW（0.52）和 NC（0.40）（图 2.10），表明发生不良健康影响的可能性较低（Rinklebe et al.，2019）。两个成人群体（男性和女性）的平均钒含量通常比每个地区的儿童低一个数量级，表明儿童对金属污染比成人更敏感，这与风险评估结果一致（Singh et al.，2017）。同

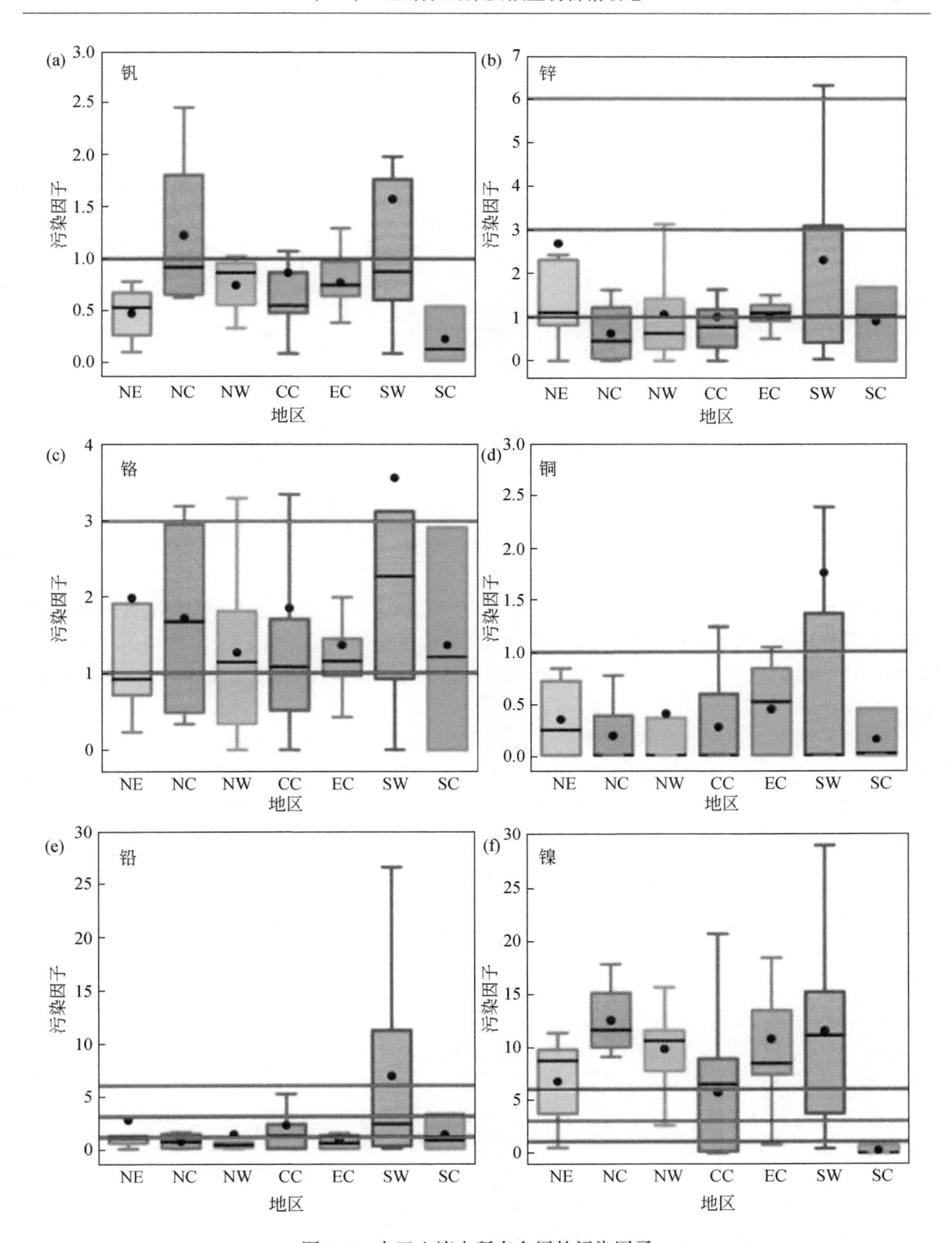

图 2.8　农田土壤中所有金属的污染因子

(a) 钒；(b) 锌；(c) 铬；(d) 铜；(e) 铅；(f) 镍。NE：东北地区；NC：华北地区；NW：西北地区；CC：华中地区；EC：华东地区；SW：西南地区；SC：华南地区

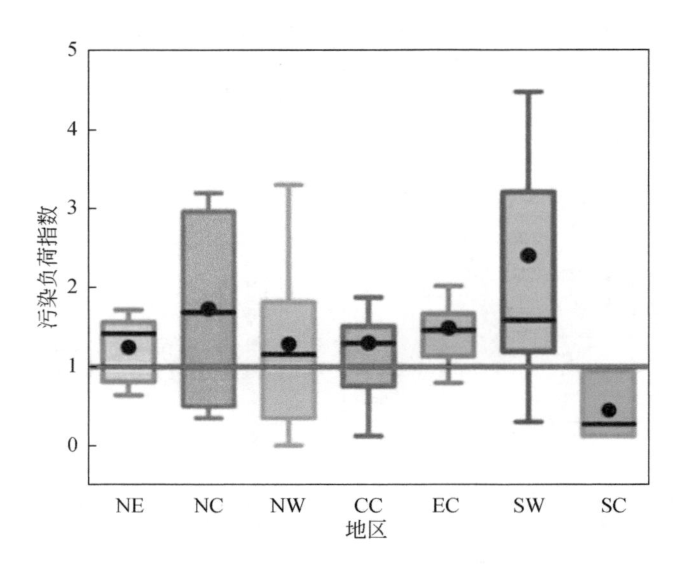

图 2.9　76 个钒土壤的污染负荷指数

NE：东北地区；NC：华北地区；NW：西北地区；CC：华中地区；EC：华东地区；SW：西南地区；SC：华南地区

时，还发现了其他具有较高平均 HQ 的金属（图 2.10）。例如，所有地区儿童的铬平均 HQ 均高于 1.00，东北地区的最大值为 4.81，而铅和镍的平均 HQ 在大多数情况下也高于 1.00。这些结果证实，钒冶炼过程中释放的有毒金属具有较高的健康风险（Carlin et al., 2016）。

根据总的调查结果得出所有地区儿童的平均危险指数（HI）均高于 1.0，其中西南地区的平均值为 9.61，东北地区的平均值为 7.35［图 2.11（a）］，表明健康风险升高。与现有土壤样本相关的所有地区儿童的 HI 平均值为 5.20，受铅锌冶炼影响的土壤地区儿童的 HI 平均值为 6.11（Jiang et al., 2017）。相比之下，所有地区成人的平均 HI 值总是小于 1.0，并低于儿童的相应水平，表明儿童比成人更容易摄入金属含量高的灰尘。

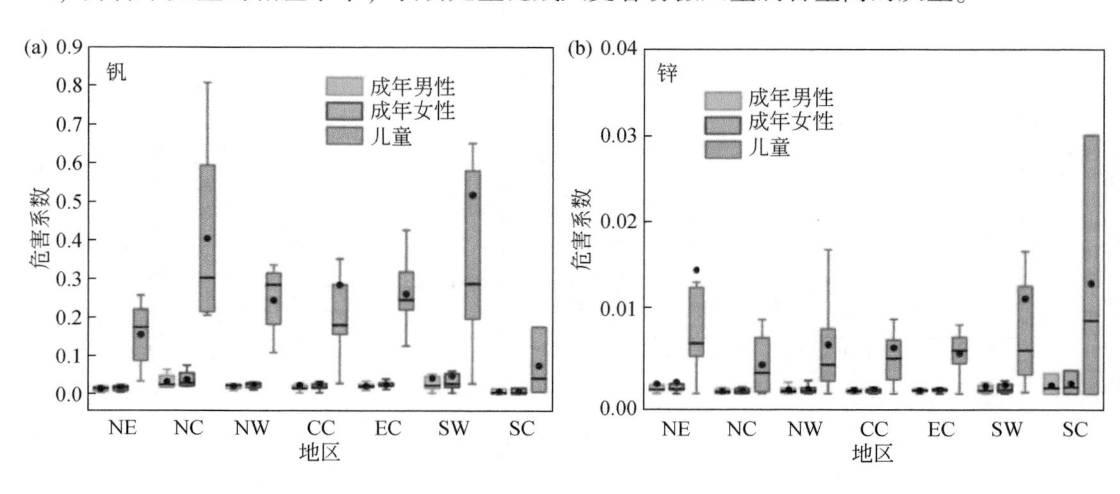

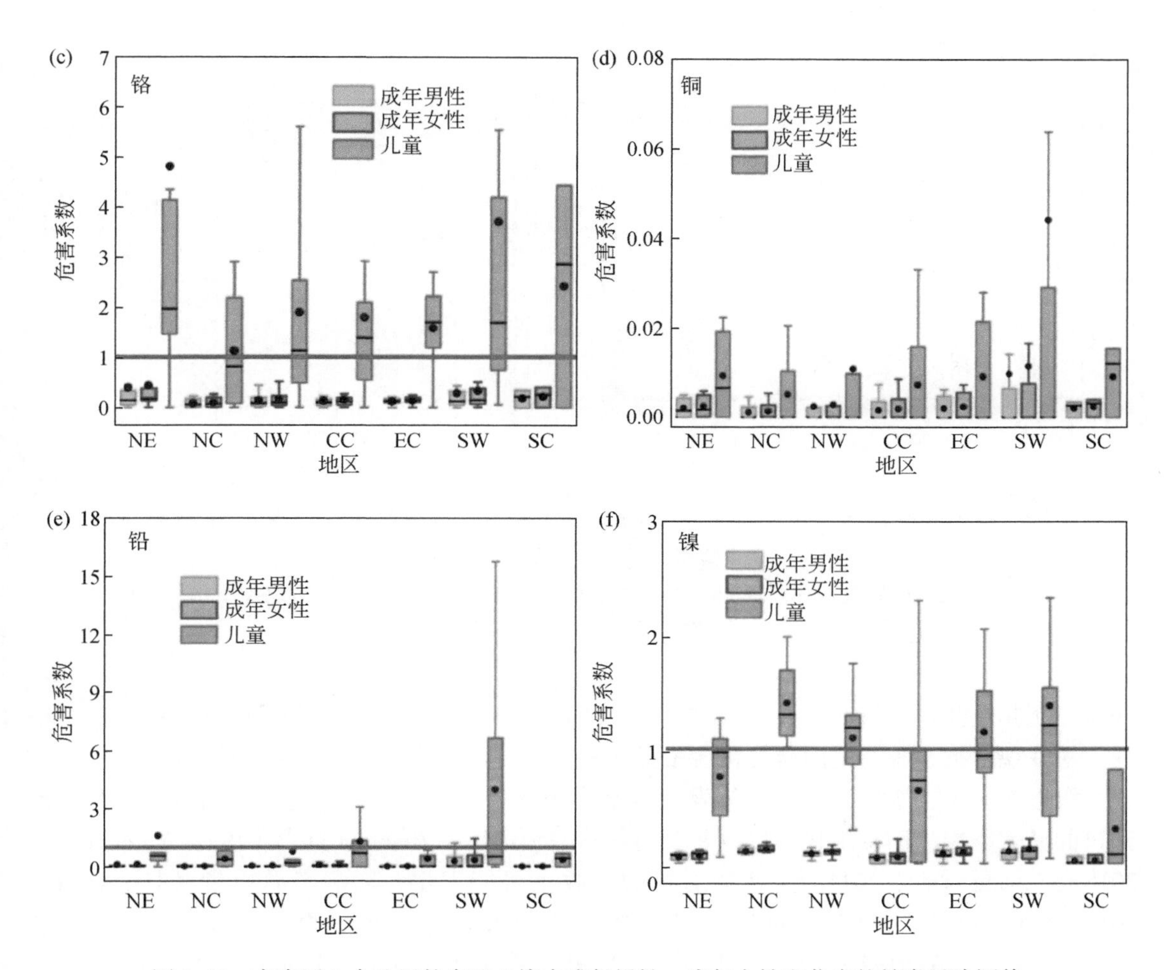

图2.10　在中国7个地区的农地土壤中成年男性、成年女性和儿童的健康风险评估

(a) 钒；(b) 锌；(c) 铬；(d) 铜；(e) 铅；(f) 镍。NE：东北地区；NC：华北地区；NW：西北地区；CC：华中地区；EC：华东地区；SW：西南地区；SC：华南地区

钒对总健康风险的相对贡献在7个地区之间有所不同，范围为6.02%~34.5% [图2.11 (b)]。尽管在SW和NC中发现了钒含量的最高点，但在SC中钒相对贡献最高(34.5%)。镍和铬在大多数地区的样品中金属含量百分比最大，其中美国北卡罗来纳州的镍达到54.0%，南卡罗来纳州的铬达到49.9%。镍和铬可能来源于用于钒冶炼的原材料矿物和/或煤燃料（Chen et al.，1991）。

2.2.3　全国钒冶炼场钒污染环境影响评价

这项研究首次揭示了中国大陆尺度下冶炼厂附近农田土壤中钒浓度分布情况（图2.11)。钒污染程度不同，特别是在中国西南地区和美国北卡罗来纳地区。通常检测到多种金属的混合污染。污染指数表明在大多数情况下金属显著富集。健康指数暗示健康风险

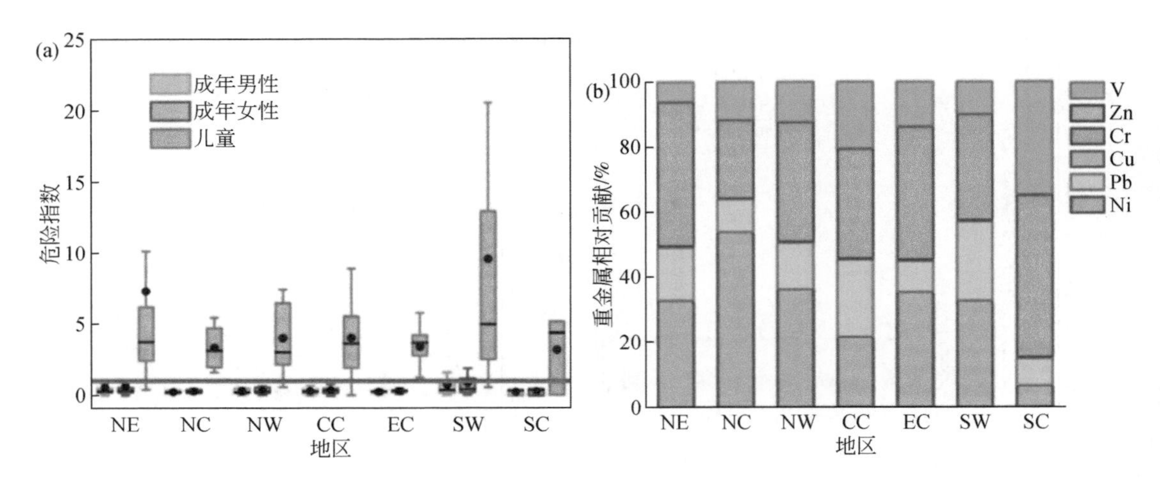

图 2.11　在中国 7 个地区的 76 个钒冶炼厂附近的农田土壤样品中的健康风险评估的危险指数以及重金属相对贡献

(a) 成年人和儿童；(b) HI 的 HQS 百分比。NE：东北地区；NC：华北地区；NW：西北地区；CC：华中地区；EC：华东地区；SW：西南地区；SC：华南地区

升高，尤其是儿童。目前工作的结果引起人们对钒冶炼造成的农田土壤污染的关注。此外，还发现窑类型等特定因素与钒含量呈正相关，可作为控制钒释放到环境中的条件。

钒进入农田土壤后会与生物体发生相互作用（Hao et al.，2018）。微生物群落可能受到钒的显著影响，而微生物可以改变钒的迁移率和毒性（Zhang et al.，2019a；Wang et al.，2018b；Zhang et al.，2015a）。作物对钒的吸收也可能发生，影响产品质量（Tian et al.，2014；Imtiaz et al.，2017），可以通过选择超累积植物进行植物修复（Aihemaiti et al.，2019）。这些影响和应用需要进一步研究。此外，微生物将剧毒和流动的 V(Ⅴ) 转移成毒性较低且容易沉淀的 V(Ⅳ) 已证明有希望用于钒解毒（Zhang et al.，2020a；Zhang et al.，2019a；Yelton et al.，2013）。这种生物修复值得在冶炼厂周围受钒污染的农田土壤上进行测试。

2.3　矿区土壤钒的空间分布特征

在过去的十几年中，钒释放对地质环境的污染已经引起越来越多学者的关注。大量的研究评估了钒的环境污染问题，包括钒的分布、形态分析、迁移性、生物累积性以及微生物响应。对我国攀枝花地区采矿与土壤的研究表明钒对土壤微生物群落组成、结构以及多样性有显著的影响（Cao et al.，2017）。然而土壤中调节微生物对钒污染响应的核心钒还原菌群（VRB）却是未知的，并且在钒污染下核心 VRB 对微生物群落潜在的改变也未曾被报道过。以前关于钒对微生物群落的影响研究大多数是定性描述，而构建钒与核心微生物群落响应之间的定量关系对于预测钒污染对微生物群落的影响以及评估钒对生态系统的影响是至关重要的。

因此，对场地周边不同空间分布的土壤样品利用Illumina高通量测序来探究钒冶炼厂周边不同水平和垂直梯度土壤中微生物群落和VRB之间的关系。向东方向（E）10m、50m、200m、500m、800m和1000m分别为E1、E2、E3、E4、E5和E6，向南方向（S）10m、50m、500m、800m、1000m和1800m分别为S1、S2、S3、S4、S5和S6，向西方向（W）10m、50m、200m和800m分别为W1、W2、W3和W4，向北方向（N）10m、100m、200m、500m、800m、1000m、1500m和2000m分别为N1、N2、N3、N4、N5、N6、N7和N8。剖面样本从五个地点采集：一个地点在南方，距离800m(VS)；一个地点在东方，距离700m(VE)；另外三个地点在北方，距离分别为200m(VN1)、1000m(VN2)和2000m(VN3)。VS(VS1～VS6)、VN1(VN1_1～VN1_6)、VN2(VN2_1～VN2_6)和VN3(VN3_1～VN3_6)的剖面样本在0～10cm、20～30cm、40～50cm、60～70cm、80～90cm和100～110cm的垂直深度处收集。在VE点，从0～10cm、20～30cm、40～50cm、60～70cm、80～90cm、100～110cm、120～130cm、140～150cm和160～170cm（VE1～VE9）取样，结合钒浓度来探究土壤钒污染对微生物群落以及VRB之间的定量关系。

2.3.1 矿区土壤性质和钒空间分布

矿区土壤水平样品和剖面样品的理化指标列在表2.3中。表层土壤样品呈现弱碱性，pH平均值为8.18±0.32，这和已报道的对于攀枝花地区土壤研究的结果一致（Cao et al., 2017）。表层土壤平均有机质（OM）含量为（22.18±0.53）g/kg，这比中国土壤有机质含量平均值要低（43.75g/kg）。有机质含量在剖面样品中随着深度的增加逐渐降低，这主要是因为与有机质含量相关的腐殖质等物质主要集中在土壤表层。土壤中总氮（TN）和有效磷（AP）的平均含量分别为（0.66±0.08）g/kg和（12.01±0.54）g/kg。土壤中Cr[（510.81±0.21）mg/kg]、Ti[（15.05±0.57）g/kg]、Fe[（85.83±0.13）g/kg]、Al[（26.71±1.58）g/kg]、Cu[（63.58±0.11）mg/kg]和Zn[（228.36±0.61）mg/kg]的含量为中国土壤背景值的3～40倍。该地区土壤中金属的含量都远远超过我国背景值，表明该地区土壤受到了金属污染。并且金属含量都随剖面深度的增加呈现降低的趋势，由此能够判断该地区的金属污染主要来自地表，很可能是冶炼厂的飞灰干沉降与人类活动造成了土壤的金属污染。

表2.3 场地周边不同空间分布的土壤样品理化指标

样品	pH	OM含量/(g/kg)	TN含量/(g/kg)	AP含量/(mg/kg)	Cr含量/(mg/kg)	Ti含量/(g/kg)	Fe含量/(g/kg)	Al含量/(g/kg)	Cu含量/(mg/kg)	Zn含量/(mg/kg)
E1	8.07	21.34	0.80	10.30	966.45	32.33	131.34	37.72	105.47	200.86
E2	8.40	26.14	0.96	8.05	472.63	8.53	61.37	28.43	73.88	157.50
E3	8.45	40.64	1.02	20.80	659.22	13.13	74.65	21.84	63.36	186.48
E4	6.90	21.37	0.67	47.10	189.06	16.82	77.84	32.51	48.14	86.72
E5	8.25	15.87	0.47	7.76	415.26	10.11	71.02	23.10	79.52	211.53
E6	8.53	28.60	0.70	7.61	577.58	18.32	146.55	18.21	79.63	539.38

续表

样品	pH	OM 含量/(g/kg)	TN 含量/(g/kg)	AP 含量/(mg/kg)	Cr 含量/(mg/kg)	Ti 含量/(g/kg)	Fe 含量/(g/kg)	Al 含量/(g/kg)	Cu 含量/(mg/kg)	Zn 含量/(mg/kg)
S1	7.56	27.20	1.03	19.66	1420.19	14.98	78.28	28.32	101.81	191.20
S2	8.30	14.81	0.65	3.77	194.45	15.40	78.49	31.21	72.72	89.56
S3	8.98	13.82	0.48	11.20	1200.25	14.60	88.66	20.94	58.05	478.08
S4	9.03	21.73	0.58	5.54	342.72	4.25	141.74	16.52	120.24	897.33
S5	8.68	22.48	0.56	9.09	417.58	9.82	67.82	27.44	85.52	296.50
S6	8.68	28.28	0.36	0.96	786.96	23.34	105.15	31.21	70.46	462.45
W1	8.53	23.76	0.47	12.20	484.34	11.42	68.47	23.86	61.85	242.80
W2	8.48	25.84	0.52	14.60	473.93	8.39	51.34	22.32	54.94	117.65
W3	8.66	7.57	0.39	2.29	301.01	9.38	64.18	36.53	46.35	81.88
W4	8.64	11.73	0.42	4.36	329.76	27.45	66.92	39.71	36.58	73.67
N1	8.40	24.87	1.39	15.31	1420.98	19.34	83.52	9.84	9.46	213.33
N2	8.34	36.54	0.70	9.53	407.65	13.61	92.36	22.22	63.74	266.56
N3	8.32	21.70	0.57	33.91	288.53	14.82	72.28	38.12	70.65	115.01
N4	8.26	24.12	0.44	8.20	169.73	19.45	92.55	27.72	96.52	75.42
N5	7.28	23.43	0.69	13.51	109.74	13.12	78.85	30.41	31.52	85.87
N6	7.50	16.52	0.69	12.32	182.37	14.53	95.52	26.82	56.53	124.51
N7	7.31	18.63	0.59	7.91	255.59	18.11	104.36	32.21	20.52	145.63
N8	6.84	16.54	0.64	2.59	205.42	10.61	77.25	15.60	31.44	154.35
VS1	8.54	33.71	0.68	9.83	692.36	16.16	124.80	18.89	0.00	438.58
VS2	8.29	58.47	1.19	12.93	595.65	14.58	111.02	18.40	0.00	393.73
VS3	8.73	32.33	0.95	15.89	750.34	12.17	91.58	24.46	24.25	223.86
VS4	8.55	16.51	0.82	9.09	258.13	9.73	90.20	24.69	42.88	132.94
VS5	8.54	22.01	0.78	8.65	202.41	9.25	85.80	24.72	43.67	139.81
VS6	8.50	13.76	0.99	8.51	220.84	9.13	72.50	30.22	36.50	97.53
VE1	7.65	30.27	1.06	35.99	201.32	16.89	62.42	56.33	0.00	102.81
VE2	8.19	20.64	1.23	28.89	128.58	11.08	53.75	43.02	0.00	65.35
VE3	8.09	26.83	0.78	25.51	63.50	7.33	47.90	54.58	0.00	69.28
VE4	8.28	18.23	1.10	23.57	96.24	10.48	55.01	64.54	0.00	52.53
VE5	8.40	10.66	0.78	16.63	70.94	8.74	48.37	40.53	0.00	35.81
VE6	8.64	10.32	0.91	12.19	30.48	10.14	17.23	27.24	0.00	43.75
VE7	8.63	0.69	1.05	12.34	44.60	38.31	38.74	39.13	0.00	25.98
VE8	8.55	0.69	0.95	10.12	18.26	12.84	23.93	12.81	0.00	24.63

续表

样品	pH	OM 含量/(g/kg)	TN 含量/(g/kg)	AP 含量/(mg/kg)	Cr 含量/(mg/kg)	Ti 含量/(g/kg)	Fe 含量/(g/kg)	Al 含量/(g/kg)	Cu 含量/(mg/kg)	Zn 含量/(mg/kg)
VE9	8.30	0.69	1.09	7.76	18.34	17.24	46.58	21.64	0.00	28.56
VN1_1	7.04	38.52	0.96	49.88	164.26	8.94	61.94	43.81	199.58	131.85
VN1_2	7.18	32.33	1.08	50.33	177.45	10.22	66.65	44.21	216.75	183.68
VN1_3	7.15	26.14	1.08	39.54	101.24	10.55	66.43	39.48	186.87	99.91
VN1_4	7.50	19.26	0.35	45.45	154.82	11.45	68.38	49.77	235.97	78.53
VN1_5	7.60	10.32	1.05	24.76	109.45	12.21	75.85	47.31	311.55	73.31
VN1_6	8.21	13.07	0.55	15.44	260.82	10.72	52.81	27.70	352.26	58.63
VN2_1	6.32	29.58	0.64	35.84	198.28	10.63	85.32	59.60	50.55	132.73
VN2_2	5.48	24.76	0.74	51.95	158.13	10.62	82.24	30.72	48.44	119.81
VN2_3	7.78	11.69	0.84	18.40	117.35	12.37	75.15	31.71	19.27	81.53
VN2_4	7.79	15.13	0.63	23.28	129.52	10.79	78.88	29.47	22.38	93.66
VN2_5	8.14	10.32	1.02	19.14	130.42	10.76	78.50	28.58	23.66	93.31
VN2_6	8.34	13.76	0.93	19.14	126.50	11.65	80.48	34.34	21.55	90.20
VN3_1	7.43	8.94	0.96	6.13	189.81	10.84	104.31	34.49	36.41	177.58
VN3_2	6.65	11.69	1.04	13.97	29.50	10.02	101.25	34.21	33.78	140.20
VN3_3	6.72	10.32	0.99	10.86	53.88	11.69	106.63	34.73	29.84	149.67
VN3_4	6.93	4.82	0.86	5.54	113.24	11.15	108.90	33.63	52.65	142.68
VN3_5	7.08	5.51	0.72	7.46	71.52	10.85	97.57	39.72	161.13	95.92
VN3_6	7.11	3.44	0.69	5.69	96.53	8.90	87.38	44.15	143.11	83.86

图2.12显示土壤中钒的含量分布。在所有表层样品中表层土壤的平均钒含量为1616.91mg/kg，远远高于我国土壤钒含量背景值（82mg/kg）。钒含量分布结果表明该地区土壤受到了来自冶炼厂的钒的污染。此外，从图2.12（a）中能明显地看出钒含量随着与冶炼厂距离的增加呈现降低的趋势，表明钒冶炼厂周边的污染主要来自钒冶炼的大气沉降。从图2.12（b）中看出，随着剖面深度的增加，钒含量逐渐降低，甚至在深度为170cm时仍然能够检测到109.65mg/kg的钒，依然高于四川省钒含量背景值（96mg/kg）（Yang et al.，2017）。这表明钒能够从地表迁移至更深的地下，这很有可能会污染到地下水。

土壤钒污染指数能反映土壤中某种重金属对土壤的污染状况。通过计算得到了表层土壤与钒冶炼厂不同距离范围内和剖面土壤不同深度范围内的钒污染指数。如图2.13（a）所示，在表层土壤中随着与钒冶炼厂距离的增加，钒污染指数逐渐减小，其污染程度也在逐渐降低。距离在500m以内的土壤受污染等级都为非常高等级，距离大于800m的土壤也受到了高度污染及以上污染。和钒浓度分布结构一样，在钒的水平分布上能够看出随着

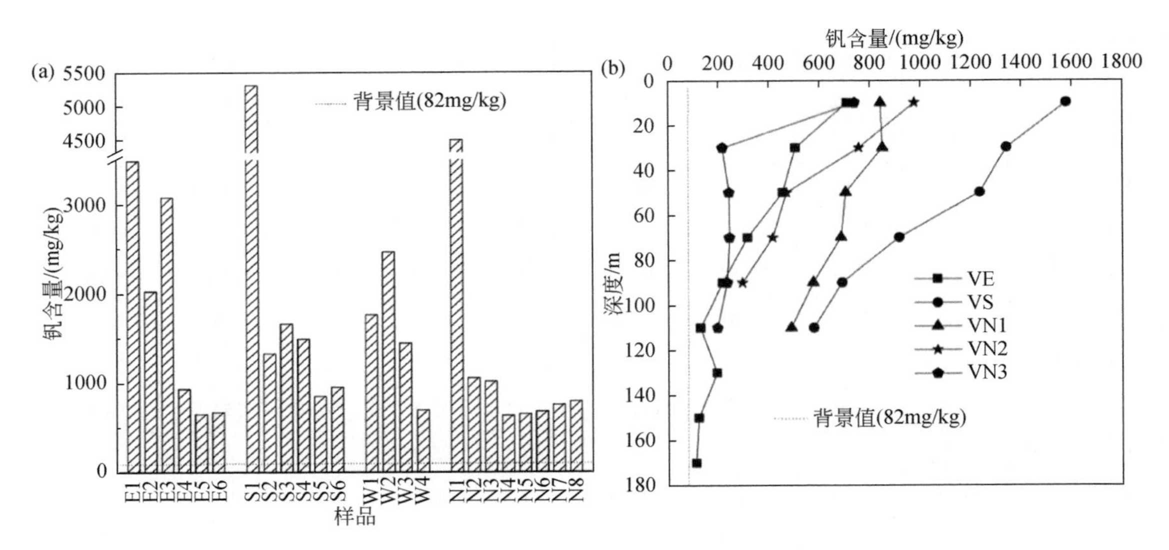

图 2.12 场地周边不同空间分布的土壤钒含量分布

（a）表层土壤；（b）剖面土壤

与冶炼厂距离的增加钒污染指数在减小，说明其受污染程度也在降低。图 2.13（b）呈现了剖面土壤的钒污染指数箱图，结果表明随着土壤剖面深度的增加，土壤污染指数在逐渐减小。在表层 0～30cm 深度其污染程度为非常高度污染，随着深度增加其污染程度在降低，在 110～170cm 深度其污染程度可以降到低度污染以下水平。

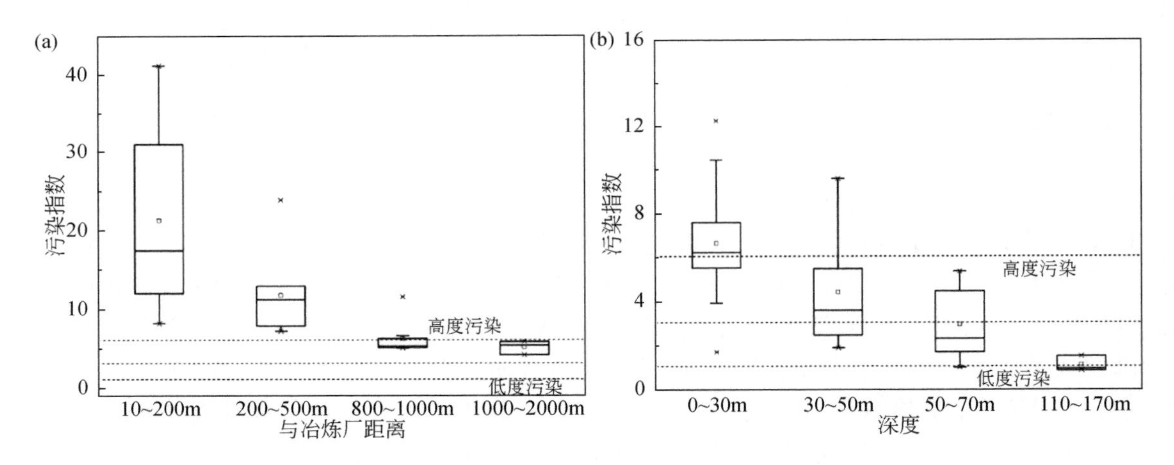

图 2.13 场地周边不同空间分布的土壤钒污染指数

（a）表层土壤；（b）剖面土壤

为了进一步评估土壤中钒对人类的危害风险，根据污染危害系数分别计算了表层土壤和剖面土壤钒污染对不同人群是否有健康危害风险。如图 2.14 所示，该地区无论是表层土壤还是剖面土壤对儿童都有危害的风险，而且表层的危害风险高于剖面。通过对成年男性和成年女性的风险评估，其 HQ 值均低于 1，说明该地区土壤中的钒对成年人没有造成危害风险。

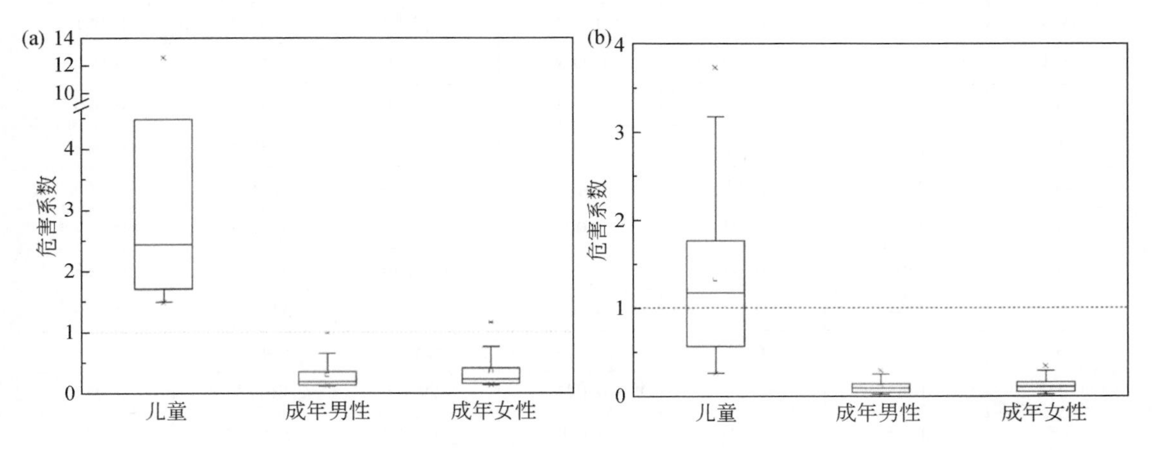

图 2.14　场地周边不同空间分布的土壤钒危害系数箱图

(a) 表层土壤；(b) 剖面土壤

2.3.2　矿区土壤微生物组成与多样性

土壤高通量测序共产生 763340 个高质量序列。微生物多样性指数列在表 2.4 中。丰度和多样性较高的样品集中在钒含量适中的样品中（如 E2、S2、W3 和 N2）。

表 2.4　场地周边不同空间分布的土壤中微生物多样性指数

样品	Sobs 指数	Shannon 指数	Simpson 指数	Ace 指数	Chao1 指数	覆盖度
E1	1891	5.95	0.006	1482.77	1530.04	0.975
E2	2509	6.79	0.003	3302.93	3300.82	0.976
E3	2040	6.45	0.004	2710.27	2768.15	0.979
E4	1652	6.41	0.005	2958.11	2943.66	0.970
E5	1839	6.43	0.005	2645.86	2678.05	0.978
E6	2016	6.17	0.005	1691.19	1712.93	0.975
S1	1926	6.53	0.004	2703.05	2715.63	0.977
S2	2496	6.73	0.004	3310.21	3381.65	0.978
S3	2265	6.68	0.003	3081.40	3163.03	0.981
S4	1989	6.57	0.004	2729.69	2806.99	0.975
S5	2100	6.68	0.003	3045.64	3100.00	0.970
S6	1953	6.13	0.005	1512.92	1519.39	0.978
W1	2262	6.65	0.003	2966.10	3049.14	0.978
W2	2651	6.89	0.003	3512.23	3630.59	0.972

续表

样品	Sobs 指数	Shannon 指数	Simpson 指数	Ace 指数	Chao1 指数	覆盖度
W3	2649	6. 91	0. 002	3400. 93	3504. 41	0. 981
W4	1393	5. 60	0. 008	976. 94	1054. 76	0. 969
N1	1646	6. 44	0. 004	2304. 50	2345. 08	0. 980
N2	2863	7. 02	0. 002	3757. 33	3788. 53	0. 981
N3	2387	6. 81	0. 003	3535. 70	3518. 35	0. 963
N4	2644	6. 94	0. 002	3734. 27	3701. 74	0. 969
N5	2305	6. 65	0. 004	3279. 46	3346. 67	0. 985
N6	2354	6. 80	0. 003	3331. 47	3379. 10	0. 976
N7	2091	6. 28	0. 004	1595. 55	1644. 81	0. 966
N8	1065	5. 55	0. 007	859. 09	861. 33	0. 975
VE1	1765	5. 30	0. 029	1521. 88	1559. 50	0. 975
VE2	1095	4. 57	0. 037	1118. 36	1118. 16	0. 980
VE3	1445	4. 80	0. 059	1543. 63	1617. 79	0. 982
VE4	1916	5. 64	0. 017	1804. 32	1853. 45	0. 970
VE5	1504	5. 53	0. 011	1525. 78	1586. 31	0. 987
VE6	1439	5. 57	0. 009	1526. 59	1553. 18	0. 988
VE7	1453	5. 68	0. 008	1634. 50	1662. 09	0. 989
VE8	2265	6. 05	0. 006	2004. 48	2052. 43	0. 980
VE9	2114	6. 10	0. 006	1934. 04	1925. 78	0. 979

微生物样品的稀释性曲线如图 2. 15 所示。由图可知，在所有样品中具有高的生物多样性与丰度的样品主要聚集在中度钒污染的水平中（如 E2、S2、W3 和 N2），在高钒含量或者低钒含量的样品中微生物丰度和多样性较低。适度的钒含量对增加土壤微生物群落的多样性和丰度是有利的，然而高含量的钒将会对微生物群落生长产生抑制作用。

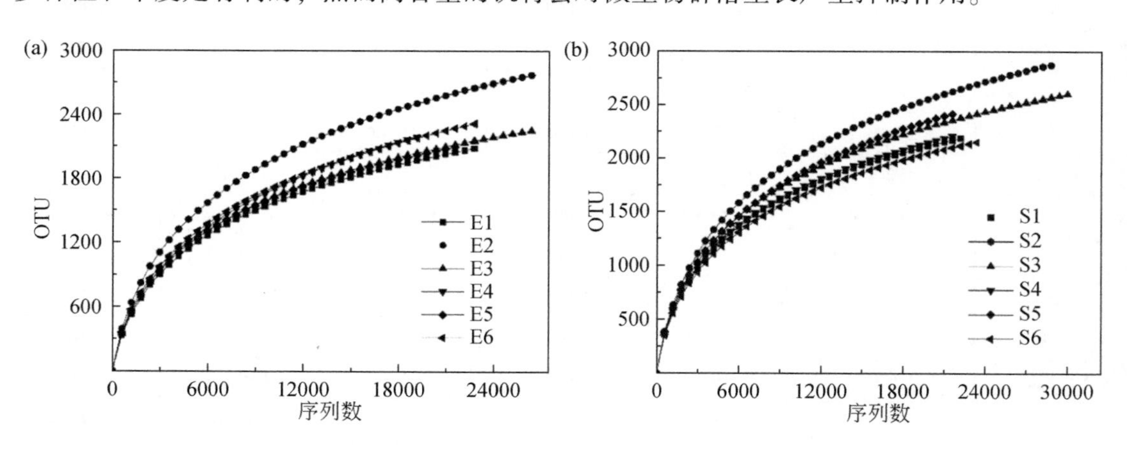

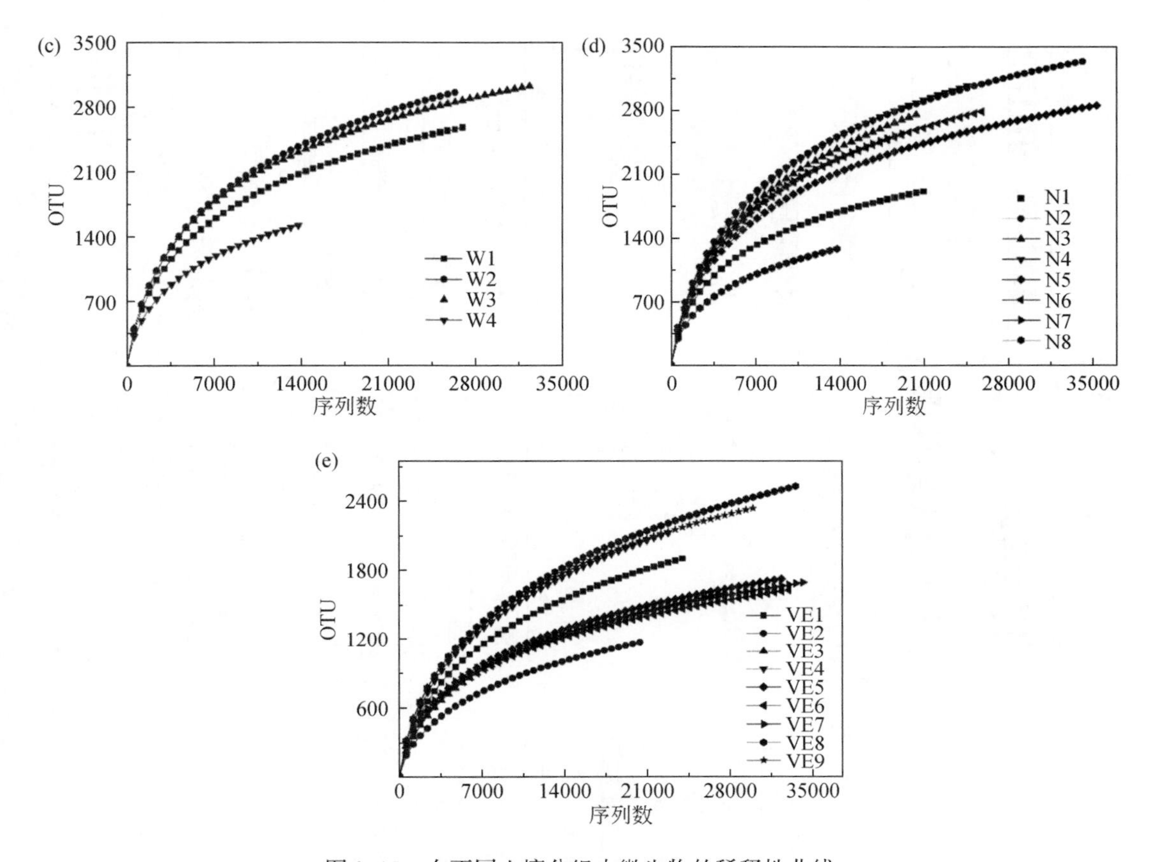

图2.15　在不同土壤分组中微生物的稀释性曲线

（a）东方向表层土壤；（b）南方向表层土壤；（c）西方向表层土壤；（d）北方向表层土壤；（e）剖面土壤

测序得到的OTU被聚类分为24个门、56个纲、230个目和421个属，其中主要的门为Actinobacteria（16.27%～50.57%）、Proteobacteria（4.29%～1.85%）、Chloroflexi（7.90%～33.38%）、Acidobacteria（0.39%～23.43%）和Firmicutes（0.19%～49.76%）（图2.16）。Cao等（2017）已经报道Actinobacteria、Proteobacteria、Acidobacteria和Firmicutes广泛存在于钒冶炼厂周边的土壤中。此外，Chloroflexi在以钒作为电子受体的微生物燃料电池系统中也被检测到（Zhang et al.，2015b）。单个门的丰度在离冶炼厂不同距离处差异很大，这是由钒浓度以及其他理化指标之间的差异导致的。

土壤样品中主要的属为*Bacillus*、*c-Acidobacteria*、*f-Anaerolineaceae*、*o-Gaiellales*和*o-JG30-KF-CM45*（图2.17）。表层土壤的微生物群落组成和剖面的微生物群落组成是明显不同的。聚类热图分析结果表明，样品聚类为表层样品和剖面样品两类在表层土样中主要的属为*c-Acidobacteria*（2.64%～12.90%）、*f-Anaerolineaceae*（0.18%～10.59%）、*o-JG30-KF-CM45*（0.61%～7.32%）、*Sphingomonas*（0.65%～7.23%）和*RB41*（0.19%～8.14%），然而剖面土样中主要的属为*Bacillus*（4.55%～37.13%）、*o-Gaiellales*（1.39%～16.67%）、*Gaiella*（1.26%～7.21%）、*c-Actinobacteria*（0.08%～8.03%）和*c-KD96*（1.14%～5.88%）。

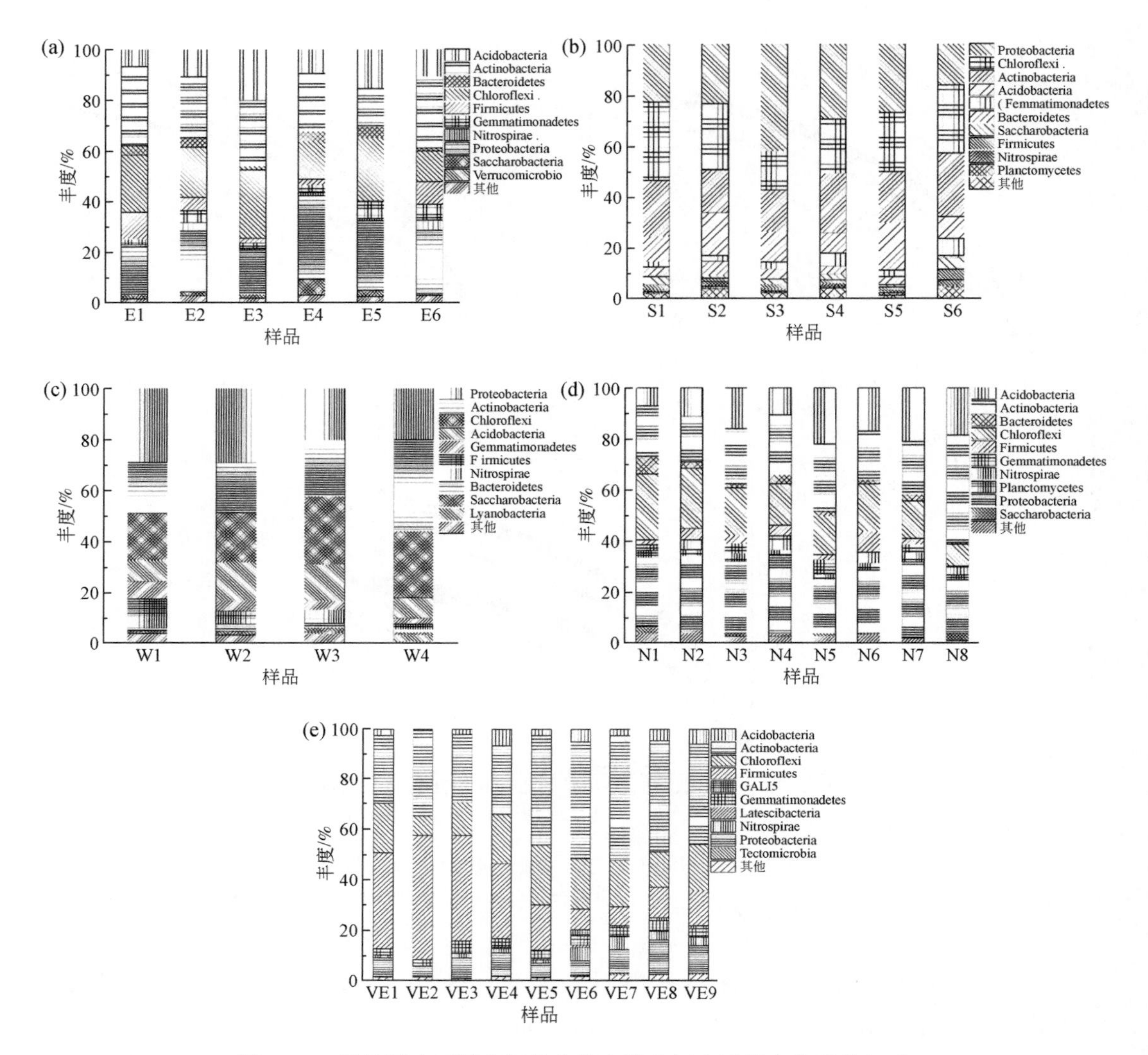

图 2.16 场地周边不同空间分布的土壤中门水平微生物群落组成

（a）东方向表层土壤；（b）南方向表层土壤；（c）西方向表层土壤；（d）北方向表层土壤；（e）剖面土壤

2.3.3 土壤环境因素对微生物群落的影响

该地区土壤样品中发现 5 种微生物具有钒还原性能，分别为 *Bacillus*、*Clostridium*、*Pseudomonas*、*Comamonadaceae* 和 *Geobacter*，其为钒还原菌群（VRB）。VRB 的主要特征为具有钒还原性能，能够将毒性高的五价钒还原为毒性低的四价钒。VRB 中 *Bacillus* 相对含量最高，表明 *Bacillus* 在 VRB 中扮演着最重要的角色。此外，Rivas-Castillo 等（2017）报道，*Bacillus* 不仅具有高含量的钒抗性还具有很好的钒去除能力。考虑到该地区严重的钒

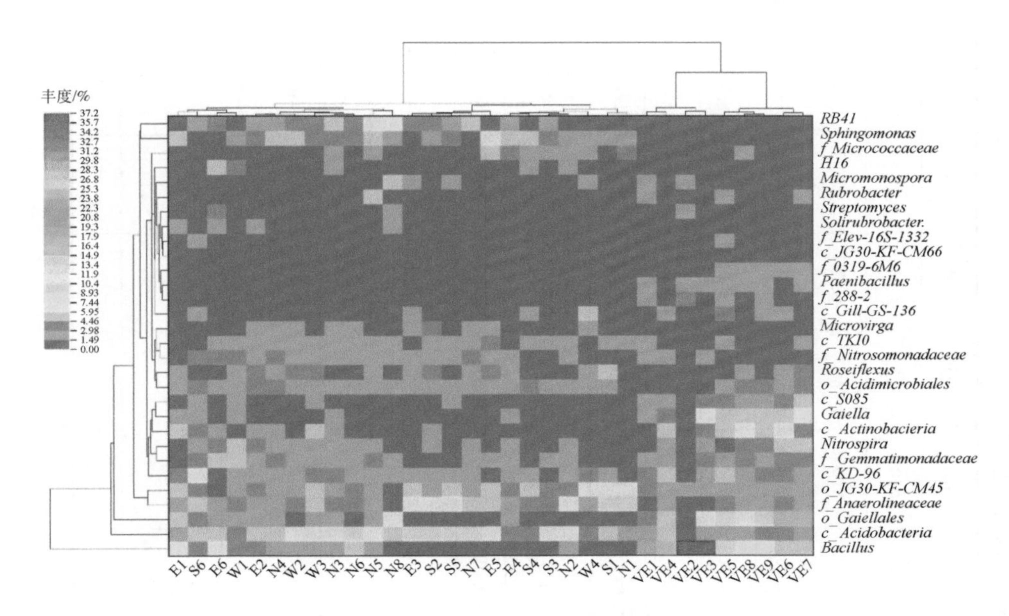

图 2.17　场地周边不同空间分布的土壤样品微生物前 30 个属水平聚类热图

污染，钒是影响该地区土壤微生物群落的关键性因素。相关性分析（表 2.5）表明氧化还原电位（ORP）、TN、AP、Al 和 Cu 是对微生物群落及 VRB 影响较大的土壤理化指标。

为了探究微生物群落及 VRB 与环境因子之间的关系进行了冗余分析（图 2.18）。冗余分析结果表明 *Bacillus* 分布规律与 VRB 极度相似，这主要是由于其在 VRB 中占主导地位。*Clostridium* 的分布也和 VRB 相似，然而 *Comamonadaceae* 和 *Pseudominas* 却与 VRB 相反。这可能是由于 VRB 中不同的细菌相互之间会竞争生存空间与资源（Xu et al., 2017）。对于 VRB 和钒含量，能观察到两者之间具有微弱的负相关性（$r=-0.307$），这表明钒含量和 VRB 之间不存在线性相关性。另外，样品随着钒含量的变化呈现单峰分布。其他影响因子与 VRB 之间存在一定程度的显著相关性，ORP、TN、AP 和 Al 与 VRB 之间呈现显著的正相关性（$r=0.445\sim0.623$），而 Cu 与其呈现显著的负相关性（$r=-0.541$）。为了探究钒对土壤微生物群落及 VRB 的影响，取 E6 点原位土壤进行了不同钒浓度胁迫下的研究，在其他条件相同的情况下，在 1mg/L 和 10mg/L 不同钒含量下微生物群落结构差异性较大，证实了钒对微生物群落结构的影响。

如上所述，钒与 VRB 之间没有存在线性关系。根据经验与数学关系，通过对钒含量取 lg 值后发现钒含量与 VRB 的丰度之间呈现强的高斯分布（$R^2=0.653$），如图 2.19 所示。其中横轴为钒含量的 lg 值，纵轴是 VRB 的丰度。VRB 的丰度随着钒含量的增加先增大后减小。因此表明钒在低含量时能够促进 VRB 的生长，然而由于钒的毒害作用，高含量的钒对 VRB 的生长有抑制作用。

表 2.5　VRB 与场地周边不同空间分布的土壤理化指标之间的相关性分析

	VRB	Al	Zn	Fe	V	Ti	Cr	Cd	Cu	Mn	pH	ORP	OM	TN	AP
VRB	1	0. 623**	-0. 271	-0. 300	-0. 307	-0. 106	-0. 338	-0. 169	-0. 541**	0. 087	-0. 051	0. 522**	0. 056	0. 445**	0. 468**
Al		1	-0. 437*	-0. 307	-0. 355*	0. 395*	-0. 381*	-0. 282	-0. 451**	0. 278	-0. 051	0. 560**	-0. 281	0. 259	0. 345*
Zn			1	0. 732*	0. 206	-0. 195	0. 426*	0. 727**	0. 609**	-0. 083	0. 361*	-0. 688**	0. 343	-0. 309	-0. 294
Fe				1	0. 302	0. 043	0. 432	0. 509**	0. 692**	-0. 079	-0. 066	-0. 607**	0. 464**	-0. 331	-0. 230
V					1	-0. 035	0. 857**	0. 152	0. 441*	0. 344*	-0. 014	-0. 558**	0. 438*	0. 224	0. 021
Ti						1	0. 086	-0. 188	-0. 142	0. 635**	0. 006	0. 130	-0. 358*	0. 198	-0. 127
Cr							1	0. 119	0. 447**	0. 435*	0. 149	-0. 673**	0. 374*	0. 084	-0. 113
Cd								1	0. 433*	-0. 019	0. 251	-0. 372*	0. 100	-0. 092	-0. 171
Cu									1	-0. 332	0. 142	-0. 755**	0. 422*	-0. 510**	-0. 279
Mn										1	0. 121	0. 045	-0. 211	0. 540**	-0. 018
pH											1	-0. 448**	-0. 142	-0. 104	-0. 371
ORP												1	-0. 493**	0. 396*	0. 353*
OM													1	-0. 012	0. 262
TN														1	0. 382*
AP															1

* 表示在 0. 05 水平上显著相关；** 表示在 0. 01 水平上显著相关。

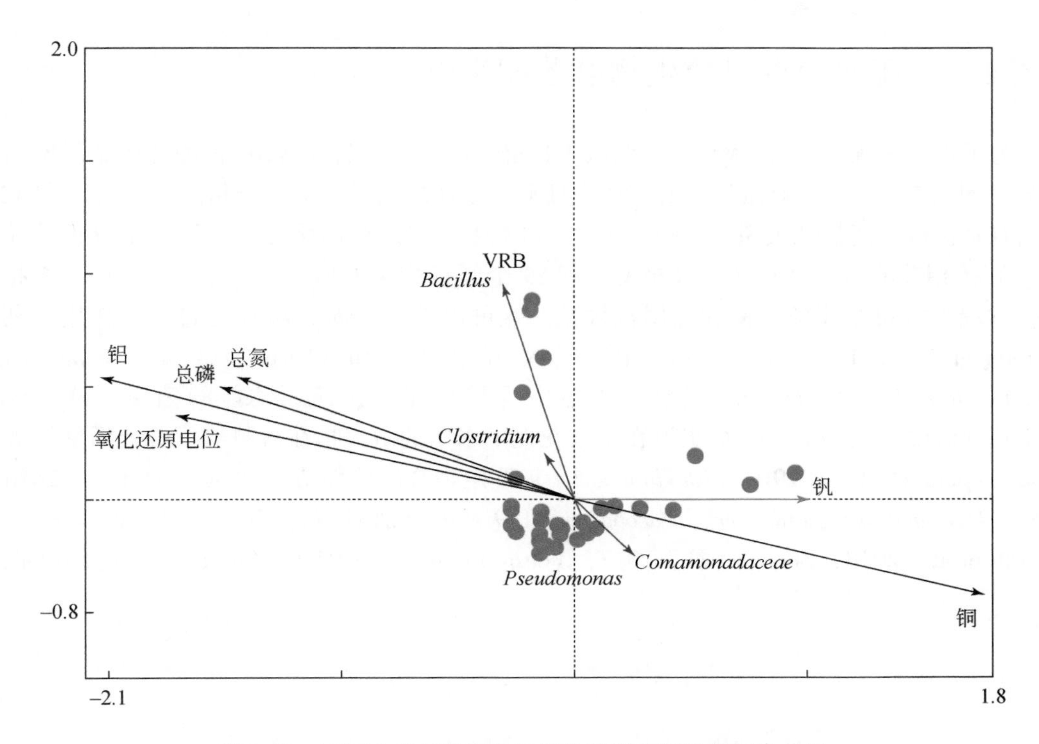

图 2. 18　矿区土壤环境因子对微生物群落影响的冗余分析

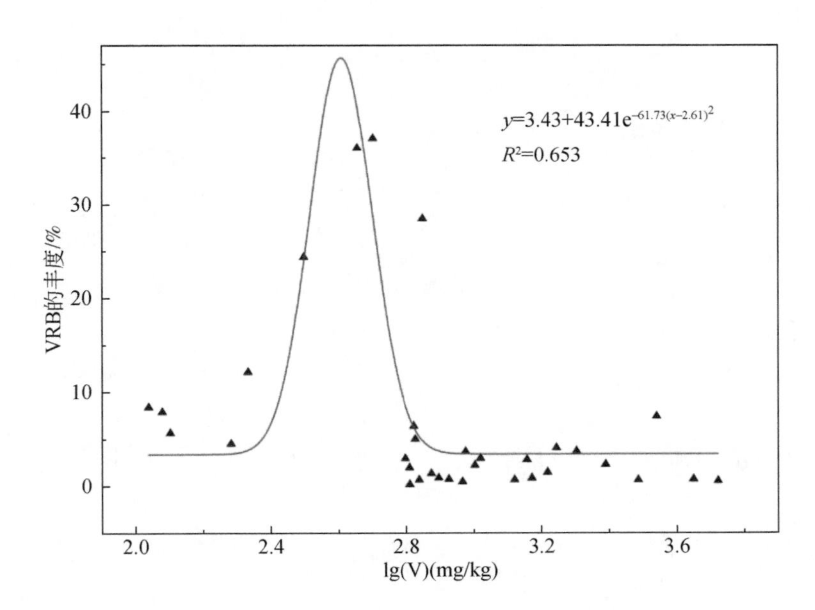

图 2. 19　钒浓度与 VRB 的丰度之间分布关系

2.3.4　钒还原菌群对微生物群落的影响

为了进一步探究 VRB 对整个土壤微生物群落的影响，针对 VRB 相关菌属做了网络分析图（图 2.20）。首先对微生物所有属中任何两个属之间做相关性分析，然后选取和 VRB 之间有直接或者间接性关系（$|r|>0.8$）的微生物属进行网络分析。该网络分析共涉及 49 个直接相关的微生物属（一级相关）和 29 个间接相关的属（二级相关）。在一级相关属中发现了大量金属还原菌和金属抗性菌。锰可以被 *Acidobacterium* 通过生物作用所利用（Stroud et al.，2014），*Alcanivorax* 能够吸收 Mg、Mo、Zn 和 Cu 等金属（Baltar et al.，2018）。*Rhodoferax* 和 *Thauera* 属已经被鉴定为具有三价铁还原功能的菌属（Shi et al.，2012）。除此之外，*Thauera* 被报道在攀枝花地下水中的微生物在钒胁迫下驯化后能够大量富集（Zhang et al.，2019b）。*Rhodanobacter* 被鉴定为金属抗性菌属（Hemme et al.，2016）。此外，*Fictibacillus*、*Janibacter*、*Leucobacter* 和 *Dyella* 分别对 As、Cu、Cr 和 Ag 具有抗性（Sturm et al.，2018；Zheng et al.，2017；Vetrovsky et al.，2015）。*Granulicella* 能够抵抗包

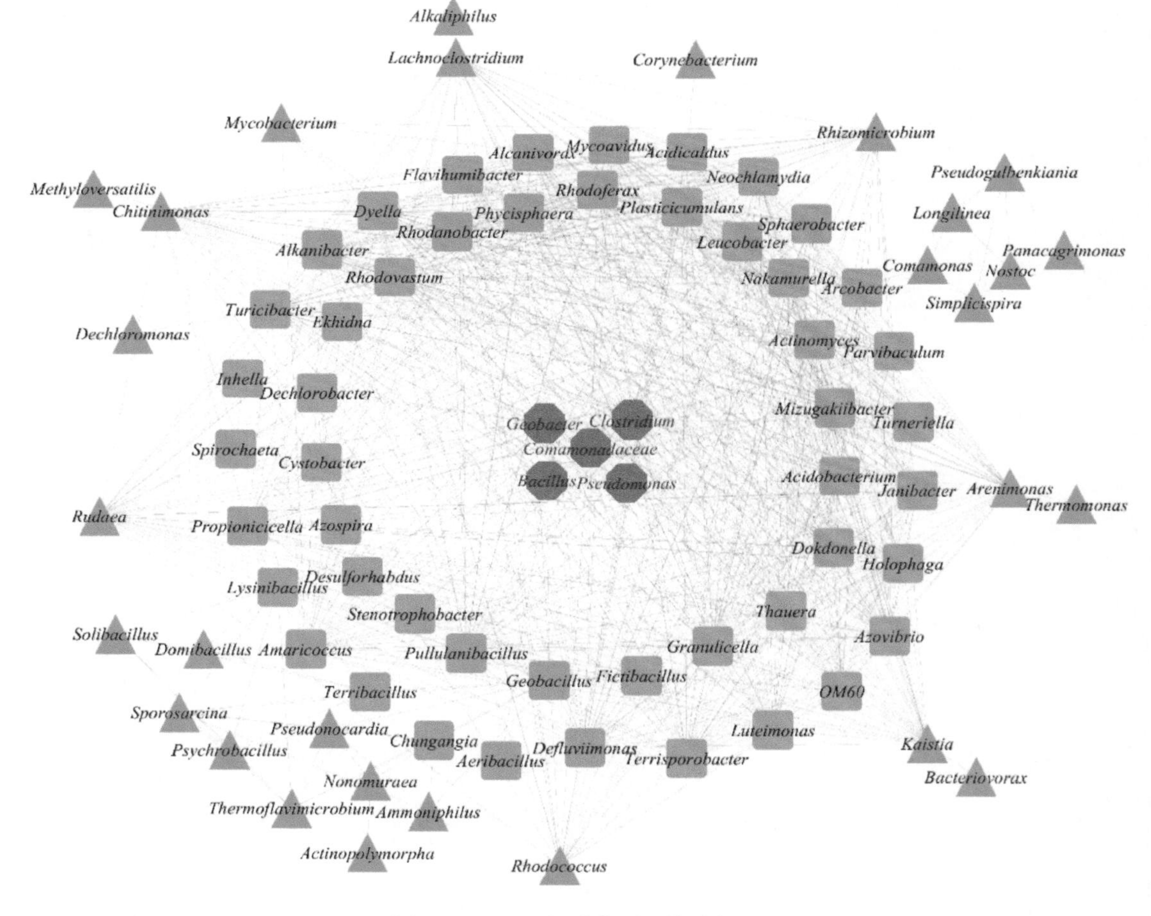

图 2.20　VRB 相关菌属网络分析图

括 Ni 和 Zn 在内的金属毒性（Falagún et al., 2017）。除此之外，在计算相关性时发现 VRB 和其他菌属之间都存在着正相关性，说明 VRB 对微生物群落其他菌属都有一定的促进作用。通过计算发现总共平均有 9.86% 的菌属（包括一级菌属和二级菌属）和 VRB 具有相关性，其中最高为 52.77%（VE2），最低为 1.32%（E5）。这表明，VRB 在影响微生物群落组成中扮演着重要的角色，并且能够在受钒含量影响时影响整个土壤微生物系统。然而研究的 VRB 只是目前被鉴定具有钒还原功能的微生物，土壤环境中必定有其他未被鉴定出来的具有钒还原功能的微生物，这类微生物一定能够影响更大范围的微生物群落，进而在一定程度上影响土壤微生物系统。

2.4　矿区土壤钒的时间分布特征

攀枝花是我国最大的钒钛磁铁矿基地，钒采矿与冶炼活动导致该地区钒污染严重。多个研究表明攀枝花地区土壤受到了严重的钒污染。

土壤微生物在土壤生物地球化学循环中扮演着重要的角色，微生物不仅能够影响生态系统过程，也能够影响土壤的生物化学动力学过程。理解土壤微生物的时空变化对于评估微生物群落结构和功能对生态系统的影响之间的关系来说是很重要的。季节变化能够通过影响光照和营养物浓度来改变土壤理化指标以此影响土壤微生物的组成和结构（Yu et al., 2012）。研究受污染土壤中污染物的季节性变化有助于理解土壤污染状况变化以及预测受污染土壤在自然状态下的自我修复情况。研究微生物群落结构的季节变化对深入理解微生物群落结构随着季节的变化以及受钒污染的微生物群落在自然状态下的迁移变化是至关重要的。

本节选取了具有代表性的采样点进行深入研究。共选取 4 个方向（N、S、W、E）的 12 个表层土样品和 1 个剖面样品（VN），在一年内按季节连续采样，研究土壤中钒污染状况随着季节的变化情况，并研究微生物群落结构随着年度季节变化以及钒含量变化的响应特征。分别对钒含量以及钒的生态风险评估进行测量计算，然后研究微生物群落在不同分类水平上的群落组成丰度与多样性。最后通过冗余分析来研究微生物群落结构与土壤理化指标之间的关系。

2.4.1　矿区土壤性质和钒的季节性变化

攀枝花不同季节表层土壤和剖面土壤常规理化指标列在表 2.6 中。攀枝花土壤的 pH 呈中性偏碱性，这与 Cao 等（2017）的研究结果一致。在该年内春夏秋冬四个季节的平均 pH 分别为 7.81±0.87、7.75±0.49、7.41±0.98 和 7.67±0.63。前三个季度土壤的 pH 随着季节变化逐渐降低，冬季的 pH 又略有升高。这可能是由于土壤 pH 受到了攀枝花降雨的影响，攀枝花每年 6 月至 10 月为雨季，降水量的 70% 是在雨季，11 月至次年的 5 月为干季，在此期间降水量少。受到攀枝花产业结构的影响，各类工业活动向大气中排放了大量的硫氮化合物，导致该地区受到酸雨的影响。所以，随着雨季的到来，攀枝花土壤的 pH 逐渐降低。到冬季旱季降水量骤减，依据自身的调节作用，土壤 pH 又稍有回升。土壤有机质含量是评价土壤肥力的重要指标，其对农作物的生长和微生物群落结构的变化具有重要的影响（王玉红等，2016）。本研究表明该地区土壤的有机质含量普遍较低，四个季节平均含量均低于20.00g/kg，且在该年内随着季节的变化，有机质含量逐渐降低。研究表明，攀枝花某地区土壤有机质含量年平均降幅为4.6%（杨军伟等，2016），本书研究结果与其相一致。我国西南地区表层土壤的有机质平均含量为46.61g/kg，该地区的土壤有机质含量较低，主要是由攀枝花土壤的矿质结构决定的。从表2.6中能看出，在土壤剖面中土壤有机质含量随着土壤深度的增加而降低。这也与以前的研究结果相一致（Zhang et al.，2019b）。该地区不仅受到严重钒污染，其他金属的含量也均高于我国土壤平均值。其中Cr、Ti、Fe、Al、Zn在四个季节的表层土壤中的平均含量分别为我国土壤平均含量的6.95～17.74倍、3.28～4.35倍、2.60～5.28倍、4.0～4.80倍、2.07～4.21倍。在剖面土壤中发现其随着土壤深度的增加都有逐渐降低的趋势，这说明了该地区土壤金属污染主要是由表层污染引起的，由于该地区主要的人类活动就是钒的开采与冶炼，所以钒的开采与冶炼是该地区金属污染的重要原因。如果不对该地区重金属的污染进行修复管理，其可能会迁移至地下甚至会造成地下水污染，应该受到重视。

表2.6　代表性样点的土壤样品理化指标

样品	pH	OM含量/(g/kg)	TN含量/(g/kg)	AP含量/(mg/kg)	Cr含量/(mg/kg)	Ti含量/(g/kg)	Fe含量/(g/kg)	Al含量/(g/kg)	Cu含量/(mg/kg)	Zn含量/(mg/kg)
E1_Sum	8.14	5.30	0.81	24.31	2021.56	25.40	220.44	31.03	622.17	314.98
E2_Sum	7.42	30.27	0.57	28.45	308.43	9.89	118.16	29.60	138.35	171.39
E3_Sum	7.97	45.40	1.04	39.98	329.65	13.70	129.57	26.70	826.86	340.69
S1_Sum	8.37	33.71	0.38	25.20	1229.35	15.80	119.97	20.98	193.25	146.89
S2_Sum	8.54	4.13	0.80	33.18	1122.25	12.41	111.87	26.26	272.22	146.76
S3_Sum	7.71	33.71	1.08	21.06	227.35	8.22	87.00	28.37	702.63	259.25
W1_Sum	7.76	5.50	0.94	27.71	386.98	9.48	89.43	28.69	733.71	178.74
W2_Sum	7.85	5.50	0.61	16.48	127.56	8.53	93.31	32.24	1217.5	69.58
W3_Sum	8.04	17.20	0.59	30.67	125.71	8.61	92.52	28.51	1247.6	85.92
N1_Sum	8.01	8.05	0.79	24.31	961.55	13.96	149.56	27.80	158.35	236.11
N2_Sum	7.45	5.50	0.39	28.75	177.38	34.84	182.26	17.54	81.56	117.26
N3_Sum	7.70	9.84	0.52	58.90	103.56	12.93	107.17	19.94	878.43	120.55
VN1_Sum	6.72	17.20	0.41	25.50	198.66	12.61	95.92	28.18	1093.81	72.65
VN2_Sum	6.99	13.07	0.33	22.54	158.18	16.53	120.32	39.12	966.85	63.27
VN3_Sum	7.29	6.88	0.46	18.84	146.55	7.34	64.89	31.73	1422.38	34.07
VN4_Sum	7.29	3.44	0.27	29.19	157.74	8.32	83.42	46.85	938.71	48.76
VN5_Sum	7.93	0.10	0.74	42.94	184.75	6.34	61.70	34.79	1183.92	43.08
VN6_Sum	8.40	0.69	0.99	37.17	187.56	7.54	71.77	32.74	45.65	67.64

续表

样品	pH	OM 含量/(g/kg)	TN 含量/(g/kg)	AP 含量/(mg/kg)	Cr 含量/(mg/kg)	Ti 含量/(g/kg)	Fe 含量/(g/kg)	Al 含量/(g/kg)	Cu 含量/(mg/kg)	Zn 含量/(mg/kg)
E1_Aut	8. 51	9. 63	0. 54	13. 08	1250. 79	14. 77	138. 03	23. 59	218. 15	196. 48
E2_Aut	7. 04	0. 69	0. 70	17. 07	297. 55	9. 97	119. 78	31. 45	2116. 25	165. 36
E3_Aut	8. 07	22. 70	0. 63	11. 16	390. 15	22. 31	277. 38	28. 84	120. 76	580. 07
S1_Aut	8. 50	11. 01	0. 47	11. 45	3802. 86	21. 13	200. 20	19. 48	1318. 33	397. 15
S2_Aut	7. 99	22. 01	1. 02	13. 97	1669. 31	15. 59	158. 41	32. 75	817. 64	264. 13
S3_Aut	8. 48	11. 69	0. 94	12. 05	1352. 55	25. 63	217. 66	8. 18	532. 58	984. 88
W1_Aut	7. 49	33. 02	0. 76	23. 13	1211. 83	13. 87	140. 98	27. 77	585. 76	193. 77
W2_Aut	8. 39	22. 70	0. 44	19. 58	539. . 65	8. 39	95. 20	28. 90	495. 15	184. 09
W3_Aut	7. 91	22. 01	0. 67	13. 38	1928. 48	0. 35	1. 91	1. 54	1176. 76	230. 75
N1_Aut	7. 98	6. 19	0. 39	9. 83	320. 86	31. 55	196. 96	50. 55	1038. 83	112. 70
N2_Aut	7. 77	1. 38	0. 58	24. 61	249. 63	13. 35	163. 33	40. 86	297. 35	111. 91
N3_Aut	7. 74	4. 13	0. 38	13. 52	159. 52	22. 19	157. 11	38. 50	2504. 18	152. 49
VN1_Aut	5. 17	37. 15	1. 27	40. 87	200. 85	13. 86	126. 66	55. 07	3913. 35	155. 33
VN2_Aut	5. 93	23. 39	1. 02	32. 59	186. 63	12. 89	142. 93	72. 09	3913. 33	138. 63
VN3_Aut	6. 22	13. 07	0. 70	15. 00	138. 56	13. 50	124. 27	57. 76	3070. 45	65. 15
VN4_Aut	6. 41	8. 25	0. 69	16. 63	151. 71	9. 85	89. 81	54. 52	3467. 63	51. 45
VN5_Aut	6. 95	5. 50	0. 74	10. 12	236. 53	13. 69	119. 26	62. 69	3816. 66	54. 52
VN6_Aut	6. 86	3. 44	1. 11	12. 19	356. 65	16. 75	132. 22	54. 74	309. 34	83. 84
E1_Win	8. 16	4. 36	1. 16	57. 12	950. 77	11. 33	134. 84	57. 33	206. 58	221. 57
E2_Win	7. 35	1. 13	0. 74	29. 19	360. 66	10. 65	128. 74	63. 46	2132. 76	169. 73
E3_Win	8. 44	4. 55	0. 77	21. 80	507. 83	16. 61	220. 77	37. 96	278. 55	489. 21
S1_Win	8. 28	10. 96	1. 16	34. 66	2994. 91	26. 09	239. 67	54. 21	362. 28	494. 77
S2_Win	8. 25	8. 30	0. 73	29. 93	3655. 65	19. 37	200. 01	51. 06	386. 53	403. 84
S3_Win	8. 34	6. 48	0. 74	16. 48	133. 33	5. 54	43. 53	23. 22	659. 12	167. 39
W1_Win	7. 44	29. 12	1. 19	43. 38	1683. 55	11. 95	129. 22	46. 13	625. 35	224. 45
W2_Win	7. 60	25. 86	0. 49	31. 41	939. 88	0. 30	0. 85	0. 88	943. 18	167. 84
W3_Win	8. 76	9. 08	0. 97	53. 28	1216. 56	13. 48	170. 12	14. 18	1037. 14	178. 34
N1_Win	7. 84	9. 78	0. 33	25. 94	125. 63	10. 85	136. 02	8. 32	1001. 72	93. 24
N2_Win	6. 95	4. 55	0. 54	25. 94	274. 35	10. 77	162. 51	9. 41	95. 02	111. 16
N3_Win	7. 83	4. 42	0. 72	34. 51	151. 61	13. 51	135. 62	14. 94	278. 22	143. 21
VN1_Win	6. 65	37. 83	1. 10	42. 94	204. 43	7. 91	145. 67	20. 15	1730. 15	202. 65
VN2_Win	7. 56	11. 01	0. 53	19. 58	72. 58	5. 67	84. 16	37. 77	739. 63	40. 97

续表

样品	pH	OM 含量/(g/kg)	TN 含量/(g/kg)	AP 含量/(mg/kg)	Cr 含量/(mg/kg)	Ti 含量/(g/kg)	Fe 含量/(g/kg)	Al 含量/(g/kg)	Cu 含量/(mg/kg)	Zn 含量/(mg/kg)
VN3_Win	6.56	24.08	0.69	33.62	186.32	10.65	110.59	18.79	1083.75	82.22
VN4_Win	7.09	6.88	0.77	20.91	89.55	7.02	81.23	32.17	1221.65	26.57
VN5_Win	7.71	10.32	1.13	32.89	158.69	9.14	100.80	36.73	1549.45	31.76
VN6_Win	7.31	11.01	0.88	27.56	123.32	7.86	102.75	40.15	638.65	52.71

不同采样点土壤钒含量在该年内随着季节变化情况如图2.21所示。从图2.21（a）中能看出钒含量随着与冶炼厂距离的增加而有逐渐减少的趋势，说明冶炼厂通过大气降尘等途径污染了周边的土壤。土壤中钒含量随着年度的季节变化也存在着一定的变化，其中从样品S2、W1和W3都能观察到钒含量随着季节而逐渐增加。在其他采样点也能观察出随着时间延长钒含量有增加的趋势。对表层土壤按照季节分类并取其平均值发现春夏秋冬四个季节的平均值分别为（1654.24±20.17）mg/kg、（2039.13±24.87）mg/kg、（2112.87±25.77）mg/kg和（2530.18±30.86）mg/kg。其标准偏差相对较小，所以平均值具有一定的可靠性。表层土壤中的钒含量随着时间延长而明显增加。我国土壤中钒含量背景值为82mg/kg，该地区钒含量严重超过了我国的土壤钒背景。从图2.21（b）中能观察到剖面土壤中钒含量随着一年中季节的变化有增加的趋势。仅对于剖面而言，其不同深度钒含量呈现减少的趋势，这和上文其他金属含量的变化趋势相同。Zhang等（2009b）也曾报道攀枝花地区的土壤中钒含量随着深度的增加逐渐减少。这表明钒主要来自地表人类活动，如含钒大气的干沉降（Yang et al.，2017）。钒含量在土壤深度为110cm处仍高于我国土壤背景值，表明钒进入土壤后会通过降雨等途径迁移至更深处。在不同季节的剖面中，钒含量有增加的趋势。其中从前三个季节观察到在不同的深度处钒含量都在同时增加。这说明

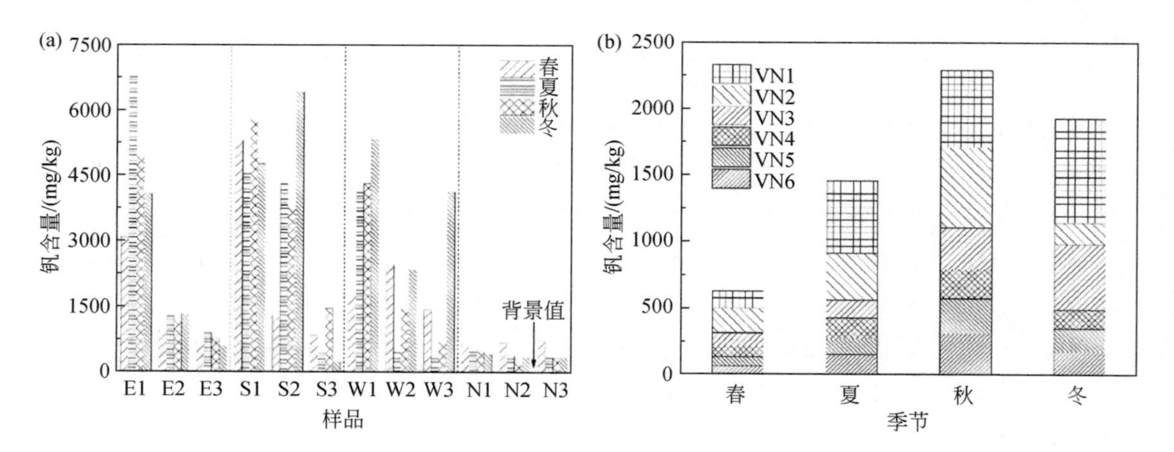

图2.21　不同季节土壤钒含量

（a）表层土壤；（b）剖面土壤

表层土壤持续受到外来钒的污染，而不同深度剖面的土壤钒也在不停地向下迁移。然而在冬季观察到了不同的规律，表层的土壤含量还在继续增加，在 VN2 剖面其含量相比于秋季显著减少，在 VN3 剖面其含量依旧高于前三个季度，其余的剖面比秋季略低。持续的外界钒沉降对土壤造成了持续的污染，所以表层土壤的钒含量一直在增加。冬季属于旱季，大气降水量显著减少，所以表层土壤向下迁移的速度降低导致 VN2 剖面的钒含量减少。前期土壤中累积的钒继续向下迁移导致了 VN3 剖面的含量在持续增加。该地区长期进行钒开采与冶炼等工业活动，对周边土壤的污染也是长期的持续的污染，土壤中钒含量会逐年增加。Teng 等（2011）报道攀枝花冶炼厂周边土壤钒含量为 208. 1 ~938. 4mg/kg，到 2018 年 1 月表层土壤钒平均含量增加到（2530. 18±30. 86）mg/kg。因此，该地区的钒污染需要得到重视，对其监测与修复迫在眉睫。

2. 4. 2　矿区土壤钒污染指数与风险评估

通过计算土壤钒的污染指数绘制了污染指数箱图（图 2. 22）。在表层土壤中［图 2. 22（a）］，钒的污染指数处于一个较高的水平。四个季节的表层土壤污染指数的平均值都显著高于 6（最高污染程度），并且随着季节的变化其污染指数逐渐升高。夏季污染指数的中位数最低（CF=5. 01），属于高度污染；冬季的中位数最高（CF=14. 52）属于非常高度污染。这表明该地区土壤确实受到了严重的土壤污染，且随着季节的变化，污染越来越严重。这与土壤中钒含量变化情况相一致。剖面土壤［图 2. 25（b）］的污染指数明显不同于表层土壤，在不同的季节其污染指数均低于非常高度污染，这主要是由于深层土壤钒污染程度较低。前三个季节污染指数呈现逐渐升高的趋势，从春季的 0. 67 升到秋季的 2. 37，第四个季节冬季略有降低。总体来说，剖面土壤没有受到特别严重的钒污染，这与剖面土壤钒含量分布情况相似。然而由于钒的迁移性，仍然需要重视表层土壤对深层土壤的污染。

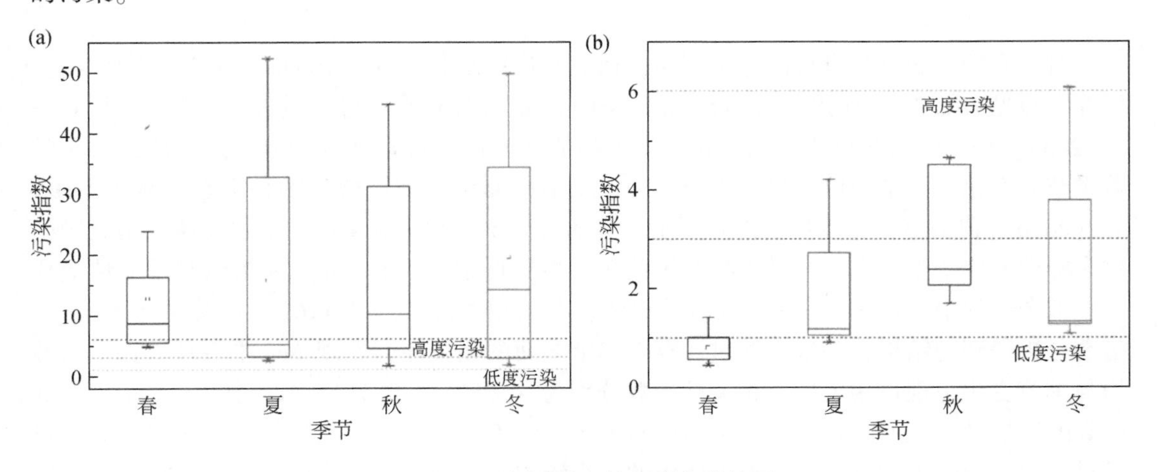

图 2. 22　不同季节土壤污染指数箱图

（a）表层土壤；（b）剖面土壤

对该地区土壤的钒污染进行风险评估，基于土壤中钒含量通过暴露途径对人体的危害系数箱图如图 2. 23 所示。对于儿童来说，表层土壤对儿童的危害风险等级高，其 HQ 平均值均远大于 1，且随着季节的变化其 HQ 平均值逐渐升高。然而剖面土壤的 HQ 值与表层土壤的却显著不同，剖面土壤钒对儿童的危害风险等级较低，几乎对儿童没有危害。对于成年男性和女性来说，该地区土壤高含量的钒并未对其健康造成危害，其 HQ 平均值在四个季节都低于 1。在所有样品中表层土壤的 HQ 平均值均高于剖面土壤，儿童受到的危害风险均高于成年男性，女性的危害风险也略微高于男性。Rinklebe 等（2019）也得到了相似的研究结论。

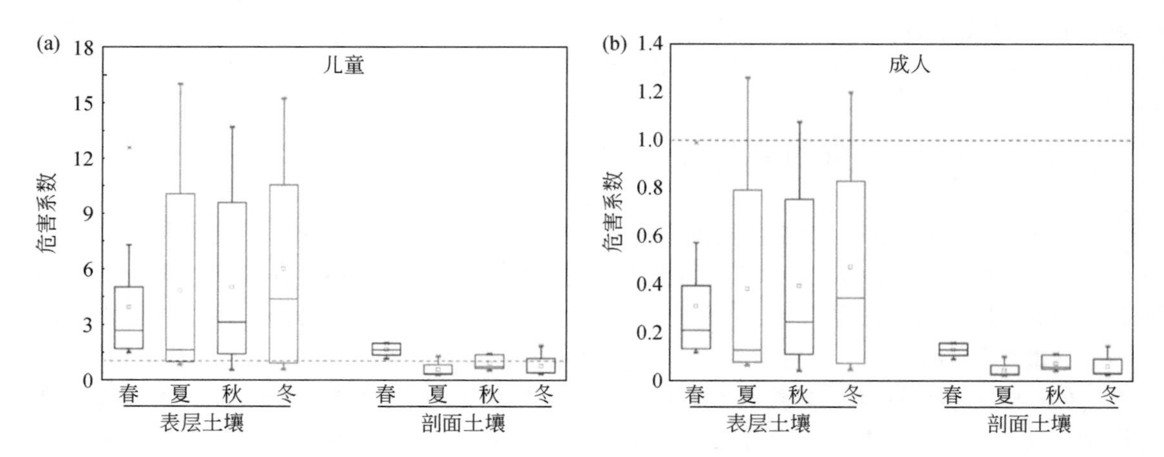

图 2. 23　不同季节土壤危害系数箱图

（a）儿童；（b）成人

2. 4. 3　土壤微生物多样性及群落组成

对所有的土壤样品进行高通量测序，通过质量控制共计得到 10533 个 OTU，微生物多样性参数见表 2. 7。利用线性拟合，得到 Shannon 指数和季节性变化呈现负相关性（$r=-0.286$），说明随着年度季节的变化，微生物的多样性呈现降低的趋势。这可能是由于随着季节的变化，土壤中钒含量在逐渐增加，土壤中非钒耐受性微生物种类越来越少。Hao 等（2016）曾报道，微生物去除地下水中钒的研究中，在钒驯化后的微生物体系中其微生物多样性要比未受钒毒害的微生物系统的多样性要低很多。对 Simpson 指数与季节性变化线性拟合过程中发现 Simpson 指数与季节变化有正相关性（$r=0.116$）。该结果与 Shannon 指数分析得到的结果相一致。通过计算与季节之间的相关性，发现 Ace 指数和 Chao1 指数均与季节变化呈现负相关性，相关性指数分别为−0. 287 和−0. 313，Ace 指数和 Chao1 指数得到的结果是一致的。这说明微生物群落的丰度随着季节变化也在降低，这是由于高含量钒对整体土壤微生物群落是有毒害作用的，系统中有一部分微生物群落不能抵抗钒的毒性而逐渐消失，这与 Liu 等（2016）的研究结果也是一致的。

表2.7　不同季节土壤样品中的微生物多样性指数表

样品	Sobs 指数	Shannon 指数	Simpson 指数	Ace 指数	Chao1 指数	覆盖度
E1_Spr	2616	6.624	0.003	3558.02	3626.16	0.968
E2_Spr	2514	6.598	0.004	4386.13	3753.45	0.948
E3_Spr	2488	6.605	0.004	3354.19	3378.67	0.963
S1_Spr	2883	6.814	0.003	3867.57	3919.07	0.966
S2_Spr	3357	7.058	0.002	4462.88	4554.81	0.959
S3_Spr	3460	7.091	0.002	4405.49	4463.26	0.970
W1_Spr	3622	7.159	0.002	5028.39	4971.49	0.950
W2_Spr	3241	6.988	0.002	4365.50	4384.35	0.959
W3_Spr	2927	6.998	0.002	4133.74	4215.74	0.945
N1_Spr	2551	6.710	0.003	3409.18	3447.50	0.963
N2_Spr	3318	6.910	0.004	4332.32	4309.90	0.964
N3_Spr	2755	6.872	0.002	3862.11	3890.19	0.954
VN1_Spr	2050	6.356	0.004	2853.80	2870.46	0.964
VN2_Spr	2283	6.588	0.003	3218.23	3237.62	0.956
VN3_Spr	2684	6.641	0.003	3813.03	3830.69	0.965
VN4_Spr	2875	6.682	0.003	4021.88	3956.53	0.967
VN5_Spr	2666	6.629	0.004	3788.98	3857.40	0.960
VN6_Spr	3026	6.861	0.003	4188.10	4176.16	0.962
E1_Sum	2904	6.892	0.002	3884.51	3930.65	0.964
E2_Sum	2427	6.632	0.003	3138.16	3195.23	0.974
E3_Sum	2804	6.754	0.003	3747.70	3765.85	0.968
S1_Sum	2678	6.424	0.008	3532.83	3531.13	0.973
S2_Sum	2839	6.927	0.002	3790.13	3929.87	0.967
S3_Sum	2687	6.638	0.004	3483.54	3518.59	0.973
W1_Sum	3315	6.888	0.003	4590.73	4598.48	0.959
W2_Sum	1895	5.939	0.009	2578.90	2626.13	0.976
W3_Sum	2662	6.417	0.005	3661.81	3670.93	0.967
N1_Sum	2580	6.383	0.006	3463.44	3506.86	0.973
N2_Sum	2385	6.414	0.005	3226.73	3200.54	0.968
N3_Sum	2803	6.820	0.003	3781.10	3808.53	0.965
VN1_Sum	2136	6.347	0.005	2750.43	2741.78	0.976
VN2_Sum	2287	6.087	0.008	3214.47	3170.96	0.974

续表

样品	Sobs 指数	Shannon 指数	Simpson 指数	Ace 指数	Chao1 指数	覆盖度
VN3_Sum	1697	5.625	0.010	2810.29	2508.22	0.982
VN4_Sum	1909	5.726	0.018	2644.51	2679.69	0.979
VN5_Sum	1852	5.598	0.016	2528.33	2546.14	0.982
VN6_Sum	2105	6.030	0.008	2832.39	2883.31	0.978
E1_Aut	1898	6.327	0.004	2433.16	2491.14	0.978
E2_Aut	2573	6.309	0.007	3504.24	3458.08	0.969
E3_Aut	1986	6.201	0.010	2624.27	2662.23	0.971
S1_Aut	2630	6.630	0.005	3589.14	3606.45	0.960
S2_Aut	1792	6.260	0.005	2615.64	2636.59	0.953
S3_Aut	3227	6.993	0.002	4322.63	4497.53	0.961
W1_Aut	3477	6.871	0.005	4771.43	4753.29	0.958
W2_Aut	2082	5.437	0.029	2971.26	2960.94	0.970
W3_Aut	3355	6.946	0.003	4474.19	4466.04	0.958
N1_Aut	2333	6.480	0.004	3051.53	3112.03	0.977
N2_Aut	2404	6.715	0.003	3283.33	3276.61	0.961
N3_Aut	2601	6.759	0.003	3501.52	3442.48	0.963
VN1_Aut	809	3.911	0.115	1407.57	1219.80	0.988
VN2_Aut	1684	5.844	0.009	2253.92	2390.46	0.981
VN3_Aut	2396	6.495	0.004	3256.69	3293.14	0.973
VN4_Aut	2398	6.592	0.004	3151.37	3187.32	0.972
VN5_Aut	2402	6.503	0.004	3254.92	3346.42	0.973
VN6_Aut	2572	6.543	0.004	3417.57	3560.79	0.977
E1_Win	1692	6.053	0.006	2367.51	2463.68	0.971
E2_Win	2911	6.826	0.003	4049.13	4081.01	0.955
E3_Win	2282	6.558	0.004	3076.10	3061.28	0.964
S1_Win	1891	6.377	0.004	2647.65	2745.49	0.964
S2_Win	3334	7.018	0.002	4503.03	4515.78	0.960
S3_Win	2620	6.782	0.003	3599.72	3595.77	0.961
W1_Win	3614	6.927	0.003	4635.26	4629.60	0.969
W2_Win	2547	6.422	0.007	3322.44	3306.05	0.969
W3_Win	3254	6.958	0.003	4453.73	4471.75	0.959
N1_Win	2637	6.897	0.002	3588.56	3603.69	0.957

续表

样品	Sobs 指数	Shannon 指数	Simpson 指数	Ace 指数	Chao1 指数	覆盖度
N2_Win	2250	6.622	0.003	2984.46	3071.71	0.968
N3_Win	1929	5.823	0.015	3257.30	2823.38	0.972
VN1_Win	1991	6.016	0.007	3290.55	2760.01	0.974
VN2_Win	2077	6.056	0.006	2884.68	2905.75	0.977
VN3_Win	2800	6.830	0.003	3682.98	3756.66	0.965
VN4_Win	2055	5.661	0.010	3995.27	3321.52	0.974
VN5_Win	1173	5.373	0.011	1529.21	1537.59	0.989
VN6_Win	1576	5.649	0.012	2493.66	2205.54	0.982

选择 97% 相似度的 OTU 序列绘制图 2.24，四个季节表层土壤和剖面土壤微生物的稀释性曲线反映各样品在不同的测序深度微生物的多样性。从图中可以观察到，随着季节的变化，样品的 OTU 有降低的趋势，并且随着测序深度的增加曲线趋向平坦，从图 2.24 (e) 和 (f) 能更直观地看出其变化，说明测序过程中测序深度合理。随着时间的变化，微生物的丰度和多样性都在降低。

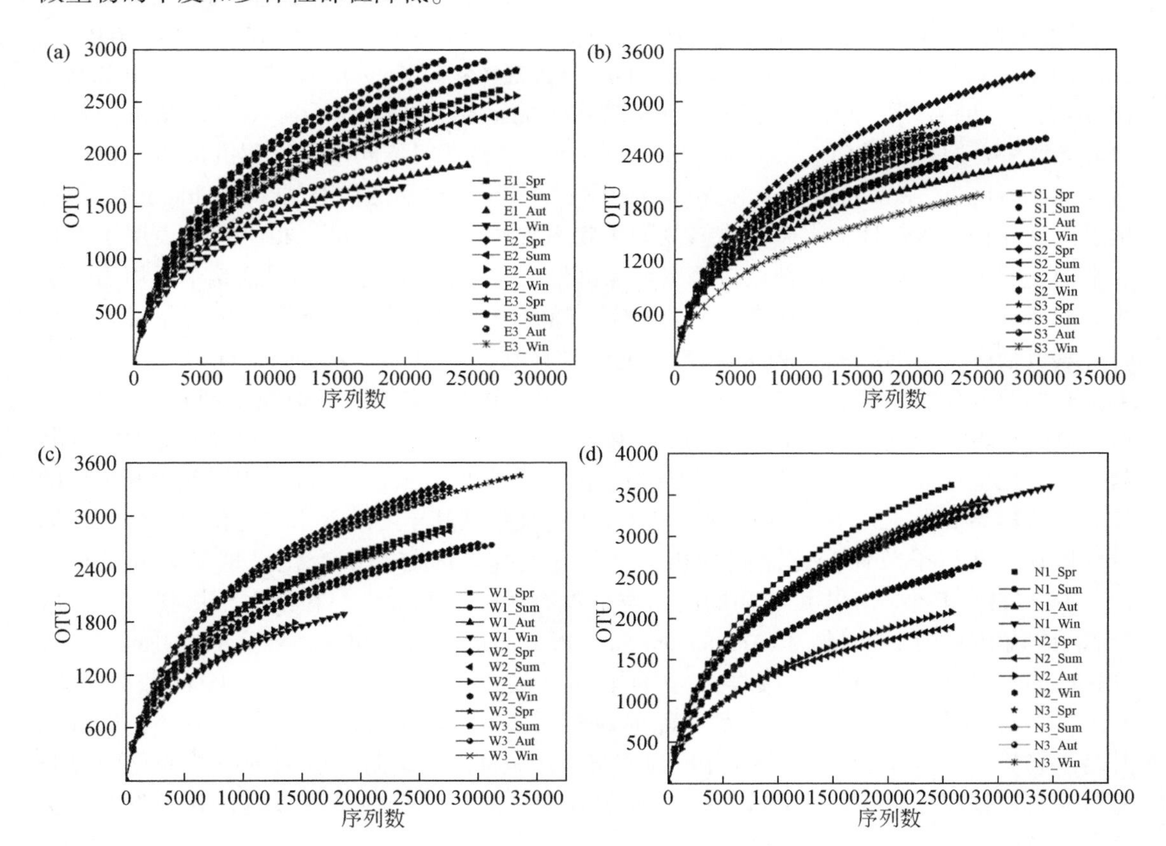

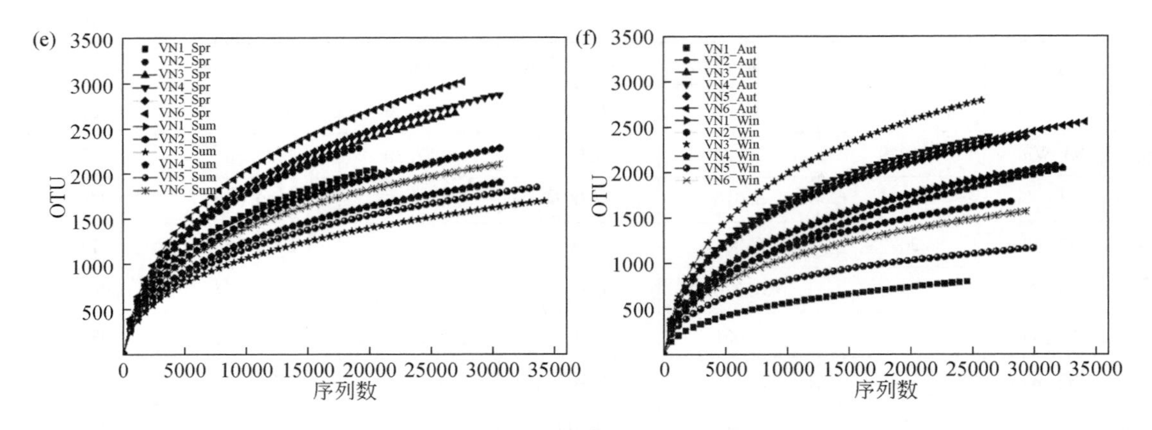

图 2.24　土壤样品的季节性变化稀释性曲线

（a）东方向表层土壤；（b）南方向表层土壤；（c）西方向表层土壤；（d）北方向表层土壤；（e）剖面土壤，春季和夏季；（f）剖面土壤，秋季和冬季

所有样品的 OTU 被聚类为 50 个门、128 个纲、252 个目、510 个科、1091 个属和 2443 个种。所有样品微生物门水平的组成如图 2.25 所示，图 2.25（a）~（d）分别表示东南西北四个方向不同样品在不同季节的变化，在表层样品微生物组成中，相对丰度最高的五个门分别为 Actinobacteria（14.77%~46.31%）、Proteobacteria（9.09%~44.63%）、Chloroflexi（11.24%~35.05%）、Acidobacteria（2.22%~20.56%）和 Firmicutes（0.27%~17.76%）。Zhang 等（2019）在研究中发现 Proteobacteria 和 Firmicutes 是攀枝花钒影响的地质环境中普遍存在的门。Cao 等（2017）在研究攀枝花钒不同生产流程的周边土壤中发现 Actinobacteria、Proteobacteria 和 Acidobacteria 是其土壤样品的优势门。而 Chloroflexi 曾被报道大量存在于含钒地下水微生物修复的生物系统中（Wang et al.，2018b）。表层土壤样品中的丰度最高的物种门都曾被报道出现在钒相关的系统环境中，说明这 5 个门均为与钒相关的物种，其对土壤中的钒有一定的响应。随着季节的变化，当土壤中钒含量发生变化时对其也会有一定的影响。从图 2.25 中能够观察到，其中 Actinobacteria 随着季节变化其丰度有逐渐升高的趋势，在样品 E1、E3、S3、W2 和 N3 中能明显地观察到其升高趋势。通过对所有表层土壤样品 Actinobacteria 丰度与季节变化做相关性分析，也同样能够得到其与季节变化呈现显著正相关性（r=0.519）。随着季节变化 Acidobacteria 丰度有逐渐降低的趋势，从样品 E1、E3、S3、W1、W2 和 N3 中能观察到其丰度随着季节变化显著降低。通过分析其丰度与季节性变化之间的相关性，发现其丰度与季节变化呈现显著的负相关（r=-0.374）。其余三个丰度较高的门与季节没有明显的相关性。在剖面土壤样品中丰度最高的前五个门同样为 Actinobacteria、Proteobacteria、Chloroflexi、Acidobacteria 和 Firmicutes，其在所有剖面土壤样品中的平均丰度分别为 30.73%、29.86%、13.36%、9.28% 和 3.75%。在剖面土壤样品中能够观察到 Actinobacteria 丰度随着季节变化有逐渐升高的趋势，在夏季和冬季升高得最为明显。Proteobacteria 的丰度随着季节变化明显降低，尤其在较深样品 VN3、VN4、VN5 和 VN6 中。其余三个门与季节变化几乎没有相关性。在剖面深度方向发现 Actinobacteria 的丰度随着深度的增加有稍微升高的趋势，Zhang

等（2019b）在研究攀枝花钒尾矿库周边剖面土壤微生物时，也发现 Actinobacteria 的丰度随着深度的增加而升高。

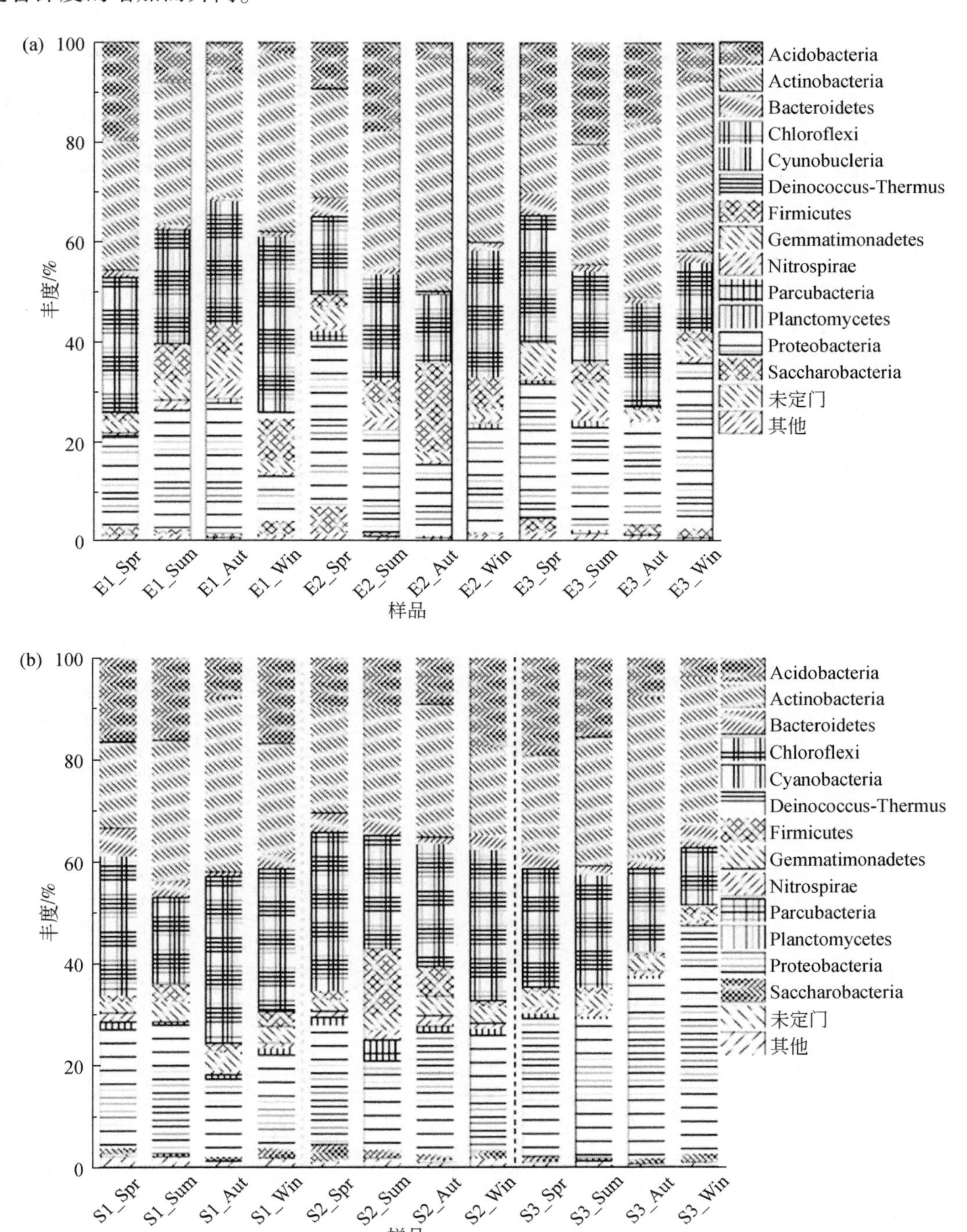

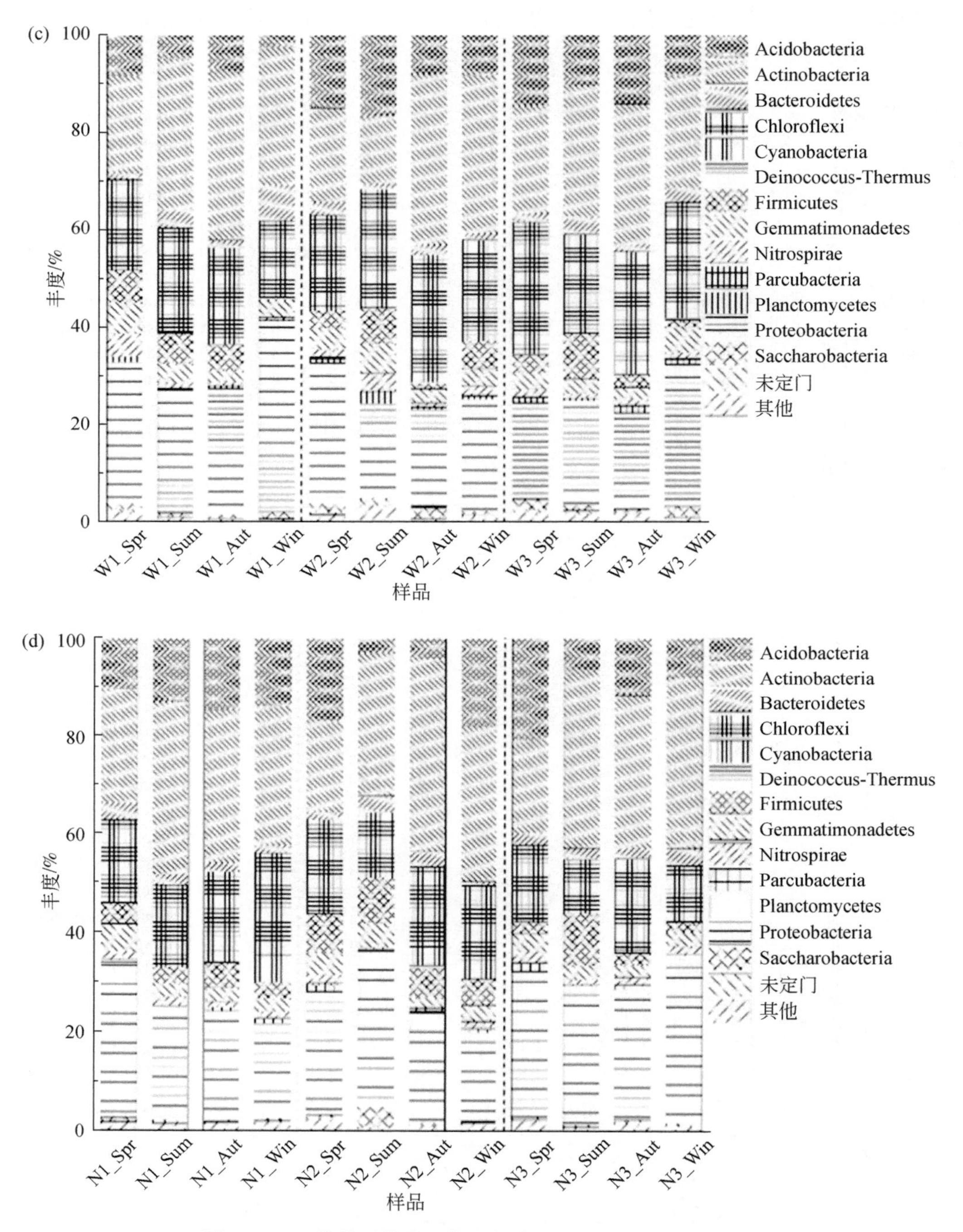

图 2.25　土壤样品的微生物在门水平的组成的季节性变化

(a) 东方向表层土壤；(b) 南方向表层土壤；(c) 西方向表层土壤；(d) 北方向表层土壤

属水平微生物的优势菌属如图 2.26 所示，图 2.26（a）表示不同表层土壤微生物在四个季节丰度的变化情况，图 2.26（b）表示剖面土壤不同深度微生物随着季节变化丰度变化情况。表层土壤样品中丰度较高的属分别为：*Bacillus*（0.06%～13.05%）、*Sphingomonas*（0.22%～10.24%）、*Roseiflexus*（0.16%～4.51%）、*Microvirga*（0.01%～5.52%）、*Nitrospira*（0.38%～4.62%）。*Nitrospira* 丰度随着季节的变化有逐渐降低的趋势。*Nitrospira* 是一种亚硝酸盐氧化细菌，在重金属 Cu、Zn 和 Cd 污染的土壤中广泛存在。表层土壤样品中其余多个属也具有金属还原与抗性功能，其中丰度最高的菌属 *Bacillus* 被 Rivas-Castillo 等（2017）报道不仅具有高的钒抗性而且能够去除水体中的钒。*Comamonadaceae*、*Clostridium*、*Geobacter*、*Bryobacter* 和 *Pseudomonas* 都是具有钒还原功能的微生物（Yelton et al.，2013；Hao et al.，2018）。*Roseiflexus*、*Steroidobacter* 在重金属污染的土壤中是优势均属（Hong et al.，2015）；*Microvirga* 是重金属抗性微生物，并被发现广泛存在于钒污染的土壤中（Zhang et al.，2019b）；*Blastococcus*、*Pseudonocardia*、*Arthrobacter*、*Geodermatophilus* 对微量元素钴、铬、镍有金属抗性（Touceda et al.，2018）；*Nocardioides* 被报道具有金属抗性（Min et al.，2017）；*Lysobacter* 对钴和锌具有金属抗性（Puopolo et al.，2016）；*Streptomyces* 对铜、钴、镍具有金属抗性（Undabarrena et al.，2017）；*Acidibacter* 和土壤中的锌等重金属显著正相关，而 *Rhodanobacter* 是一种对重金属特别敏感的菌属（Guo et al.，2017）；*Mycobacterium* 被报道能够从水环境中去除铬（Cao et al.，2017）；*Gemmatimonas* 对重金属具有金属抗性（Min et al.，2017）。*Bacillus* 在 E1_Win、E2_Aut、S2_Sum、W1_Sum、W3_Sum、N2_Sum 和 N3_Sum 中丰度最高，观察发现该菌属在夏季样品中偏多，*Bacillus* 是一种钒还原微生物，可能在夏季其活性较高。*Sphingomonas* 在 E3_Spr、S1_Sum、S3_Sum、W1_Sum、N2_Sum 和 N3_Sum 中丰度最高。该地区在高含量的重金属胁迫下土壤的微生物群落结构发生了显著改变，土壤系统中许多微生物具有重金属还原与抗性的功能。在季节变化的情况下其丰度会随着土壤中重金属含量的变化而改变。

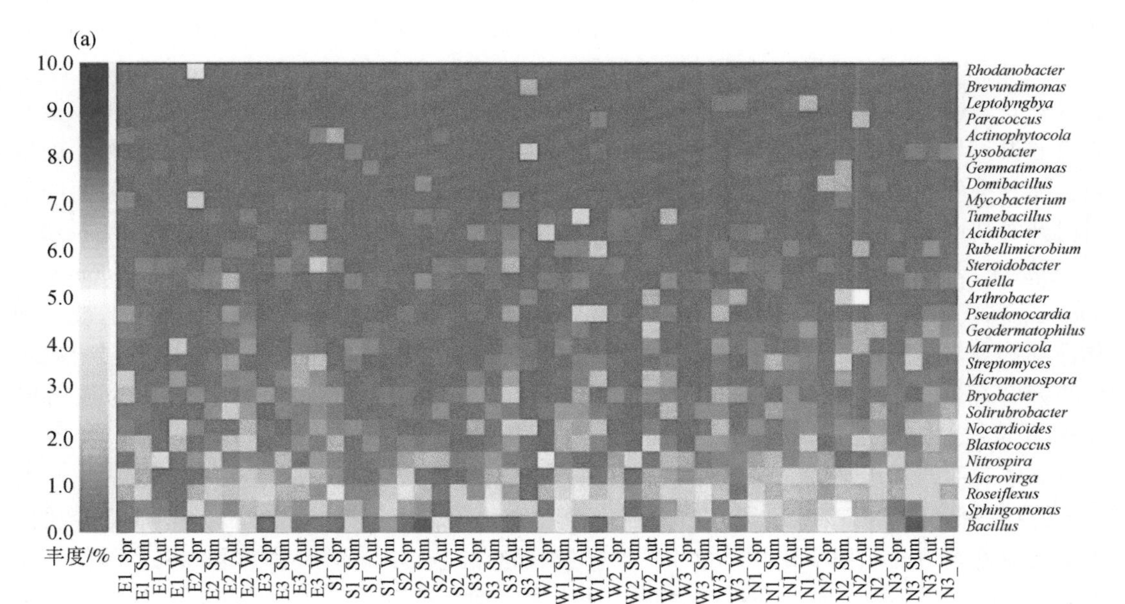

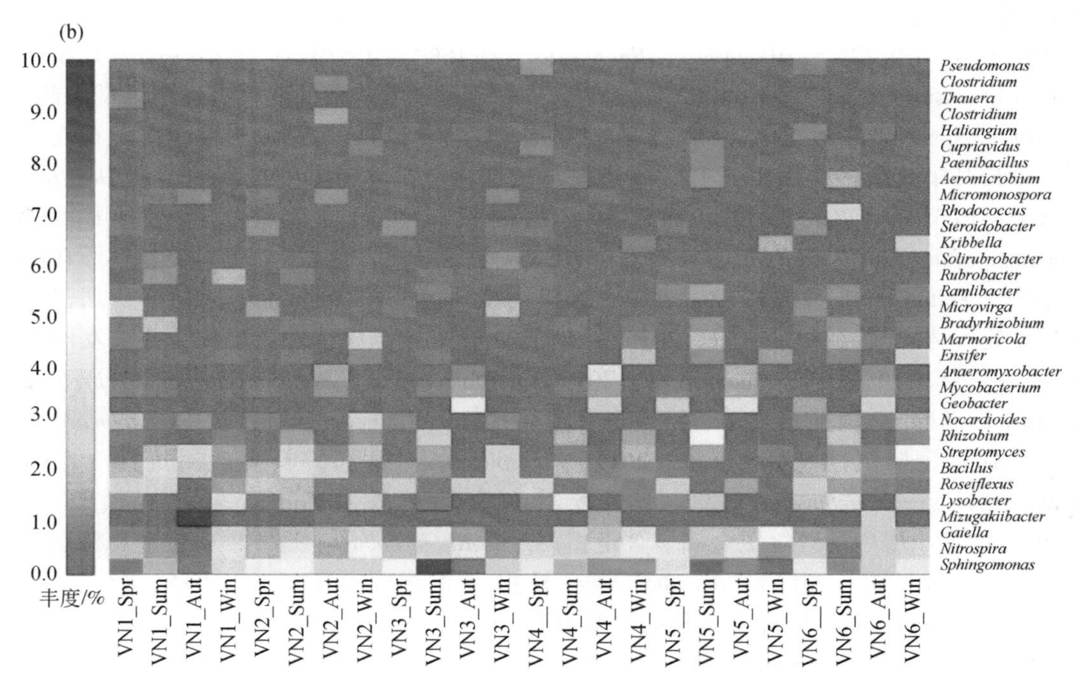

图 2. 26　不同季节土壤样品微生物属水平聚类热图

（a）表层土壤；（b）剖面土壤

在剖面土壤中，微生物含量组成与表层土壤样品有明显的不同。在图 2. 26（b）中观察到剖面土壤样品的丰度最高的属分别为 *Sphingomonas*（0. 61% ~ 9. 05%）、*Nitrospira*（0. 55% ~ 7. 11%）、*Gaiella*（0. 48% ~ 5. 35%）、*Mizugakiibacter*（0 ~ 36. 38%）、*Lysobacter*（0. 00 ~0. 73%）。随着季节的变化，*Sphingomonas* 丰度明显降低，*Nitrospira*、*Gaiella* 丰度显著升高。据报道 *Sphingomonas* 能够还原铁（Peng et al.，2016），*Nitrospira* 能氧化铵根和亚硝酸根，与土壤中氮的循环紧密相关（Nunes- Alves et al.，2016）。在深度水平上观察到，随着深度的增加 *Gaiella* 丰度逐渐升高，然而 *Bacillus* 的丰度逐渐降低，这与前面中剖面得到的结论是相一致的。在剖面土壤样品中同样观察到具有钒还原功能的 *Geobacter*、*Clostridium*、*Clostridium*、*Pseudomonas* 微生物的存在，还观察到 *Roseiflexus*、*Streptomyces*、*Nocardioides*、*Mycobacterium*、*Microvirga*、*Steroidobacter* 等微生物（在表层土壤中也被发现并且都具有与金属还原与抗性相关的功能）。在剖面土壤中发现了一些丰度比表层土壤中高的菌属存在，其中 *Rhizobium* 被报道过具有砷转化功能，能将三价砷转化为五价砷（Sarkar et al.，2016）。*Anaeromyxobacter* 能将硒酸盐转化为单质硒（Cao et al.，2017）。*Ensifer* 是一种砷氧化细菌，对多种重金属具有金属抗性。*Ramlibacter* 是一种对金属铬具有金属抗性的菌属（Min et al.，2017）。在季节性变化中，土壤中金属钒以及其他重金属的含量会随着季节变化而变化，土壤中的微生物在这个过程中受到土壤中重金属及其他理化指标的影响，其群落结构会发生显著的变化。在金属毒性以及其他理化指标的影响下，某些耐性菌属的丰度逐渐升高而其他一些非耐性菌属的丰度逐渐减低。在这个过程中微生物的多样性会逐渐降低，而某些耐受菌的丰度却在逐渐升高。

2.4.4　土壤环境因素对微生物群落影响

土壤环境的各类指标对土壤中微生物影响大，探究土壤中理化指标与微生物之间的关系对于揭示土壤中钒以及其他指标对土壤微生物环境的影响至关重要。在上述理化指标及微生物分析的基础上对土壤中理化指标之间的相关性分析以及理化指标与微生物之间的关系进行深入分析。表 2.8 对不同的土壤理化指标之间以及理化指标与 VRB 做了 SPSS 相关性分析。从表中相关性分析能看出，VRB 与铝呈现一定的正相关性，而与钒含量、锌含量、pH 和 OM 含量呈现负相关性。这说明铝能够促进 VBR 的生长，而钒含量、锌含量、pH 和 OM 含量与 VRB 丰度之间是相互抑制的。过高含量的钒会对土壤中包括 VRB 在内的土壤微生物生长起到抑制性作用。钒含量与金属铬含量、钛含量、锌含量、锰含量和 pH 呈现正相关性。金属铬和钛是钒钛磁铁矿中的金属（肖六均，2001），在利用钒钛磁铁矿提取钒的过程中，铬和钛也会逐渐被释放出来。在冶炼提钒的过程中，锌和锰有一定的释放，所以该地区土壤中的铬、钛、锌和锰含量都偏高。钒含量与土壤的 pH 呈现正相关性，该地区土壤主要是中性弱碱性，这也与该地区的钒含量呈现一定的相关性。

为了探究环境因子对微生物的影响，做了冗余分析，如图 2.27 所示。第一轴解释了 57.44% 的微生物变化，第二轴解释了 16.47% 的微生物变化。通过筛选发现 pH、钒含量、铬含量、锌含量、OM 含量是对微生物影响最大的理化指标。其中土壤的 pH 对微生物的影响较大。土壤 pH 是土壤的一个最重要的化学性质，对土壤肥力影响很大。土壤中的微生物活动、土壤有机质的转化与分解以及营养元素的转化与合成都与 pH 有显著相关性（李春越等，2013）。从图中能看出，OM 是影响土壤微生物群落的关键性因素，其作为土壤中的营养元素在影响土壤微生物的生长方面有重要的作用。Cao 等（2017）也曾报道土壤中的 AP 和 OM 等营养物质对于影响土壤微生物群落方面具有重要的作用。钒、铬和锌是影响土壤微生物群落结构的关键金属，从图中能够看出，钒是除铬外对土壤微生物群落影响最大的理化指标。钒在该地区污染严重，长期存在于土壤中，对土壤中的微生物结构有决定性作用。此外，金属铬和锌与钒的分布情况极其相似，与钒具有正相关性，这主要是由于这三种金属都是在钒冶炼的过程中被释放出来的，在土壤中的含量相似，对土壤中微生物的影响情况也相似。在 SPSS 分析中也得到了相似的三种金属相关性的结论。pH 与钒、铬、锌之间呈现正相关性，铝与钒、铬、锌之间存在着一定的负相关性。

表 2.8　不同季节土壤样品理化指标与微生物及其多样性指数之间的 SPSS 相关性分析

	VRB	Al	Zn	Fe	V	Ti	Cr	Cd	Cu	Mn	pH	OM	TN	AP
VRB	1.000	0.207	-0.273 *	0.066	-0.123	0.072	-0.218	-0.067	0.013	-0.021	-0.314 **	-0.253 *	-0.078	0.125
Al		1.000	-0.278 *	0.058	-0.202	0.058	-0.220	-0.118	0.115	-0.189	-0.393 **	-0.211	0.278 *	0.119
Zn			1.000	0.408 **	0.709 **	0.353 **	0.762 **	0.560 **	-0.237 *	0.637 **	0.436 **	0.282 *	0.277 *	-0.038
Fe				1.000	0.189	0.681 **	0.351 **	0.648 **	-0.047	0.737 **	0.018	-0.231	0.125	0.042
V					1.000	0.346 **	0.781 **	0.388 **	-0.233 *	0.604 **	0.418 **	0.378 **	0.168	0.008
Ti						1.000	0.370 **	0.588 **	-0.199	0.540 **	0.119	-0.015	-0.018	-0.194
Cr							1.000	0.493 **	-0.209	0.621 **	0.490 **	0.127	0.167	-0.157
Cd								1.000	-0.143	0.576 **	0.229	0.015	0.158	-0.053
Cu									1.000	-0.145	-0.292 *	-0.022	-0.031	-0.116
Mn										1.000	0.329 **	-0.010	0.150	0.021
pH											1.000	-0.089	-0.138	-0.284 *
OM												1.000	0.127	0.065
TN													1.000	0.386 **
AP														1.000

* 表示在 0.05 水平上显著相关；** 表示在 0.01 水平上显著相关。

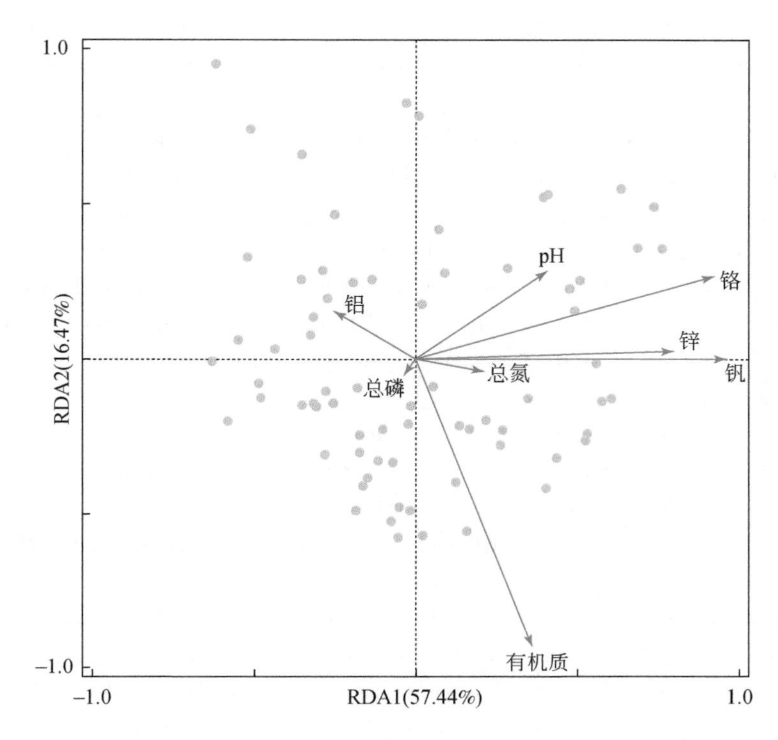

图2.27　不同季节土壤样品环境因子对微生物群落影响的冗余分析

参考文献

毕江涛，贺达汉. 2009. 植物对土壤微生物多样性的影响研究进展. 中国农学通报，25（9）：244-250.

李春越，王益，Brookes P，等. 2013. pH对土壤微生物C/P比的影响. 中国农业科学，46（13）：2709-2716.

李广云，曹永富，赵书民，等. 2011. 土壤重金属危害及修复措施. 山东林业科技，41（6）：96-101.

滕彦国，矫旭东，左锐，等. 2007. 攀枝花矿区表层土壤中钒的环境地球化学研究. 吉林大学学报，37（2）：278-283.

滕彦国，徐争启，王金生，等. 2011. 钒的环境生物地球化学. 北京：科学出版社.

王玉红，王长松，陈莉萍，等. 2016. 不同有机肥与无机肥配施对小麦产量、效益及土壤养分的影响. 作物研究，30（5）：527-530.

王云，魏复盛. 1995. 土壤环境元素化学. 北京：中国环境科学出版社.

肖六均. 2001. 攀枝花钒钛磁铁矿资源及矿物磁性特征. 金属矿山，1：28-30.

杨军伟，曾庆宾，张瑞平，等. 2016. 攀枝花市烟区土壤有机质及氮素变化分析. 湖北农业科学，55（9）：2195-2197.

Aihemaiti A, Gao Y, Meng Y, et al. 2019. Review of plant-vanadium physiological interactions, bioaccumulation, and bioremediation of vanadium- contaminated sites. Science of the Total Environment, 712: 135637.

Anderson I C, Campbell C D, Prosser J I, et al. 2003. Diversity of fungi in organic soils under a moorland—Scots pine (*Pinus sylvestris* L.) gradient. Environmental Microbiology, 5 (11): 1121-1132.

Baltar F, Gutierrez-rodriguez A, Meyer M, et al. 2018. Specific effect of trace metals on marine heterotrophic microbial activity and diversity: key role of iron and zinc and hydrocarbon-degrading bacteria. Frontiers in Microbiology, 9: 1-16.

Cao X, Diao M, Zhang B, et al. 2017. Spatial distribution of vanadium and microbial community responses in surface soil of Panzhihua mining and smelting area, China. Chemosphere, 183: 9-17.

Carlin D J, Naujokas M F, Bradham K D, et al. 2016. Arsenic and environmental health: state of the science and future research opportunities. Environmental Health Perspectives, 124: 890-899.

Chen J, Liu G, Jiang M, et al. 2011. Geochemistry of environmentally sensitive trace elements in Permian coals from the Huainan coalfield, Anhui, China. International Journal of Coal Geology, 88, 41-54.

Chen J, Wei F, Zheng C, et al. 1991. Background concentrations of elements in soils of China. Water, Air, and Soil Pollution, 57-58 (1): 699-712.

Falagán C, Foesel B, Johnson B, et al. 2017. *Acidicapsa ferrireducens* sp. nov., *Acidicapsa acidiphila* sp. nov., and *Granulicella acidiphila* sp. nov.: novel acidobacteria isolated from metal-rich acidic waters. Environmental Science and Pollution Research, 21: 459-469.

Fu Y, Li X, Li Q, et al. 2016. Soil microbial communities of three major Chinese truffles in southwest China. Canadian Journal of Microbiology, 62 (11): 1-10.

Gao B, Gao L, Zhou Y, et al. 2017. Evaluation of the dynamic mobilization of vanadium in tributary sediments of the Three Gorges Reservoir after water impoundment. Journal of Hydrology, 551: 92-99.

Guan Q, Zhao R, Pan N, et al. 2019. Source apportionment of heavy metals in farmland soil of Wuwei, China: comparison of three receptor models. Journal of Cleaner Production, 237: 117792.

Gunasundari D, Muthukumar K. 2013. Simultaneous Cr(Ⅵ) reduction and phenol degradation using *Stenotrophomonas* sp. isolated from tannery effluent contaminated soil. Environmental Science and Pollution Research, 20 (9): 6563-6573.

Guo H, Nasiz M, Lv J, et al. 2017. Understanding the variation of microbial community in heavy metals contaminated soil using high throughput sequencing. Ecotoxicology and Environmental Safety, 144: 300-306.

Hao L, Zhang B, Cheng M, et al. 2016. Effects of various organic carbon sources on simultaneous V(Ⅴ) reduction and bioelectricity generation in single chamber microbial fuel cells. Bioresource Technology, 201: 105-110.

Hao L, Zhang B, Feng C, et al. 2018. Microbial vanadium(Ⅴ) reduction in groundwater with different soils from vanadium ore mining areas. Chemosphere, 202: 272-279.

He Q, Yao K. 2010. Microbial reduction of selenium oxyanions by *Anaeromyxobacter dehalogenans*. Bioresource Technology, 101 (10): 3760-3764.

Hemme C L, Green S J, Rishishwar L, et al. 2016. Lateral gene transfer in a heavy metal-contaminated-groundwater microbial community. mBio, 7 (2): e02234-15.

Hong C, Si Y, Xing Y, et al. 2015. Illumina MiSeq sequencing investigation on the contrasting soil bacterial community structures in different iron mining areas. Environmental Science and Pollution Research International, 22 (14): 10788-10799.

Huang J, Huang F, Evans L, et al. 2015. Vanadium: global (bio) geochemistry. Chemical Geology, 417 (6): 68-89.

Imtiaz M, Rizwan M S, Xiong S, et al. 2015. Vanadium, recent advancements and research prospects: a review. Environment International, 80: 79-88.

Imtiaz M, Rizwan M S, Mushtaq M A, et al. 2017. Interactive effects of vanadium and phosphorus on their uptake, growth and heat shock proteins in chickpea genotypes under hydroponic conditions. Environmental and Experimental Botany, 134: 72-81.

Jami E, Israel A, Kotser A, et al. 2013. Exploring the bovine rumen bacterial community from birth to adulthood. ISME Journal, 7 (6): 1069-1079.

Jiang Y, Chao S, Liu J, et al. 2017. Source apportionment and health risk assessment of heavy metals in soil for a township in Jiangsu Province, China. Chemosphere, 168: 1658-1668.

Liang Y, van Nostrand J D, N'guessan L A, et al. 2012. Microbial functional gene diversity with a shift of subsurface redox conditions during *in situ* uranium reduction. Applied and Environmental Microbiology, 78 (8): 2966-2972.

Liu H, Zhang B, Xing Y, et al. 2016. Behavior of dissolved organic carbon sources on the microbial reduction and precipitation of vanadium (V) in groundwater. RSC Advances, 56: 97253-97258.

Lu L, Xing D, Ren N, et al. 2012. Pyrosequencing reveals highly diverse microbial communities in microbial electrolysis cells involved in enhanced H_2, production from waste activated sludge. Water Research, 46 (7): 2425-2434.

Min X B, Wang Y Y, Chai L Y, et al. 2017. High-resolution analyses reveal structural diversity patterns of microbial communities in Chromite Ore Processing Residue (COPR) contaminated soils. Chemosphere, 183: 266-276.

Moskalyk R R, Alfantazi A M. 2003. Processing of vanadium: a review. Minerals Engineering, 16 (9): 793-805.

Nunes-alves C. 2016. Microbial ecology: Do it yourself nitrification. Nature Reviews Microbiology, 14 (2): 61.

Ortiz-Bernad I, Anderson R T, Vrionis H A, et al. 2004. Vanadium respiration by *Geobacter metallireducens*: novel strategy for *in situ* removal of vanadium from groundwater. Applied and Environmental Microbiology, 70 (5): 3091-3095.

Pathak A K, Kumar R, Kumar P, et al. 2015. Sources apportionment and spatio-temporal changes in metal pollution in surface and sub-surface soils of a mixed type industrial area in India. Journal of Geochemical Exploration, 159: 169-177.

Peng Q, Shaaban M, Wu Y, et al. 2016. The diversity of iron reducing bacteria communities in subtropical paddy soils of China. Applied Soil Ecology, 101: 20-27.

Puopolo G, Tomada S, Sonego P, et al. 2016. The *Lysobacter capsici* AZ78 genome has a gene pool enabling it to interact successfully with phytopathogenic microorganisms and environmental factors. Frontiers in Microbiology, 7: 96.

Rinklebe J, Antoniadis V, Shaheen S M, et al. 2019. Health risk assessment of potentially toxic elements in soils along the Central Elbe River, German. Environment International, 126: 76-88.

Rivas-castillo A, Orona-tamayo D, Gomez-ramirez M, et al. 2017. Diverse molecular resistance mechanisms of bacillus megaterium during metal removal present in a spent catalyst. Biotechnology & Bioprocess Engineering, 22 (3): 296-307.

Sarkar A, Paul D, Kazy S K, et al. 2016. Molecular analysis of microbial community in arsenic-rich groundwater of Kolsor, West Bengal. Journal of Environmental Science and Health Part A, Toxic/Hazardous Substances and Environmental Engineering, 51: 229-239.

Schadt C W, Martin A P, Lipson D A, et al. 2003. Seasonal dynamics of previously unknown fungal lineages in tundra soils. Science, 301 (5638): 1359-1361.

Shaheen S M, Rinklebe J, Frohne T, et al. 2016. Redox effects on release kinetics of arsenic, cadmium, cobalt, and vanadium in Wax Lake Deltaic freshwater marsh soils. Chemosphere, 150: 740-748.

Shaheen S M, Alessi D S, Tack F M G, et al. 2019. Redox chemistry of vanadium in soils and sediments: interactions with colloidal materials, mobilization, speciation, and relevant environmental implications-A review. Advances in Colloid and Interface Science, 265: 1-13.

Shi L, Rosso K M, Zachara J M, et al. 2012. Extracellular electron-transfer pathways in Fe(Ⅲ)-reducing or Fe(Ⅱ)-oxidizing bacteria: a genomic perspective. Biochemical Society Transactions, 40: 1261-1267.

Singh U K, Kumar B. 2017. Pathways of heavy metals contamination and associated human health risk in Ajay River basin, India. Chemosphere, 174: 183-199.

Smith J A, Tremblay P L, Shrestha P M, et al. 2014. Going wireless: Fe(Ⅲ) oxide reduction without pili by *Geobacter sulfurreducens strain* JS-1. Applied and Environmental Microbiology, 80 (14): 4331-4340.

Solisio C, Lodi A, Coverti A, et al. 1998. Cadmium, zinc and chromium (Ⅲ) removal from aqueous solutions by zoogloea ramigera. Chemical and Biochemical Engineering Quarterly, 12 (1): 45-49.

Song Z, Dong L, Shan B, et al. 2018. Assessment of potential bioavailability of heavy metals in the sediments of land-freshwater interfaces by diffusive gradients in thin films. Chemosphere, 191: 218-225.

Stroud J L, Low A, Collins R N, et al. 2014. Metal (loid) bioaccessibility dictates microbial community composition in acid sulfate soil horizons and sulfidic drain sediments. Environmental Science and Technology, 48: 8514-8521.

Sturm G, Brunner S, Suvorova E, et al. 2018. Chromate resistance mechanisms in leucobacter chromiiresistens. Applied and Environmental Microbiology, 84: 02208-18.

Su J, Cheng C, Huang T, et al. 2016. Novel simultaneous Fe(Ⅲ) reduction and ammonium oxidation of *Klebsiella* sp. FC61 under the anaerobic conditions. RSC Advances, 6 (15): 12584-12591.

Taylor M K, Evans D J, Young C G, et al. 2006. Highly-oxidised, sulfur-rich, mixed-valence vanadium (Ⅳ/Ⅴ) complexes. Chemical Communications, 40 (40): 4245-4246.

Teng Y, Yang J, Sun Z, et al. 2011. Environmental vanadium distribution, mobility and bioaccumulation in different land-use districts in Panzhihua Region, SW China. Environmental Monitoring and Assessment, 176 (1-4): 605-620.

Tian L, Yang J, Alewell C, et al. 2014. Speciation of vanadium in Chinese cabbage (*Brassica rapa* L.) and soils in response to different levels of vanadium in soils and cabbage growth. Chemosphere, 111: 89-95.

Touceda G M, Kidd P S, Smalla K, et al. 2018. Bacterial communities in the rhizosphere of different populations of the Ni-hyperaccumulator *Alyssum serpyllifolium* and the metal-excluder *Dactylis glomerata* growing in ultramafic soils. Plant and Soil, 431 (1-2): 317-332.

Undabarrena A, Ugalde J A, Seeger M, et al. 2017. Genomic data mining of the marine actinobacteria *Streptomyces* sp. H-KF8 unveils insights into multi-stress related genes and metabolic pathways involved in antimicrobial synthesis. PeerJ, 5: 2912.

Vetrovsky T, Baldrian P. 2015. An in-depth analysis of actinobacterial communities shows their high diversity in grassland soils along a gradient of mixed heavy metal contamination. Biology and Fertility of Soils, 51: 827-837.

Wang B, Xia D S, Yu Y, et al. 2018a. Source apportionment of soilcontamination in Baotou City (North China) based on a combined magnetic and geochemical approach. Science of the Total Environment, 642: 95-104.

Wang S, Zhang B, Diao M, et al. 2018b. Enhancement of synchronous bio-reductions of vanadium (Ⅴ) and chromium (Ⅵ) by mixed anaerobic culture. Environmental Pollution, 242 (Pt A): 249-256.

Xiao X, Wang M, Zhu H, et al. 2017. Response of soil microbial activities and microbial community structure to vanadium stress. Ecotoxicology Environmental Safety, 142: 200-206.

Xu Y, He Y, Tang X, et al. 2017. Reconstruction of microbial community structures as evidences for soil redox coupled reductive dechlorination of PCP in a mangrove soil. Science of the Total Environment, 596-597: 147-157.

Yang J, Tang Y, Yang K, et al. 2013. Leaching characteristics of vanadium in mine tailings and soils near a vanadium titanomagnetite mining site. Journal of Hazardous Materials, 264 (2): 498-504.

Yang J, Teng Y, Wu J, et al. 2017. Current status and associated human health risk of vanadium in soil in China. Chemosphere, 171: 635-643.

Yang S, He M, Zhi Y, et al. 2019. An integrated analysis on source-exposure risk of heavy metals in agricultural soils near intense electronic waste recycling activities. Environment International, 133: 105239.

Yelton A P, Williams K H, Fournelle J, et al. 2013. Vanadate and acetate biostimulation of contaminated sediments decreases diversity, selects for specific taxa, and decreases aqueous V^{5+} concentration. Environmental Science and Technology, 47 (12): 6500-6509.

Yu H, Wu J, Ma C, et al. 2012. Seasonal dynamics of phytoplankton functional groups and its relationship with the environment in river: a case study in northeast China. Journal of Freshwater Ecology, 27 (3): 429-441.

Zhang B, Hao L, Tian C, et al. 2015a. Microbial reduction and precipitation of vanadium (Ⅴ) in groundwater by immobilized mixed anaerobic culture. Bioresource Technology, 192: 410-417.

Zhang B, Tian C, Liu Y, et al. 2015b. Simultaneous microbial and electrochemical reductions of vanadium (Ⅴ) with bioelectricity generation in microbial fuel cells. Bioresource Technology, 179: 91-97.

Zhang B, Cheng Y, Shi J, et al. 2019a. Insights into interactions between vanadium (Ⅴ) bio-reduction and pentachlorophenol dechlorination in synthetic groundwater. Chemical Engineering Journal, 375: 121965.

Zhang B, Wang S, Diao M, et al. 2019b. Microbial community responses to vanadium distributions in mining geological environments and bioremediation assessment. Journal of Geophysical Research: Biogeosciences, 124: 601-615.

Zhang B, Jiang Y, Zuo K, et al. 2020a. Microbial vanadate and nitrate reductions coupled with anaerobic methane oxidation in groundwater. Journal of Hazardous Materials, 382 (15): 121228.

Zhang B, Wang Z, Shi J, et al. 2020b. Sulfur-based mixotrophic bio-reduction for efficient removal of chromium (Ⅵ) in groundwater. Geochimica et Cosmochimica Acta, 268: 296-309.

Zhang C, Nie S, Liang J, et al. 2016. Effects of heavy metals and soil physicochemical properties on wetland soil microbial biomass and bacterial community structure. Science of the Total Environment, 557-558 (1): 785-790.

Zhang H, Lu H, Wang J, et al. 2014. Cr(Ⅵ) reduction and Cr(Ⅲ) immobilization by *Acinetobacter* sp. HK-1 with the assistance of a novel quinone/graphene oxide composite. Environmental Science and Technology, 48 (21): 12876-12885.

Zhao L, Liu Y, Wang L, et al. 2013. Production of rutile TiO_2 pigment from titanium slag obtained by hydrochloric acid leaching of vanadium-bearing titanomagnetite. Industrial and Engineering Chemistry Research, 53 (1): 70-77.

Zheng Z, Zheng J, Peng D, et al. 2017. Complete genome sequence of *Fictibacillus arsenicus* G25-54, a strain with toxicity to nematodes. Journal of Biotechnology, 241: 98-100.

第3章　其他环境介质中钒分布规律及微生物响应

3.1　矿区大气中钒的分布特征

随着对钒需求量的日益增加，我国的钒产业蓬勃发展，但高度密集的工业活动导致大量钒释放到环境中，造成了严重的环境污染。四川攀枝花地区作为我国最重要的钒开采、加工和冶炼基地，钒污染现象严重。之前的研究大多集中于攀枝花冶炼区周围土壤、地下水和沉积物中的钒污染情况，很少有研究关注大气中的钒污染，但并未探究大气中钒污染情况随季节的动态变化和微生物群落的情况。主要研究攀枝花钒冶炼厂大气气溶胶中重金属和微生物的时间动态，并探究气溶胶中重金属与微生物之间可能的相互关系，评估气溶胶中存在的主要重金属对人类的健康风险，这些研究有助于理解钒冶炼地区气溶胶中重金属的分布和相关微生物群落。

对攀枝花钒冶炼厂大气中钒污染水平和微生物群落随季节的时间动态进行研究，并对由于大气沉降迁移到地下水中的钒污染进行自养生物修复研究，本章主要内容包括：①以攀枝花钒冶炼区为研究区域进行季节性的大气气溶胶采样，通过电感耦合等离子体质谱（ICP-MS）检测气溶胶中重金属的含量并计算相应的健康风险；②研究气溶胶中微生物群落的演化过程以及对V、Zn、As、Cr、Cu和Ni的耐受菌群。

3.1.1　矿区大气中钒的含量分布

PM_{10}含量中位数在春夏秋冬四个季节范围为（203.9±19.9）~（232.4±8.8）μg/m^3（图3.1），这与该地区此前报道的结果相似（Xin et al.，2016）。在四季气溶胶中可检测到的重金属（V、Zn、As、Cr、Cu、Ni）中，V含量最高，在春季含量最大中位数高达（228.0±10.3）μg/m^3。该矿区PMs中也被报道类似的大气V水平，最大含量为276.9μg/m^3（Xin et al.，2016），明显高于未冶炼V的工业城市PMs含量（Alani et al.，2019；Wu et al.，2009）。空气中的主要V源可能来自钒钛磁铁矿开采和冶炼以及燃料燃烧（Ivosevic et al.，2014）。夏季采样的气溶胶由于强降水，V含量相对较低（Yang et al.，2013）。其他金属含量比V低一个数量级（$p<0.05$），而Zn、As和Cr含量普遍较高，中位数依次为（14.9±3.6）μg/m^3、（5.20±0.03）μg/m^{3}和（1.50±0.5）μg/m^3。它们来源于V冶炼原料矿物，夏季由于该地区降水偏多，其含量也呈下降趋势（表3.1）。在V冶炼厂周围的土壤和地下水中也发现了类似的多金属污染（Zhang et al.，2019），特别是V冶炼厂的氧化焙烧会导致重金属以最高价态释放（Wen et al.，2020）。V(Ⅴ)和Cr(Ⅵ)比它们各自的其他形式更具毒性和流动性（Jiang et al.，2018），而As(Ⅴ)的毒性小于As(Ⅲ)（Li et al.，2016）。

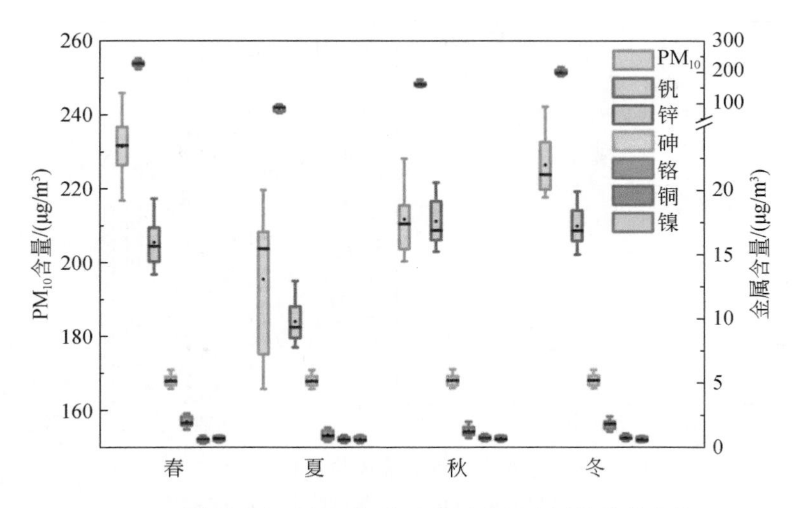

图3.1　攀枝花钒冶炼厂气溶胶中重金属含量的季节变化

表3.1　采样活动期间气象条件

采样季节	平均温度/℃	不同天气状况的天数/d				平均风力（水平）	不同空气质量的天数/d		
		晴天	多云	阴天	雨天		优	良	轻度污染
春天	29.5	5	4	1	1	2.9	1	6	3
夏天	30.8	0	1	3	6	2.1	4	6	0
秋天	25.1	0	4	1	5	1.7	3	7	0
冬天	20.0	6	4	0	0	1.3	1	9	0

气溶胶中重金属的形态也影响其生物利用度。

3.1.2　矿区大气中重金属时间分布与健康风险评估

计算6种重金属（V、Zn、As、Cr、Cu、Ni）的非致癌风险［图3.2（a）］，结果表明春季、秋季和冬季儿童危险指数（HI）值均超过临界值1.0，气溶胶中重金属产生的非致癌风险不容忽视（Gao et al.，2018）。春季儿童的HI值中位数高达1.24，夏季由于重金属含量下降，HI值中位数降至0.9。V、As和Cr含量在夏季分别比其最高含量下降了61.4%、1.20%和53.0%。对于成年人来说，四季的HI值均低于1.0，表明成人的非致癌风险在可以接受的范围内（Liu et al.，2018）。非致癌风险最低发生在夏季，这与重金属含量规律一致。儿童的HI值远高于成人，表明儿童非常容易暴露于含有高重金属的气溶胶环境中造成潜在的健康风险。对居住在钒冶炼厂附近居民区的儿童应给予特别保护。尽管成年人的HI值较低，但也应关注职业健康，因为钒冶炼厂的工人长期暴露于含有多种重金属的气溶胶环境中。之前的研究调查了在V_2O_5工厂工作的工人，吸入钒导致DNA损伤进而增加了癌症风险（Ehrlich et al.，2008）。

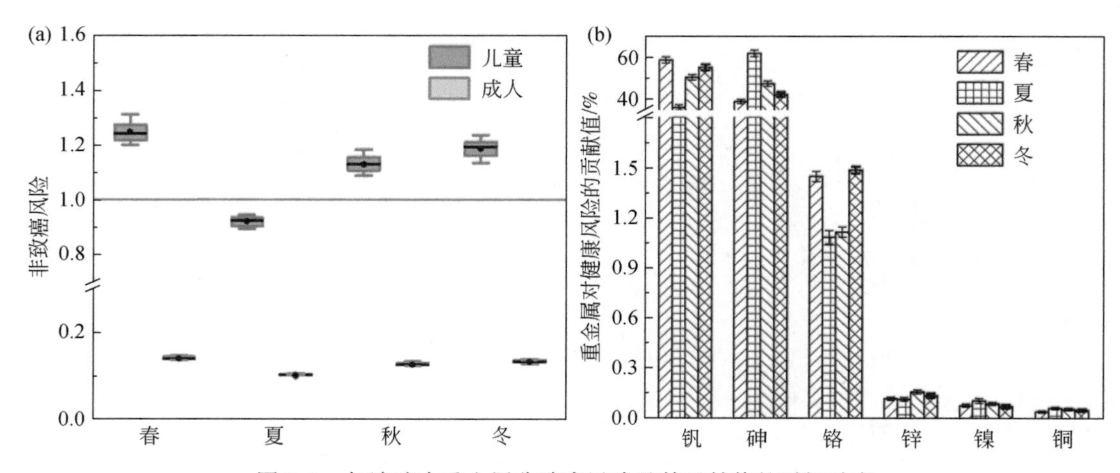

图 3.2　气溶胶中重金属非致癌风险及其贡献值的时间动态

（a）非致癌风险；（b）重金属对健康风险的贡献值

为了评估重金属种类对人类健康风险的影响，计算了每种金属对健康风险的贡献值［图 3.2（b）］。金属 V 约占健康风险的一半，特别是在春季，对健康风险的贡献值高达 59.1%，与该季节 V 含量最高一致。即使 As 含量显著低于 V 含量，金属 As 也有很大的贡献，在夏季达到 62.3%，该结果强调了重金属的风险与其含量及其毒性有关（Rinklebe et al.，2019）。除此之外，其他金属的作用可以忽略不计。

As、Ni 和 Cr 的致癌风险（CR）（Khan et al.，2015）结果如图 3.3 所示，它们的 CR 值在 $1.0\times10^{-6}\sim1.0\times10^{-4}$，表明这三种重金属对人类的致癌风险是可接受或可容忍的。与非致癌风险的结果一样，儿童的致癌风险高于成人。体重、呼吸速率和对重金属的敏感性等因素导致了户外暴露时健康风险的差异（Xin et al.，2016）。总 CR 的主要贡献者是 As（图 3.3），夏季占最大比例为 83.1%。关于钒冶炼过程中砷污染的研究较少，应引起重视。

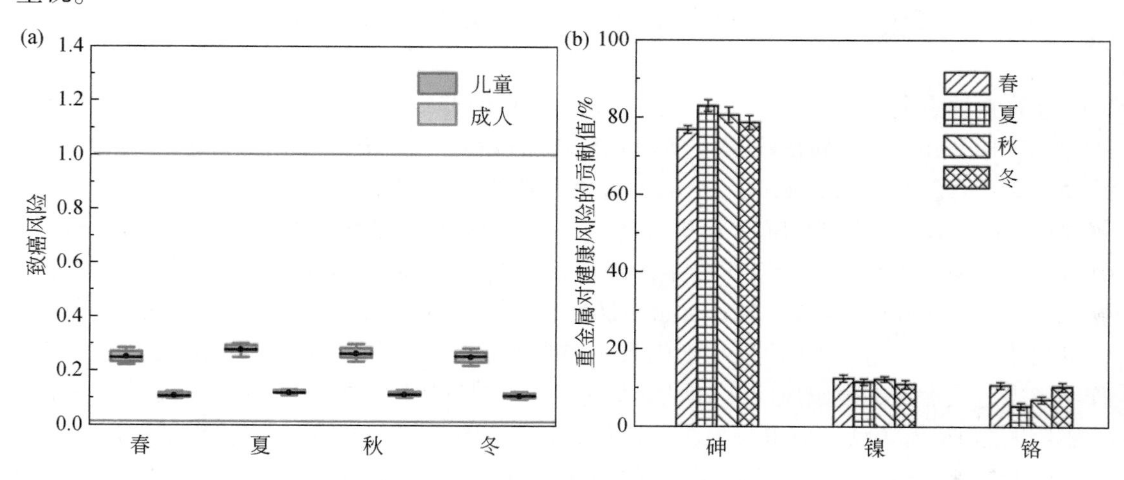

图 3.3　气溶胶中重金属致癌风险及其贡献值的时间动态

（a）致癌风险；（b）重金属对健康风险的贡献值

3.1.3　矿区大气中微生物群落动态变化

春季、夏季、秋季和冬季生物气溶胶的高通量测序共记录到 288、174、188 和 173 个 OTU，与北京霾时和晴天时生物气溶胶的结果相当（Wei et al.，2016）。代表群落物种丰度的 Chao1 指数和 Ace 指数显示，春季微生物丰度最高，其他三个季节变化较小（表 3.2），这可能是由重金属含量和大气条件共同造成的（Hurtado et al.，2014）。稀释性曲线也表现出类似的趋势（图 3.4）。应该提到的是，由于稀释性曲线最后的平稳不明显，一些微生物可能没有被发现。Shannon 指数和 Simpson 指数代表微生物群落物种的均匀度，生物气溶胶微生物多样性在四个季节中相对稳定，春季丰度最高。丰度和多样性在冬季最低，可能与较低的温度有关。此外，研究得到的丰度和多样性也低于中国煤矿的丰度和多样性（Wei et al.，2015）。

表 3.2　生物气溶胶中微生物群落的丰度和多样性指数

样品	序列数	Chao1 指数	Ace 指数	Shannon 指数	Simpson 指数	覆盖度
春季	57939	312.4	310.3	2.05	0.24	0.999
夏季	51323	248.1	259.2	2.17	0.26	0.999
秋季	52257	251.1	311.5	2.10	0.28	0.999
冬季	57632	216.9	243.6	2.04	0.28	0.999

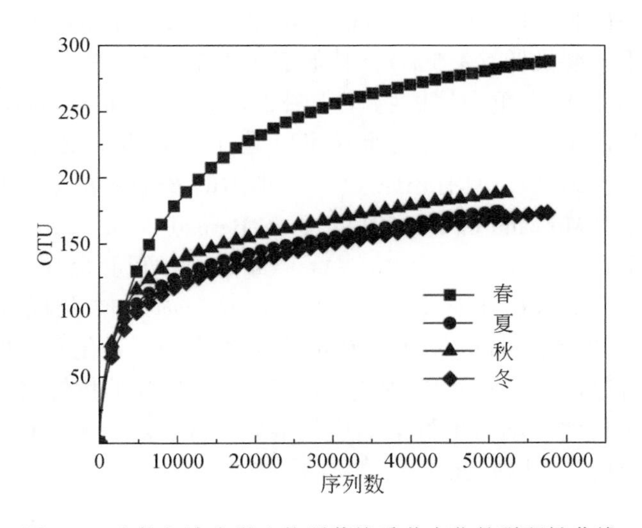

图 3.4　生物气溶中微生物群落按季节变化的稀释性曲线

主坐标分析（PCoA）结果显示，春季微生物群落与其他三个季节存在明显差异（图 3.5），PCoA1 轴解释了 42.0% 的季节群落差异。气溶胶中重金属的含量不同造成各个季节微生物群落的差异。

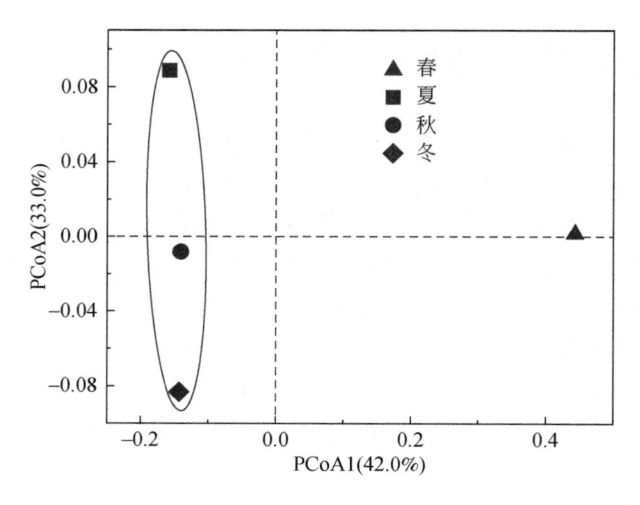

图 3.5　不同季节生物气溶胶中微生物群落的 PCoA 结果
样品间的距离反映了微生物群落的相似性

微生物群落结构分析表明，在纲水平上 Alphaproteobacteria、Betaproteobacteria、Gammaproteobacteria 和 Bacilli 占优势，占所有样本总丰度的93.4%~97.3%［图3.6（a）］，但它们的丰度随季节而变化。Alphaproteobacteria 的丰度在春季最高，为 77.1%，而在其他季节基本稳定在 29.7%~33.9%。Bacilli 的丰度在夏季上升到 6.4%，春季为 3.9%，而在秋季和冬季丰度较低。Betaproteobacteria 的丰度在夏季、秋季和冬季基本稳定，在48.4%~50.5%之间，在春季最低（12.9%）。Gammaproteobacteria 与 Betaproteobacteria 随季节的变化趋势一样，在春季丰度最低（3.5%），其他三个季节在 9.2%~12.2%之间。在属水平上发现了能够耐受和/或解毒重金属的物种［图 3.6（b）］。*Acinetobacter* 在各个季节均有出现，其丰度为 1.7%~10.7%，据报道此菌可以通过将 V(Ⅴ) 还原为毒性较低的V(Ⅳ)来解毒（Kumar et al., 2011）。具有还原 V(Ⅴ) 能力的 *Brevundimonas* 和 *Pseudomonas* 也普遍存在于所有样品中（Mirazimi et al., 2015；Ortiz-Bernad et al., 2004）。*Bacillus* 在夏季微生物样品中明显富集，它可以耐受 Zn、As、Cu 和 Ni 等重金属（Wang et al., 2020；Oyetibo et al., 2017；Rivas-Castillo et al., 2017）。*Geobacter* 被发现能够还原 V(Ⅴ) 和 Cr(Ⅵ)（Miao et al., 2015；Smith et al., 2014）。夏季出现了异化 Fe(Ⅲ) 还原菌 *Thauera*，攀枝花含水层中也有这种细菌，对 V、Zn、Cr、Cu 具有较强的抗性（Wang et al., 2020）。这些微生物具有通过代谢活动帮助群落适应气溶胶中 V、Zn、As、Cr、Cu 和 Ni 的潜力，后续也可以通过室内培养加以验证。

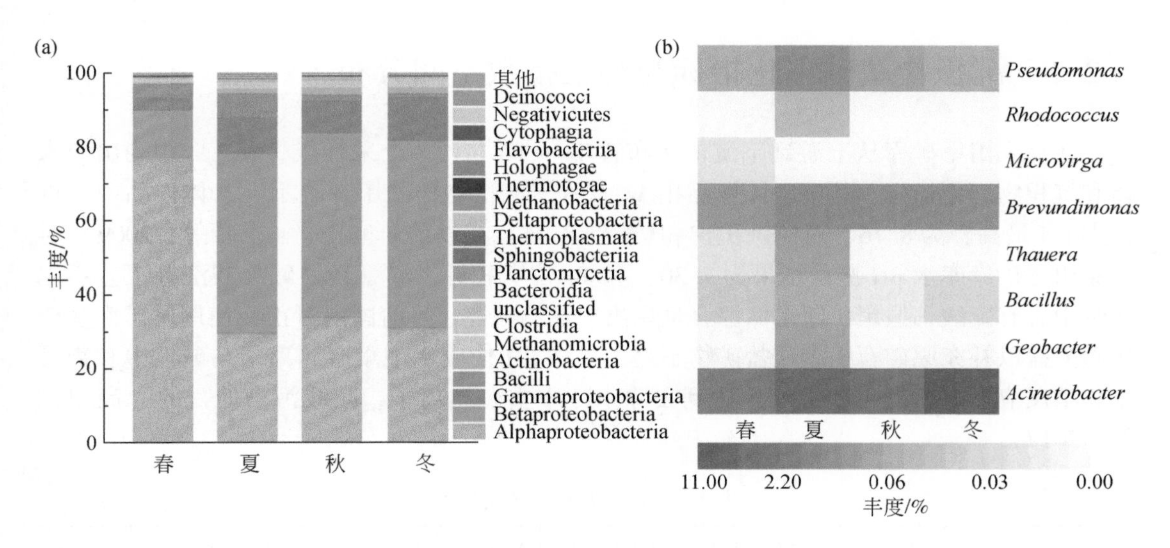

图 3.6　生物气溶胶中的微生物群落动态

(a) 纲水平；(b) 属水平

3.2　矿区水体沉积物中钒的赋存

随着我国钒冶炼业发展，钒被逐渐释放到环境中，攀枝花是我国矿产资源最富集地区之一，这里铁产量占全国两成、钛储量世界第一、钒储量世界第三，攀枝花地区是我国最大钒钛磁铁矿冶炼基地，已有将近 60 年（从 1964 年开始）钒开采与冶炼历史，在攀枝花地区表层土壤、剖面土壤、水体、地下水、沉积物等环境介质中均有高含量钒出现，对生态环境造成了威胁。钒冶炼后，含钒废渣有一部分倾入位于攀枝花市东区马家田尾矿库中，该库于 1970 年投入使用，设计库容为 $1.86\times10^9 m^3$，现阶段使用期设计等别为二等库，尾矿矿渣含有钒、钛、铬、钴等金属资源。洗矿废水与矿渣一同留存在尾矿库中，独特地球化学环境塑造了特殊微生物类群（Liu et al.，2014）。攀枝花市气候为亚热带季风性湿润气候，季长，四季不分明，而分旱、雨季，不同季节尾矿库水位阶段性变化，随之重金属含量也呈现出季节性变化。研究攀枝花马家田尾矿库中微生物群落多样性，理解微生物群落对重金属污染时空变化的响应必须且急迫。同时尾矿库旁金沙江中钒含量为 0.08 ~ 0.29mg/L，已经超过了我国饮用水源限值标准（0.05mg/L）（王蕾等，2009）。本研究目的是探究尾矿堆积和钒冶炼等工业活动中钒污染情况，不同含量钒污染威胁下微生物群落季节性响应机理不同，为重金属污染场地生物修复提供了新的方法与思路。

研究主要内容包括：①对尾矿库周边水体与沉积物营养物质和钒等重金属元素空间分布规律进行研究，对尾矿库沉积物重金属含量进行重金属污染评估；②对微生物物种多样性和谱系多样性进行分析，探究水体和沉积物微生物在门水平与属水平上具有金属还原潜力的物种；③探究环境因子对水体和沉积物微生物群落的影响。

3.2.1 沉积物基础理化指标与污染指数空间分布

在马家田尾矿库从上游到下游依次布置 T1 ~ T7 共计 7 个采样点。表 3.3 中列出了水体和沉积物理化指标，其中水体样品用 W 表示，沉积物样品用 S 表示。水体样品中，T1 位点 pH 最高，为 8.16，对应沉积物 pH 达到 8.96。在以前研究中，（王蕾等，2009）对马家田尾矿库库水 pH 测量结果为 7.30，和 T4 位点相近。尽管经过碱浸酸洗等工艺后尾矿浆中含有硫酸，但尾矿库水体综合呈现出中性偏碱性，目前国内对正在使用尾矿库多使用碳酸盐以补充原矿石中碳酸盐矿物不足，提高 pH 使废水中重金属离子与碱性中和剂发生化学反应形成氢氧化物沉淀，达到去除水体中重金属离子、减缓污染的目的（高卫民等，2017）。

表 3.3 尾矿库水体理化指标

样品	pH	ORP /mV	TOC 浓度/(mg/L)	NO_3^--N 含量/(mg/L)	NH_4^+-N 含量/(mg/L)	As 含量/(mg/L)	Al 含量/(mg/L)	Mn 含量/(mg/L)	Mg 含量/(mg/L)	Cr 含量/(mg/L)
TW1	8.16	-50.2	0.00	0.00	1.48	0.48	0.27	0.00	70.04	0.67
TW2	8.09	-60.8	6.19	0.00	1.33	0.37	1.53	0.00	96.40	0.56
TW3	8.13	-62.7	4.18	0.18	3.37	0.18	1.56	0.91	98.79	0.32
TW4	8.09	-68.1	3.81	1.71	4.14	0.28	1.53	0.75	102.48	0.14
TW5	8.50	-78.6	2.42	3.30	0.21	0.20	1.46	1.29	90.45	0.09
TW6	8.01	-73.5	4.06	0.41	0.21	0.28	1.27	0.77	68.33	0.12
TW7	7.84	-62.4	0.00	0.35	0.00	0.17	1.50	0.47	84.46	0.08

注：TOC 表示总有机碳，TW1 为 T1 采样点处水体样品，以此类推。

排污口所在 T4 位点的沉积物 OM 含量为 23.14g/kg，在所有位点中最高，长期 OM 输入可能造成了该点位沉积物 OM 含量较高。在采集沉积物样品过程中发现 T3、T4、T5、T6 位点沉积物中黏土比例大，T1、T2、T7 沉积物中沙质、矿渣比例大，黏土对各类营养物质吸附程度大于沙粒（卢光远，2014）。综上所述，尾矿库营养元素空间分布上呈现出不均衡状态。沉积物中铬、砷、镍污染最严重（表 3.4）。我国土壤背景值中铬、铜、砷、镍、锰数值分别为 61.02mg/kg、22.60mg/kg、11.21mg/kg、26.92mg/kg、583.10mg/kg（魏复盛等，1991）。铬由北向南呈现出逐渐降低的趋势，铬含量高的位点是靠近尾矿浆排入口的 T1（160.37mg/kg）、T2（173.64mg/kg），是我国土壤背景值的 2.84 倍、2.99 倍。铬、砷、镍是与钒冶炼过程直接相关的金属。在水体中没有检测到铬，铬作为沉积物中能够迁移和转化的污染元素，因其剧毒和致癌作用已经引起了广泛关注。六价铬有高可溶性和毒性，三价铬大多不溶解，毒性较小。铬毒性和迁移性主要受其氧化状态控制（Fan et al.，2019）。水体和沉积物中砷含量空间变化呈现出一致性，由南向北逐渐升高。T6 位点镍含量最高，达到 62.19mg/kg，是我国土壤背景值的 2.31 倍。T2 位点铜含量最高，是我国土壤背景值的 1.23 倍。

表 3.4 尾矿库沉积物理化指标

样品	pH	OM 含量/(g/kg)	TN 含量/(mg/kg)	AP 含量/(mg/kg)	Fe 含量/(g/kg)	Cr 含量/(mg/kg)	Cu 含量/(mg/kg)	As 含量/(mg/kg)	Ni 含量/(mg/kg)	Mn 含量/(mg/kg)
TS1	8.96	9.98	5.22	0.00	52.14	160.37	30.67	3.79	23.91	725.36
TS2	7.99	6.78	8.86	26.36	48.73	173.64	27.74	3.31	9.79	641.63
TS3	8.42	4.39	11.55	11.90	26.14	149.38	8.95	1.80	17.21	568.21
TS4	8.07	23.14	11.61	14.62	28.13	83.93	10.96	2.80	26.98	512.02
TS5	8.76	6.78	11.45	13.67	28.72	84.93	10.42	3.01	22.93	413.87
TS6	8.19	12.37	11.96	52.69	31.64	77.17	6.34	5.10	62.19	427.18
TS7	8.13	16.36	7.90	34.70	19.69	10.76	0.00	2.97	0.00	625.23

注：TS1 为 T1 采样点处沉积物样品，以此类推。

水体和沉积物中钒含量如图 3.7 所示。水体中钒含量从 T1 至 T7 总体呈现出逐渐降低趋势，平均值为（0.40±0.12）mg/L，所有位点钒含量均高于我国饮用水钒含量限值（0.05mg/L），7 个位点中钒含量分别是我国饮用水限值的 4～12 倍。尾矿库体中钒可能通过渗透作用透过沉积物和含沙层进入地下水中，进而威胁周边居民健康，应该受到重视。王蕾等（2009）曾报道金沙江中钒最大含量可达到 0.29mg/L，研究中除了 T6 位点，其他采样位点钒含量均超过金沙江中钒含量，金沙江中虽然钒排放源固定，但马家田尾矿库和金沙江相比流动性较小，水体中钒除了被沉积物吸附、微生物分解、植物吸收，没有其他释放渠道，因此在长年累积之下高于金沙江中钒含量。

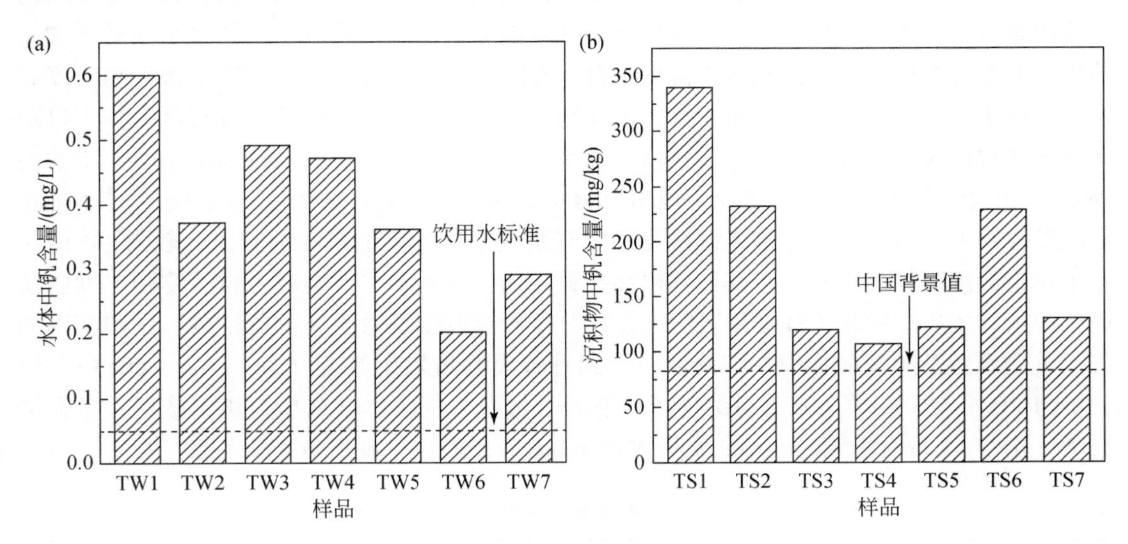

图 3.7 尾矿库中钒含量空间分布

（a）水体；（b）沉积物

水体中钒含量沿着与尾矿浆排放口距离梯度逐渐下降，说明尾矿浆排入为尾矿库持续不断地带来钒污染，随着稀释与迁移作用，钒弥漫到整个尾矿库水体中。进一步提高尾矿浆处理工艺，减少矿浆间隙水中钒含量，减少尾矿渣中剩余钒含量有助于减缓钒污染。攀枝花地区钒钛磁铁矿含量丰富，钒元素可能通过自然转化和迁移释放到尾矿库水体及沉积物中，水体中较高钒含量为研究尾矿库这一特殊生境提供了依据。

沉积物样品中钒含量平均值为（182.66±80.68）mg/kg，所有位点均超过我国土壤钒背景值（82mg/kg）。与水体钒空间分布类似，沉积物中钒含量呈现出沿着与尾矿浆排放口距离梯度逐渐下降趋势，其中 T1 位点中钒含量最高，这与水体样品中钒含量相对应。在采集样品过程中，发现 T1 位点沉积物样品呈现黑色砂质状，该样品中尾矿渣含量很高，尾矿渣中钒元素可能贡献了 T1 沉积物中大部分钒含量。距离尾矿浆排放口较近的 T2 位点也具有较高钒含量，这证明了矿渣沉积会改变尾矿库沉积物理化性质。T6 位点沉积物呈黏土状，含沙少、黏性强，对水体中重金属具有强吸附性（沈学优等，1998）。从整体上看，马家田尾矿库已经受到相当程度钒污染，尽管污染程度不是很高，但马家田尾矿库中钒及其他重金属元素可能随着其他淋滤作用迁移至地下水中，钒进入人体中会对当地居民健康带来威胁，因此尾矿库整体生态安全值得人们关注。

3.2.2　沉积物微生物多样性分析及群落组成

对所有尾矿库水体和沉积物样品进行高通量测序，通过质量控制共计得到 1579771 个高质量序列，1145 个 OTU。水体和沉积物呈现出不同分布规律（表 3.5），水体中微生物 α 多样性指数与空间距离没有呈现出对应关系，水体是流动环境介质，微生物群落受到的干扰因素较多，不同采样位点之间环境异质性可能掩盖了微生物分布，导致水体微生物群落出现发散分布模式，因此水体中微生物群落有随机性分布可能。沉积物中微生物丰度和多样性高于水体。与钒含量分布相反，沉积物中微生物丰度与多样性沿着与尾浆排入口距离梯度呈现出逐渐上升的趋势。钒含量与谱系多样性（phylogenetic diversity，PD）指数的 Pearson 相关性分析结果表明二者呈现出显著负相关关系（$r=-0.77$，$p=0.05$）。PD 是在系统发育树上跨越给定一组分类群所经过所有系统发育分支的最小总长度，较大 PD 值对应于较高群落物种多样性，与其他多样性指数相比，谱系多样性同时考虑了物种丰度以及进化距离，尾矿库中相关性结果表明重金属分布可能改变了微生物群落结构。中国湖南湘江被重金属污染的沉积物中，细菌谱系受到重金属胁迫发生改变（Zhu et al.，2013）。钒含量与 PD 呈现负相关关系为后续进行环境因子与微生物多样性分析提供了依据。钒含量与 Ace 指数、Chao1 指数、Shannon 指数和 Simpson 指数也呈现出负相关关系。

表 3.5　尾矿库水体与沉积物 α 多样性指数表

样品	Sobs 指数	Ace 指数	Chao1 指数	Shannon 指数	Simpson 指数	PD 指数
TW1	365	596.1	498.7	3.90	0.05	37.2
TW2	261	401.0	375.5	3.76	0.05	24.3

续表

样品	Sobs 指数	Ace 指数	Chao1 指数	Shannon 指数	Simpson 指数	PD 指数
TW3	343	441.4	450.6	4.29	0.02	35.7
TW4	330	535.7	450.1	4.02	0.04	39.2
TW5	187	220.0	226.0	3.02	0.13	19.4
TW6	610	800.2	807.6	4.90	0.02	53.5
TW7	225	361.2	315.2	3.86	0.04	22.1
TS1	533	724.6	748.0	4.82	0.02	50.4
TS2	738	801.5	835.8	5.86	0.01	59.8
TS3	747	845.8	848.2	5.48	0.01	61.6
TS4	835	901.1	918.3	5.89	0.01	68.2
TS5	827	933.8	948.5	5.63	0.01	67.3
TS6	852	916.8	935.3	5.87	0.01	67.4
TS7	949	1003.4	1010.0	6.16	0.01	74.1

为了得到尾矿库中每个 OTU 对应的物种分类信息，采用 RDP classifier 贝叶斯算法对 97%相似水平 OTU 进行分类学分析，将分析结果与 Silva 16S rRNA 数据库进行对比，14 个样品所有 OTU 被聚类为 27 个门、60 个纲、122 个目、239 个科、465 个属。

尾矿库微生物门水平分布如图 3.8 所示，尾矿库水体中 Proteobacteria（28.98%～84.37%）、Actinobacteria（5.97%～34.05%）、Firmicutes（16.36%～30.56%）、Bacteroidetes（2.12%～7.41%）、Cyanobacteria（0.20%～11.10%）丰度最高。尾矿库水体中微生物门水平群落分布差异化明显，规律性较弱。Proteobacteria、Bacteroidetes 和 Firmicutes 在去除地下水钒污染过程中占优势地位（Liu et al.，2017）。Bacteroidetes 对铜、铬、锌和铅有富集作用（Jroundi et al.，2020），尾矿库水体中优势群落结构可能与重金属胁迫有关。

在沉积物样品微生物组成中，丰度最高的五个门分别为 Proteobacteria（29.67%～41.57%）、Actinobacteria（17.37%～37.12%）、Chloroflexi（8.34%～17.28%）、Acidobacteria（3.60%～14.45%）和 Firmicutes（3.91%～10.73%）。其中 Proteobacteria 和 Firmicutes 是某铜尾矿库中普遍存在的门。Actinobacteria、Proteobacteria、Acidobacteria 被发现存在于攀枝花地区钒污染场地中（Cao et al.，2017）。Zhao 等（2020）对安徽省狮子山矿区微生物群落结构研究结果表明，Firmicutes 对重金属有很高耐受性。

尾矿库微生物属水平分布热图如图 3.9 所示，尾矿库水体和沉积物微生物在属水平分布规律呈现出明显差异性。尾矿库水体微生物群落中优势菌属是 *Pseudomonas*、*Acinetobacter*、*Gemmobacter*、*Sphingomonadaceae*、*CL500-29*_marine_group、*Chryseomicrobium*、*Bacillus*、*Rhodobacteraceae*、*Exiguobacterium*、*Rhodobacter*、*PeM15*、*Cyanobacteria*、*Novos-*

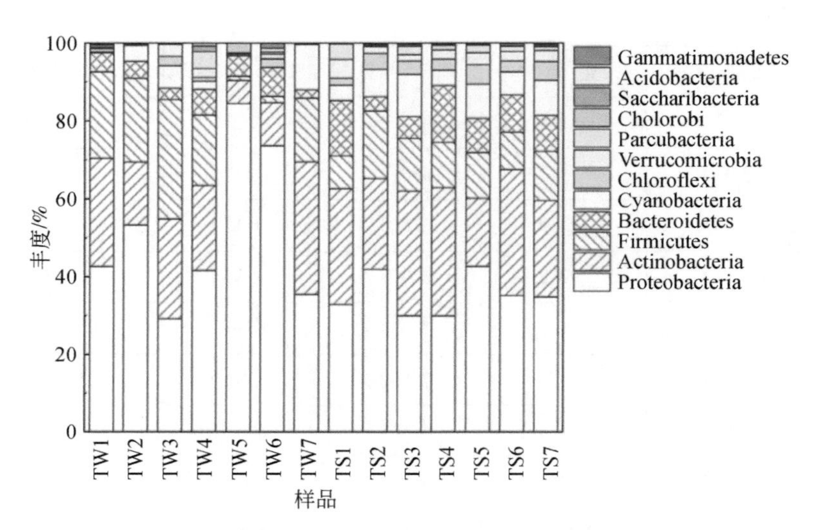

图 3.8　尾矿库水体与沉积物微生物群落门水平分布

phingobium、*Planococcus*、*Porphyrobacter*、*MNG7*。*Pseudomonas* 是一类好氧反硝化细菌，并且被报道过具有还原钒功能（Hao et al.，2015）。*Acinetobacter* 被报道是重金属胁迫下柴油降解群落的主要参与者（陈兆进等，2017）。Zhang 等（2014）报道 *Acinetobacter* 可以还原六价铬并固化三价铬。*Sphingomonadance* 是一种能够吸附金属镉并能够降解多种芳香族化合物菌属。*Bacillus* 广泛存在于尾矿库水体与沉积物中，*Bacillus* 在攀枝花地区钒污染土壤中是优势菌属且具有钒还原功能（Wang et al.，2020），*Gemmobacter* 被观察到能够还原钒。

丰度排名前 15 属中，尾矿库 7 个位点沉积物样品丰度明显高于水体样品，沉积物样品之间丰度差异不明显，尽管有地理距离、钒等重金属浓度差异，但不同位点优势属分布类似。丰度排名前 15 ~ 30 属中，水体样品丰度明显高于沉积物样品，且组内差异高于沉积物样品。流动环境介质中微生物分散性大于相对固定环境介质。这种差异性表明在重金属胁迫环境中，不同环境介质对微生物群落具有不同选择性。沉积物微生物群落中优势属是 *Sulfuricurvum*、*Streptomyces*、*Nocardioides*、*Nitrospira*、*Blastococcus*、*JG30-KF-CM45*、*Microvirga*、*Micromonospora*、*Solirubrobacter*、*Sphingomonas*。*Sulfuricurvum* 是一类硫酸盐氧化细菌，具有将硫酸盐氧化为硫化物的能力，同时具有钒还原功能，对土壤中镉、铅、砷等重金属具有一定抗性（Zhai et al.，2020；Schoeffler et al.，2019）。

Sulfuricurvum 总丰度最高并且在水体和沉积物中丰度差异不明显，尾矿浆中含有酸洗矿石后剩余硫酸，*Sulfuricurvum* 大量存在于水体和沉积物中，可能是微生物群落逐渐适应重金属和硫酸根胁迫结果，该类微生物可能在尾矿库微生物群落演变过程中占据关键位置。*Streptomyces* 对铜、钴、镍具有金属抗性，*Nitrospira* 是全球酸性矿山废水频繁出现的主要群体，同时在铜、锌和镉污染土壤中广泛存在（卞方圆，2018；Liu et al.，2014）。*Microvirga* 是重金属抗性微生物并被发现广泛存在于钒污染土壤中（Zhang et al.，2019）。

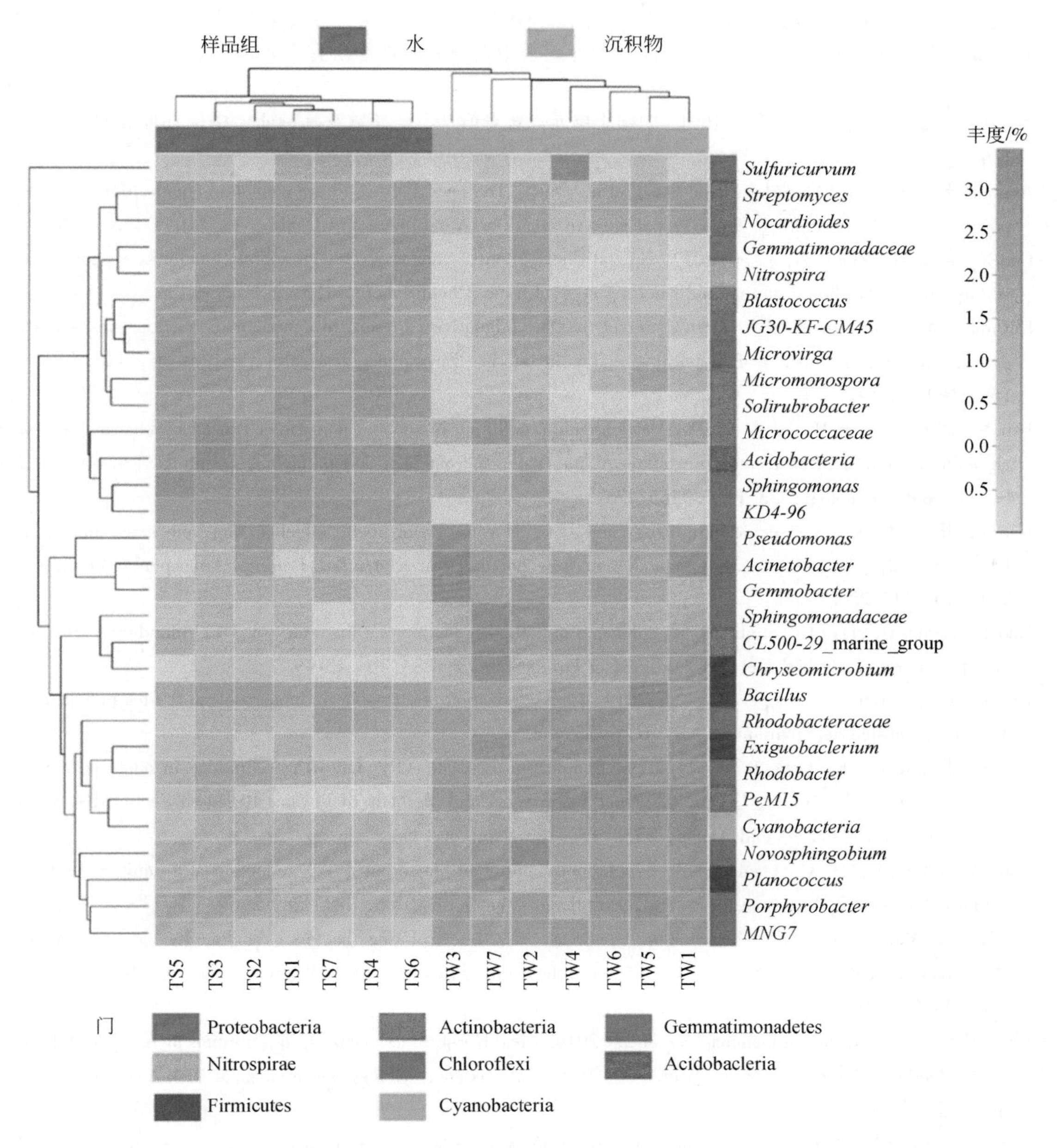

图3.9　尾矿库水体与沉积物中微生物属水平分布

参考文献

卞方圆．2018．重金属污染土壤的竹林修复研究．北京：中国林业科学研究院．

陈兆进，丁传雨，朱静亚，等．2017．丹江口水库枯水期浮游细菌群落组成及影响因素研究．中国环境科学，37（1）：336-344.

高卫民，程寒飞，李明，等．2017．尾矿库酸性污染治理技术概述．环境保护前沿，7（3）：235.

卢光远．2014．改性粘土治理藻华对主要营养元素循环及藻毒素的影响．青岛：中国科学院海洋研究所．

沈学优，陈曙光，王烨，等．1998．不同粘土处理水中重金属的性能研究．环境污染与防治，1（3），15-18.

魏复盛，杨国治，蒋德珍，等．1991．中国土壤元素背景值基本统计量及其特征．中国环境监测，（1）：1-6.

Alani R A，Ayejuyo O O，Akinrinade O E，et al. 2019. The level $PM_{2.5}$ and the elemental compositions of some potential receptor locations in Lagos，Nigeria. Air Quality，Atmosphere and Health，12（10）：1251-1258.

Cao X，Diao M，Zhang B，et al. 2017. Spatial distribution of vanadium and microbial community responses in surface soil of Panzhihua mining and smelting area，China. Chemosphere，183：9-17.

Ehrlich V A，Nersesyan A K，Hoelzl C，et al. 2008. Inhalative exposure to vanadium pentoxide causes DNA damage in workers：results of a multiple end point study. Environmental Health Perspectives，116（12）：1689-1693.

Fan X，Ding S，Hen M，et al. 2019. Peak chromium pollution in summer and winter caused by high mobility of chromium in sediment of a eutrophic lake：*in situ* evidence from high spatiotemporal sampling. Environmental Science and Technology，53（9）：4755-4764.

Gao Y，Ji H. 2018. Microscopic morphology and seasonal variation of health effect arising from heavy metals in $PM_{2.5}$ and PM_{10}：one-year measurement in a densely populated area of urban Beijing. Atmospheric Research，212（1）：213-226.

Hao L，Zhang B，Tian C，et al. 2015. Enhanced microbial reduction of vanadium（Ⅴ）in groundwater with bioelectricity from microbial fuel cells. Journal of Power Sources，28（7）：43-49.

Hurtado L，Rodríguez G，López J，et al. 2014. Characterization of atmospheric bioaerosols at 9 sites in Tijuana，Mexico. Atmospheric Environment，9（6）：430-436.

Ivosevic T，Mandic L，Orlic I，et al. 2014. Comparison between XRF and IBA techniques in analysis of fine aerosols collected in Rijeka，Croatia. Nuclear Instruments and Methods in Physics Research Section B：Beam Interactions with Materials and Atoms，337（15）：83-89.

Jiang Y，Zhang B，He C，et al. 2018. Synchronous microbial vanadium（Ⅴ）reduction and denitrification in groundwater using hydrogen as the sole electron donor. Water Research，141：289-296.

Jroundi F，Martinez-ruiz F，Merroun M L，et al. 2020. Exploring bacterial community composition in Mediterranean deep-sea sediments and their role in heavy metal accumulation. Science of the Total Environment，7（12）：135-660.

Khan M U，Malik R N，Muhammad S，et al. 2015. Health risk assessment of consumption of heavy metals in market food crops from Sialkot and Gujranwala Districts，Pakistan. Human and Ecological Risk Assessment：An International Journal，21（2）：327-337.

Kumar A，Bisht B S，Joshi V D，et al. 2011. Bioremediation potential of three acclimated bacteria with reference to heavy metal removal from waste. International Journal of Environmental Sciences，2（2）：896-908.

Li Y，Zhang B，Cheng M，et al. 2016. Spontaneous arsenic（Ⅲ）oxidation with bioelectricity generation in single-chamber microbial fuel cells. Journal of Hazardous Materials，306（5）：8-12.

Liu H，Zhang B，Yuan H，et al. 2017. Microbial reduction of vanadium（Ⅴ）in groundwater：Interactions with coexisting common electron acceptors and analysis of microbial community. Environmental Pollution，23（1）：1362-1369.

Liu J，Hua Z，Chen L，et al. 2014. Correlating microbial diversity patterns with geochemistry in an extreme and heterogeneous environment of mine tailings. Applied and Environmental Microbiology，80（12）：3677-3686.

Liu P, Ren H, Xu H, et al. 2018. Assessment of heavy metal characteristics and health risks associated with $PM_{2.5}$ in Xi'an, the largest city in northwestern China. Air Quality Atmosphere and Health, 1 (1): 1037-1047.

Miao Y, Liao R, Zhang X. et al. 2015. Metagenomic insights into Cr(Ⅵ) effect on microbial communities and functional genes of an expanded granular sludge bed reactor treating high-nitrate wastewater. Water Research, 76: 43-52.

Mirazimi S M J, Abbasalipour Z, Rashchi F. 2015. Vanadium removal from LD converter slag using bacteria and fungi. Journal Environmental Management, 153: 144-151.

Ortiz-Bernad I, Anderson R T. 2004. Vanadium respiration by *Geobacter metallireducens*: novel strategy for *in situ* removal of vanadium from groundwater. Applied and Environmental Microbiology, 70 (5): 3091-3095.

Oyetibo G O, Chien M F, Ikeda-ohtsubo W, et al. 2017. Biodegradation of crude oil and phenanthrene by heavy metal resistant *Bacillus subtilis* isolated from a multi- polluted industrial wastewater creek. International Biodeterioration and Biodegradation, 1 (20): 143-151.

Rinklebe J, Antoniadis V, Shaheen S M, et al. 2019. Health risk assessment of potentially toxic elements in soils along the Central Elbe River, German. Environment International, 126: 76-88.

Rivas-castillo A, Orona-tamayo D, Gomez-ramirez M, et al. 2017. Diverse molecular resistance mechanisms of bacillus megaterium during metal removal present in a spent catalyst. Biotechnology & Bioprocess Engineering, 22 (3): 296-307.

Schoeffler M, Gaudin A L, Ramel F, et al. 2019. Growth of an anaerobic sulfate-reducing bacterium sustained by oxygen respiratory energy conservation after O^{2-} driven experimental evolution. Environmental Microbiology, 21 (1): 360-373.

Smith J A, Tremblay P L, Shrestha P M, et al. 2014. Going wireless: Fe(Ⅲ) oxide reduction without pili by *Geobacter sulfurreducens* strain JS-1. Applied and Environmental Microbiology, 80 (14): 4331-4340.

Wang S, Zhang B, Li T, et al. 2020. Soil vanadium(Ⅴ) -reducing related bacteria drive community response to vanadium pollution from a smelting plant over multiple gradients. Environment International, 13 (8): 105-630.

Wei K, Zou Z, Zheng Y, et al. 2016. Ambient bioaerosol particle dynamics observed during haze and sunny days in Beijing. Science of the Total Environment, 550 (15): 751-759.

Wei M, Yu Z, Zhang H, et al. 2015. Molecular characterization of microbial communities in bioaerosols of a coal mine by 454 pyrosequencing and real-time PCR. Journal of Environmental Sciences, 30 (4): 241-251.

Wen J, Jiang T, Zheng X, et al. 2020. Efficient separation of chromium and vanadium by calcification roasting-sodium carbonate leaching from high chromium vanadium slag and V_2O_5 preparation. Separation and Purification Technology, 2 (30): 115-881.

Wu G, Xu B, Yao T, et al. 2009. Heavy metals in aerosol samples from the Eastern Pamirs collected 2004-2006. Atmospheric Research, 93 (4): 784-792.

Xin C, Yi H, Long Z, et al. 2016. Characteristics, sources and health risk assessment of trace metals in PM_{10} in Panzhihua, China. Bulletin of Environmental Contamination and Toxicology, 98 (1): 1-8.

Yang J, Tang Y, Yang K, et al. 2013. Leaching characteristics of vanadium in mine tailings and soils near a vanadium titanomagnetite mining site. Journal of Hazardous Materials, 264 (2): 498-504.

Zhai W, Dai Y, Zhao W, et al. 2020. Simultaneous immobilization of the cadmium, lead and arsenic in paddy soils amended with titanium gypsum. Environmental Pollution, 25 (8): 113-790.

Zhang B, Wang S, Diao M, et al. 2019. Microbial community responses to vanadium distributions in mining geological environments and bioremediation assessment. Journal of Geophysical Research: Biogeosciences, 12 (4): 601-615.

Zhang H K, Lu H, Wang J, et al. 2014. Cr(Ⅵ) reduction and Cr(Ⅲ) immobilization by *Acinetobacter* sp. HK-1 with the assistance of a novel quinone/graphene oxide composite. Environmental Science and Technology, 48 (21): 12876-12885.

Zhao X, Sun Y, Huang J, et al. 2020. Effects of soil heavy metal pollution on microbial activities and community diversity in different land use types in mining areas. Environmental Science and Pollution Research, 27 (9): 20215-20226.

Zhu J, Zhang J, Li Q, et al. 2013. Phylogenetic analysis of bacterial community composition in sediment contaminated with multiple heavy metals from the Xiangjiang River in China. Marine Pollution Bulletin, 70 (12): 134-139.

第4章 微生物转化钒的规律

4.1 混合微生物转化钒的过程

目前，已经有很多学者通过培养纯菌来验证其还原V(Ⅴ)的能力，而不是从普通的混合微生物中分离功能微生物（Yelton et al., 2013）。单个微生物菌株仅对较少的底物达到比较低的钒去除，因此应该去寻找更多V(Ⅴ)还原微生物，并可以与其他功能微生物结合以促进V(Ⅴ)污染修复。使用混合微生物可通过其较高的微生物多样性、较强的适应能力以及自我进化能力来应对比较复杂的环境。与纯菌相比，混合微生物易于使用，并且不需要进料灭菌，因此它们更适合实际修复应用。混合微生物已在有氧或厌氧条件下应用于环境保护超过了一个世纪。然而，已报道的使用混合厌氧微生物还原V(Ⅴ)的研究很少（Yelton et al., 2013）。目前，已经报道的使用厌氧污泥来生物还原V(Ⅴ)的文章很少，厌氧污泥是废水处理过程中最常见的混合微生物。此外，厌氧污泥具有多种微生物，有利于发现新的还原V(Ⅴ)的功能微生物。

本章验证了以常见的厌氧污泥作为接种物对V(Ⅴ)微生物还原并生成沉淀的可行性；探讨了包括V(Ⅴ)初始浓度、化学需氧量（COD）、pH和电导率等因素对还原性能的影响；还分析了所涉及的微生物，并检测到新的功能性物种；同时还研究了还原产物。

4.1.1 混合微生物还原五价钒

当将收集的混合微生物接种到含有75mg/L V(Ⅴ)（1.47 mmol/L）的介质中时，得到了显著的V(Ⅴ)去除效率（图4.1），证明了混合微生物具有良好的V(Ⅴ)还原能力。在一个周期结束时（12h），去除了87.0%的V(Ⅴ)。这比报道的纯菌的去除效果更好。例如，金属还原菌（*Geobacter metallireducens*）需要6天才能完全去除1mmol/L V(Ⅴ)（Ortiz-Bernad et al., 2004），2mmol/L则需要常温或适温产甲烷菌30天才能去除完全（Zhang et al., 2014）。在介质中未接种活细胞的对照组1中，未观察到V(Ⅴ)的还原，而在孵育前的混合的厌氧培养物中造成混合的厌氧培养时，对照组2中混合微生物被高温杀菌之后接种，该体系中发生了轻微的V(Ⅴ)还原（图4.1），这可能是由于污泥絮凝物的吸附和残留活细胞的功能。据报道，纯菌中的V(Ⅴ)生物还原是以两种途径的其中之一发生的，例如，微生物通过呼吸进行电子转移或V(Ⅴ)与其他电子受体的还原酶结合（Yelton et al., 2013）。这两种途径可能在厌氧混合微生物中同时发生，从而加速了本研究的微生物V(Ⅴ)还原的性能。此外，使用混合厌氧污泥的优点还包括：①丰富微生物多样性的存在，增加了微生物的适应能力；②混合底物共发酵的可能性；③更高的连续运行能力。混合厌氧污泥表现出了更高的微生物V(Ⅴ)去除效率。同时，与仅具有内源性呼吸的对照组 3 以及前人研究相比（图 4. 1），向生物反应器中投加有机物（葡萄糖）后有效增强了 V(Ⅴ) 的还原效率（Yelton et al., 2013）。由有机物加入导致的生物刺激有利于高效地处理地下水中的钒污染。与对照组 4 以及其他研究的悬浮微生物相比，生物反应器中固定的厌氧生物膜对微生物 V(Ⅴ) 还原能力更好（Yelton et al., 2013）。碳毡是一种令人满意的导电材料，可以促进细菌细胞外电子转移，这在电化学系统研究中被证明，它被广泛用于微生物燃料电池（microbial fuel cell, MFC）中的阳极电极上，有利于电子的附着和转移（Zhang et al., 2012）。固定化的厌氧生物膜增大了微生物 V(Ⅴ) 还原的面积，提供了微生物性能提高的先进策略。另外，在 12h 的一个周期中，V(Ⅴ) 的去除率基本符合伪一级反应动力学。表 3. 1 中展示出了动力学方程和参数，可以看出，生物反应器中的V(Ⅴ)去除率的动力学常数大于对照组中的，再次表明在该体系中 V(Ⅴ) 得到了更快的还原。

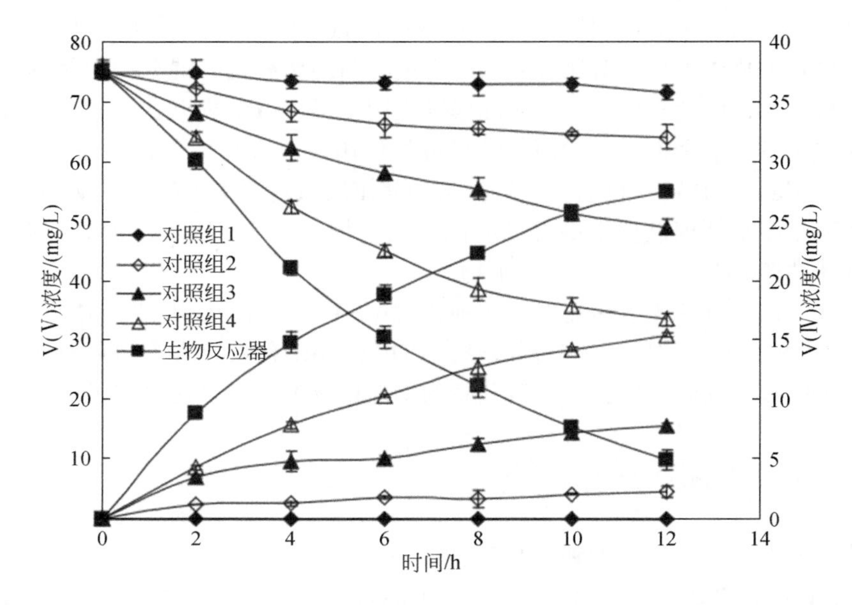

图 4. 1　12h 内在生物反应器和对照组中的 V(Ⅴ) 浓度和反应产生的 V(Ⅳ) 浓度

根据图 4. 1 中相应 V(Ⅳ) 浓度的增加，并且没有其他价态的钒被检测到，V(Ⅴ) 主要转化成 V(Ⅳ)。介质的颜色从生物反应器中的黄褐色变为蓝色，这可以归因于生成的 V(Ⅳ)以钒氧根离子的形式存在（Wang et al., 2014）。目前存在两种 V(Ⅴ) 生物还原机理，分别发生在胞内以及细胞膜上。这两种途径在生物反应器中同时起作用，因此提高了还原效率。此外，通过视觉观察和扫描电子显微镜（SEM）分析，还发现绿色沉淀物也积聚在碳纤维表面上。能量色散 X 射线谱（EDS）分析表明，沉淀物主要由钒和磷组成，表明它可能是磷酸钒，如绿色矿物磷钒钙矿［$CaV_2(PO_4)_2(OH)_4 \cdot 3H_2O$］，这在之前也被报道过（Zhang et al., 2014; Ortiz-Bernad et al., 2004）。在 X 射线光电子能谱（XPS）分析中，这些沉淀物出现了两个明显的 V 2p 峰，这两个峰分别位于 516. 8eV 和 524. 5eV，分别对应于 V $2p_{3/2}$和 V $2p_{1/2}$。V $2p_{3/2}$到 V $2p_{1/2}$的分裂值为 7. 7eV，这与之前报道的文献一致

(Biesinger et al., 2010)。该沉淀物还会使溶液中的V(Ⅴ)和水溶的V(Ⅳ)处于不平衡状态（图4.1），因为在天然水的pH范围内，V(Ⅳ)的溶解度要小得多，沉淀物会强烈地吸附在颗粒上并与有机物形成稳定的复合物。这表明，目前研究中得到的高效率的微生物V(Ⅴ)还原可以对地下水中的钒进行原位修复，然后生成含钒矿物沉淀或吸附钒。研究结果表明，通过固定的混合厌氧微生物促进高迁移性和高毒性的V(Ⅴ)还原为低迁移性和较低毒性的V(Ⅳ)，这可能是用于固定钒的有前途的修复策略，进而从污染的地下水中除去钒。

4.1.2　混合微生物还原五价钒的影响因素研究

初始COD为800mg/L，电导率为12mS/cm，pH为7.0，设计了V(Ⅴ)初始浓度的四个浓度阶梯（50mg/L，75mg/L，150mg/L，300mg/L）。如图4.2（a）所示，在一个周期（12h）中大部分V(Ⅴ)渐渐地得到去除。特别是在50mg/L时，出水中的V(Ⅴ)浓度低于中国《钒工业污染物排放标准》(GB 26452—2011)的要求（1.0mg/L）。初始浓度增加时，V(Ⅴ)的去除量相应增加，但去除效率降低。过高的V(Ⅴ)初始浓度可以抑制厌氧微生物的活性，从而降低去除率。之前的研究表明，细菌可以忍受110～230mg/L的V(Ⅴ)，当V(Ⅴ)浓度逐渐增加时，它们的菌落/细胞计数逐渐减少。当V(Ⅴ)初始浓度增加至300mg/L时，发现去除效率显著降低，尽管在这种条件下，水中的COD仍残留，说明仍有充足的电子供体。

由于异化还原微生物的活性受电子供体和碳源的影响，因此设置了不同的初始COD(200mg/L，800mg/L，1200mg/L，1600mg/L)，V(Ⅴ)初始浓度为75mg/L，电导率为12mS/cm，pH为7.0。从图4.2（b）中可以看出，COD的适当增加有利于V(Ⅴ)的还原，但是当COD进一步增加时，其效率降低。初始COD为800mg/L，得到了最高的V(Ⅴ)还原速率。在本研究中，当微生物消耗近似500mg/L COD时可以还原75mg/L的V(Ⅴ)，初始COD过高或过低将抑制V(Ⅴ)的还原。当初始COD设定为200mg/L时，没有足够的电子供体和碳源来支持微生物生长以及V(Ⅴ)还原。在本研究中使用发酵底物（即葡萄糖），当COD大幅增加时，厌氧发酵过程甲烷的产生将在生物反应器中占据主导地位，并与异化金属还原过程竞争电子，从而减少V(Ⅴ)的还原，在底物相似研究中也观察到了此现象（Freguia et al., 2008）。

图4.2（c）表示pH（5.4，6.2，7.0，7.8）对V(Ⅴ)还原的影响，V(Ⅴ)初始浓度为75mg/L，初始COD为800mg/L，电导率为12mS/cm。在所有pH条件下V(Ⅴ)都逐渐得到去除，所以钒还原酶可以在测试的pH下存活，这表明微生物V(Ⅴ)还原可能在相对宽泛的pH范围内发生。中性条件下的去除率远高于酸性或碱性的去除率。该确认的结果表明pH变化可能影响混合溶液中微生物对V(Ⅴ)的耐受性。在高pH下，一些金属的溶解性下降，而在低pH下，这些金属作为水溶液中的游离离子物质被发现，并且能够表达毒性。由于V(Ⅴ)的毒性分化，它的去除也随之变化。

在V(Ⅴ)初始浓度为75mg/L、COD为800mg/L和pH为7.0的条件下以不同的电导率（10mS/cm，12mS/cm，15mS/cm，19mS/cm）进行实验。在一个周期中观察到V(Ⅴ)

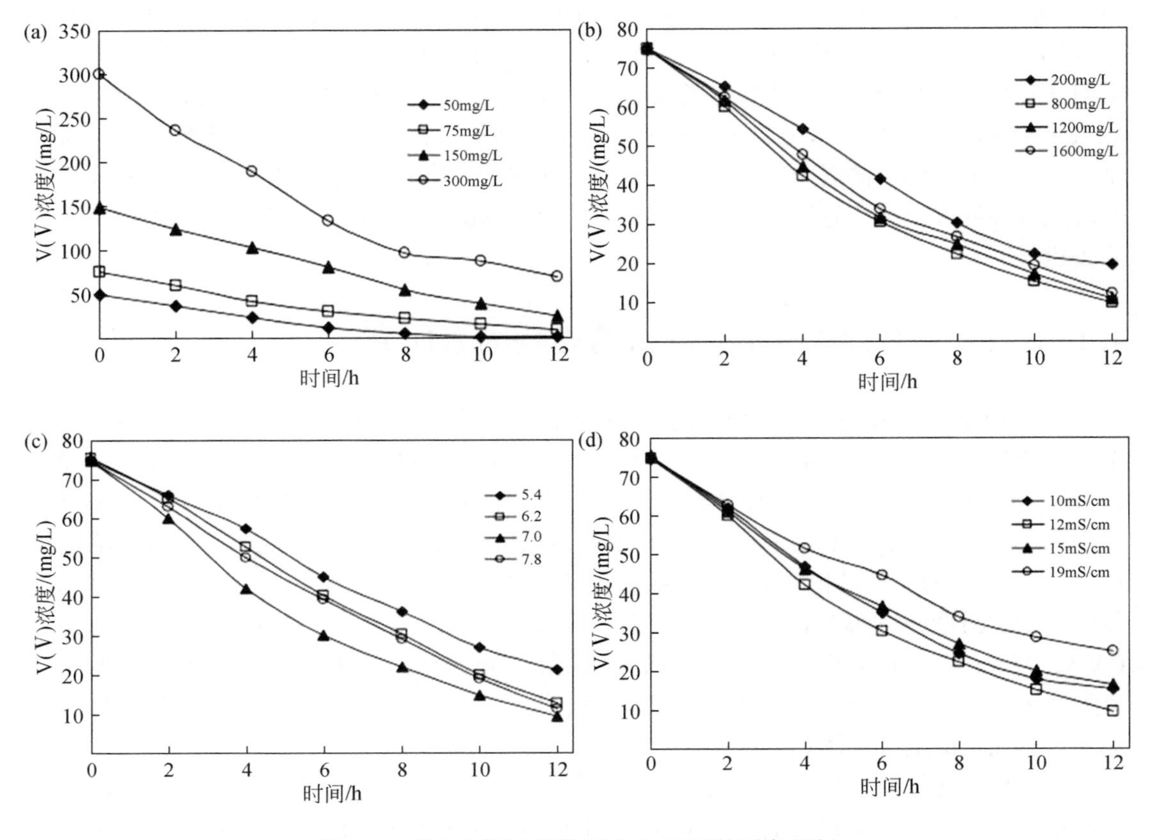

图 4.2　影响生物反应器 V(Ⅴ) 还原的因素研究

(a) V(Ⅴ) 初始浓度；(b) 初始 COD；(c) pH；(d) 电导率

浓度逐渐降低，而 V(Ⅴ) 还原首先随着阈值（此处 12mS/cm）的导电性的增加而显著增强，然后在电导率进一步增加的情况下还原能力被削弱［图 4.2（d)］。由于额外离子存在，适当的电导率可以加速细菌将电子从葡萄糖转移到 V(Ⅴ)。较高的电导率下，V(Ⅴ) 还原能力的降低可能归因于前人报道中高盐度可能毒害厌氧微生物（Zhang et al., 2010)。

V(Ⅴ) 和厌氧微生物可以通过固定化混合厌氧污泥共存，同时微生物将 V(Ⅴ) 还原至 V(Ⅳ)，这可以应用于受 V(Ⅴ) 污染的地下水的生物修复。为促进该体系中原位生物修复的效率，可以根据上述影响因素研究和地下水典型成分的影响优化某些环境条件，例如以广泛的现有半咸的地下水稀释 V(Ⅴ) 初始浓度，改善其导电性。

4.1.3　还原过程中相关微生物的鉴定

接种污泥和生物反应器分别有 21635 和 16126 个序列，平均长度为 395bp。还在 3% 拉伸距离下单独获得 241（接种污泥）和 110（生物反应器）个 OTU。虽然通过稀释性曲线所展示的有 14000 多个序列（图 4.3），新的细菌类型也在继续出现。图 4.3 还显示了在 3

个月内与接种污泥相比，V(Ⅴ) 对微生物的毒性导致反应器中细菌多样性显著降低。此外，两个群落中观测到的 OTU 的总和为 299，但只有 52 个 OTU 或 17.4% 的总 OTU 是共享的，这意味着随着 V(Ⅴ) 的富集，群落的数量结构发生了进化。具有无限抽样的 Chao1 指数分析的 OTU 总数分别为 258（接种污泥）和 135（生物反应器），这表示生物反应器中的生物多样性降低。由稀释性曲线得到的样品测序数量比焦磷酸测序得到的少 20 个，这让后者得到了更丰富的微生物多样性，虽然在这两种方法中有相似的 OTU 数量，但与之前的降解喹啉的生物反应器得到的结果相似（Lu et al.，2012；Zhang et al.，2011）。Simpson 指数和 Shannon 指数不仅提供了简单的物种丰富性（即存在的物种数量），还能表示出在生物群落中每种物种的丰度分布（种类的均匀性）。Simpson 指数从 0.04 到 0.37 的显著增加，Shannon 指数从 4.02 到 1.88 表示从接种污泥到经驯化的生物膜的微生物多样性降低，这是因为一些细菌无法在 V(Ⅴ) 存在的情况下生存。

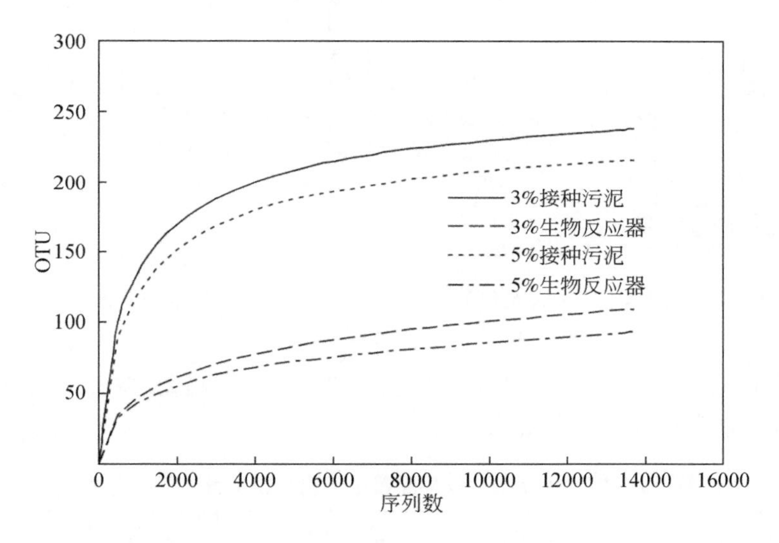

图 4.3　接种污泥和生物反应器的基于焦磷酸序列的稀释性曲线

OTU 的拉伸距离为 3% 和 5%

为了鉴定接种污泥和生物反应器中的细菌群落的系统发育多样性，在图 4.4 中分配了高质量的序列。图 4.4 显示了门水平上的相对细菌群落丰度。接种污泥的群落显示出显著高的多样性，意味着有 25 个细菌门类被检测到。即便如此，总序列的 12.0% 的门层级没有分类，表明这些细菌是未知的。高通量 Illumina 测序结果表明其细菌库主要包括拟杆菌门（Bacteroidetes）（占总细菌拷贝数的 30.9%）、变形菌门（Proteobacteria）（20.9%）、螺旋菌门（Spirochaetes）（8.7%）、硝化螺旋菌门（Nitrospirae）（4.7%）、氯弯菌门（Chloroflexi）（4.6%）。与接种的厌氧污泥相比，生物反应器中的微生物群落特征有着显著的变化，只有 14 个鉴定的门类和 2.7% 未知的细菌（图 4.4）。拟杆菌门（Bacteroidetes）、螺旋菌门（Spirochaetes）以及变形菌门（Proteobacteria）的丰度分别降至 19.1%、4.3% 和 1.5%，说明它们对 V(Ⅴ) 的毒性更敏感。厚壁菌门（Firmicutes）的丰度从 1.7% 增加到 72.3%。这表示在生物反应器中发生了选择性富集，这可能是由于这些菌门具有从不同的电子供体转移电子到 V(Ⅴ) 的能力。前人的研究中还使用基于分子和培养物的方法证明了在 MFC 中厚壁菌门（Firmicutes）具有微生物还原 V(Ⅴ) 的功能（Wrighton et al.，2008）。

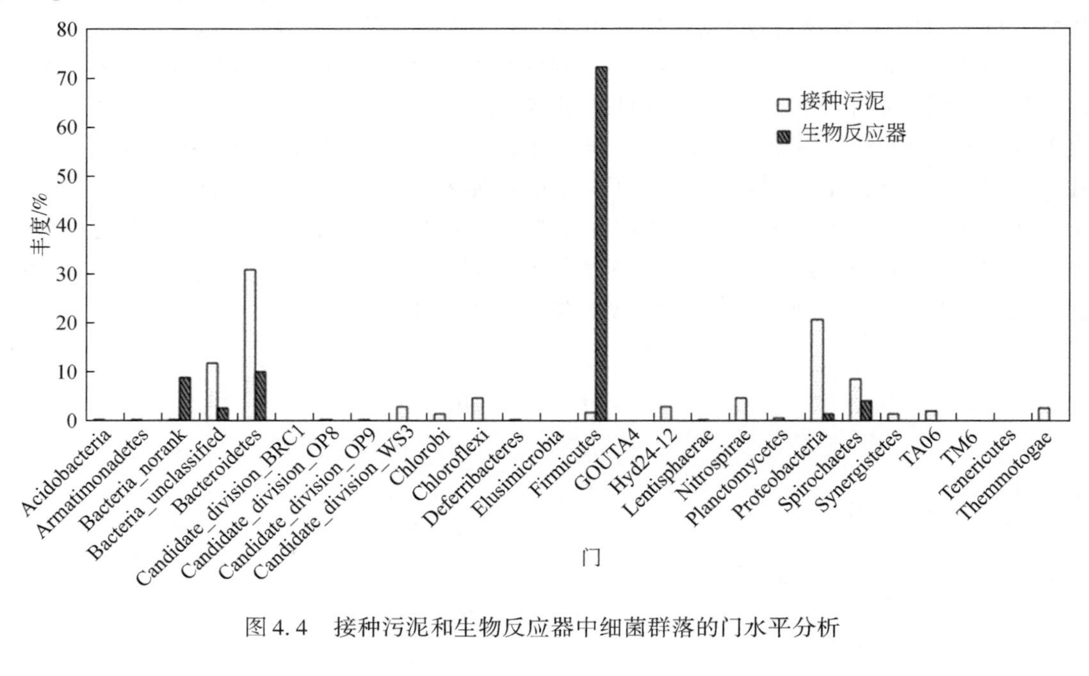

图 4.4　接种污泥和生物反应器中细菌群落的门水平分析

高通量测序方法是一种可以分析多种环境中的微生物的高效方法。在属层面上可以进一步地分析相关群落的功能（表 4.1）。

表 4.1　接种污泥和生物反应器中不同系统发育序列百分比

门	纲	属	接种污泥中序列百分比/%	生物反应器中序列百分比/%
拟杆菌门	拟杆菌纲	拟杆菌属	0.09	0.01
		Dysgonomonas	0.00	0.23
		Macellibacteroides	0.07	0.12
		Paludibacter	1.34	8.46
		Petrimonas	0.21	0.01
		产乙酸嗜蛋白质菌属	0.07	0.37
		未定属	0.03	0.09
	vadinHA17	未定属	27.60	0.06
绿菌门	绿菌纲	绿棒菌属	0.05	0.00
氯弯菌门	厌氧绳菌纲	厌氧绳菌属	1.13	0.00
		长绳菌属	1.36	0.00
		未定属	0.12	0.00

续表

门	纲	属	接种污泥中序列百分比/%	生物反应器中序列百分比/%
脱铁杆菌门	脱铁杆菌纲	暖发菌属	0.34	0.00
厚壁菌门	芽孢杆菌纲	乳球菌属	0.01	59.36
	梭菌纲	醋酸杆菌属	0.00	0.07
		Anaerofustis	0.08	0.00
		梭菌属	0.00	0.26
		优杆菌属	0.00	2.20
		Fastidiosipila	0.14	0.00
		Gelria	0.39	0.00
		未定属	0.42	0.23
		Intestinimonas	0.00	1.03
		颤螺旋菌属	0.00	0.27
		互营单胞菌属	0.09	0.00
	丹毒丝菌纲	未定属	0.07	3.55
黏胶球形菌门	黏胶球形菌纲	食物谷菌属	0.01	0.05
硝化螺旋菌门	硝化螺旋菌属纲	硝化螺旋菌属	4.68	0.01
门未定	放线菌纲	*Gordonibacter*	0.00	1.47
		Propioniciclava	0.15	0.21
浮霉菌门	菲西芬氏菌纲	未定属	0.65	0.01
变形菌门	α-变形菌纲	*Insoletispirillum*	0.00	0.55
		Pleomorphomonas	0.00	0.10
	β-变形菌纲	*Methylotenera*	0.17	0.00
	δ-变形菌纲	脱硫盒菌属	0.19	0.00
		脱硫弧菌属	0.70	0.10
		地杆菌属	4.58	0.11
		史密斯氏菌属	1.16	0.00
		互营杆菌属	5.56	0.00
		Syntophohabdus	0.63	0.00
		互营菌属	0.38	0.00
	ε-变形菌纲	弓形杆菌属	0.01	0.07
		硫黄单胞菌属	0.00	0.07
	γ-变形菌	不动杆菌属	0.18	0.01
		肠杆菌属	0.05	0.37
		甲基单胞菌属	0.22	0.00
		假单胞菌属	0.19	0.00
		甲苯单胞菌属	3.05	0.00

续表

门	纲	属	接种污泥中序列百分比/%	生物反应器中序列百分比/%
螺旋菌门	螺旋体纲	未定属	2. 56	0. 00
		螺旋菌属	1. 54	4. 12
		密螺旋体属	0. 15	0. 00
互养菌门	互养菌纲	未定属	160	0. 01
TA06	未定纲	未定属	2. 11	0. 02
热袍菌门	热袍菌纲	*AUTHM297*	0. 37	0. 00
其他			35. 50	16. 40

V(Ⅴ)还原微生物可以通过厌氧环境下的有机物氧化获得能量。从南非的深金矿中分离的变形菌门中的肠杆菌属（*Enterobacter*）能够实现V(Ⅴ)的异化还原，其丰度从0. 05%增加到0. 37%(Marwijk et al., 2009)。此外，因为金属的异化还原在细菌中比较常见，即使缺少直接的报道，一些丰度增加的物种也是可以发挥作用的。例如，生物膜中的厚壁菌门中的主导菌属乳球菌属（*Lactococcus*）(59. 36%)可以在其金属形态下还原和沉淀银（Sintubin et al., 2009)。丰度增加的螺旋菌门的螺旋菌属（*Spirochaeta*）可以通过酶促催化来实现U(Ⅵ)的还原（Martins et al., 2009)，而在纯菌中新发现的厚壁菌门中的优杆菌属（*Eubacterium*）具有降解滴滴涕（DDT）的能力。V(Ⅴ)还原酶的功能是在生物膜上实现的，并与还原型烟酰胺腺嘌呤二核苷酸（NADH）的氧化耦合，因此这些提到的细菌也可能在V(Ⅴ)还原中发挥作用。

因为使用有机底物葡萄糖，所以在生物反应器中发现了许多发酵微生物，并且V(Ⅴ)还原微生物可以通过利用各种电子供体（如氢和有机酸)，来存储能量以维持自身的生长。特别是，属于发酵微生物的拟杆菌属（*Paludibacter*）的丰度从1. 34%增至8. 46%，它可以将复杂的有机物发酵为乙酸、丁酸、乳酸和CO_2/H_2的产物，而生成的乳酸可能被乳球菌属（*Lactococcus*）消耗以还原V(Ⅴ)（Zhang et al., 2013)。乳酸也被证明可以作为*S. oneidensis*的最有效的电子供体来还原V(Ⅴ)。在生物反应器中丰度增加的拟杆菌门的产乙酸嗜蛋白质菌（*Proteiniphilum*）和黏胶球形菌门（Lentisphaerae）中的食物谷菌属(*Victivallis*)是已被报道能够产生乙酸盐和氢气的发酵微生物（Macfarlane et al., 2003)。新出现的醋酸杆菌属（*Acetobacterium*）和厚壁菌门的颤螺旋菌属（*Oscillibacter*）均可以将有机物质降解成如乙酸这样的小分子酸（Peters et al., 1998)。这些微生物相互作用，它们的产物可能会改善V(Ⅴ)还原微生物的活性。

另外，在生物反应器中也检测到与细胞外电子传递有关的一些特异性细菌。据报道，新出现的厚壁菌门的梭菌属（*Clostridium*）(0. 26%)可以作为生物催化剂，催化微生物发电（Wong et al., 2014)。新发现的拟杆菌门的*Dysgonomonas*（0. 23%)被证明可以直接在MFC中将电子从溶液转移到固体电极上（Zhao et al., 2008)。γ-变形菌门（Gammaproteobacteria）的肠杆菌属（*Enterobacter*）也参与了电化学活性的氢气呼吸，从而产生生物电（Rezaei et al., 2009)。这意味着这些电化学活性细菌对V(Ⅴ)毒性具有很高的耐受性，其存在可以促进V(Ⅴ)的还原。

同时，通过固定化的混合厌氧微生物实现了地下水中V(Ⅴ)的解毒。正如SEM、EDS和XPS结果所示，V(Ⅴ)还原成V(Ⅳ)，导致钒沉淀物的形成。随着厌氧污泥中混合微生物的出现，与纯菌相比，它们可以通过其相互作用实现胞内和膜上的V(Ⅴ)还原(Carpentier et al.，2005；Ortiz-Bernad et al.，2004)。本研究发现了V(Ⅴ)还原的新功能微生物，厚壁菌门中的主导菌属乳球菌属（*Lactococcus*）和螺旋菌门的螺旋菌属(*Spirochaeta*)。为了进一步揭示这些新物种与V(Ⅴ)之间的相关性，将进行深入研究。此外，可以洗涤厌氧污泥，然后机械脱水以防止其潜在的污染地下水。之后，可以加入可渗透的反应墙中，这是有效地控制V(Ⅴ)污染地下水最广泛使用的方法。

4.2 碳源对比与优选

由于其在现代行业的广泛应用，钒是环境中的广泛元素。因此，其环境影响已成为迫切问题（Li et al.，2016）。钒的毒性随着其价态的增加而增加，V(Ⅴ)是最有毒的形式(Rasoulnia et al.，2016)，V(Ⅳ)在中性pH下难以存在。V(Ⅴ)到V(Ⅳ)的还原被认为是对V(Ⅴ)污染的地下水的有效修复，因为产生的V(Ⅳ)可以自发沉淀并通过过滤去除。物理和化学方法经常使用，但它们的成本效益和二次污染成为问题（Hao et al.，2015)。

最近，厌氧微生物V(Ⅴ)还原被认为是V(Ⅴ)污染补救的潜力策略，因为它具有成本效益并可以用于原位修复。这项技术已经获得了相当大的关注，并且包括多种纯菌株，如金属地杆菌（*Geobacter Metallirecens*）、希瓦氏菌（*Shewanella onidensis*）和假单胞菌(*Pseudomonas*)（Carpentier et al.，2003)。相对于纯菌，混合微生物更易于实际修复应用(Lai et al.，2016)。在微生物代谢的过程中，有机碳源具有重要的作用，特别是对于微生物的混合培养物（Tripathy et al.，2014)。对于V(Ⅴ)还原，已采用的可溶性有机碳源比较有限。比较研究不同碳源对V(Ⅴ)还原以及微生物群落的累积的代谢效应受到关注。

本节探究5种不同的可溶有机碳源（乙酸盐、柠檬酸盐、葡萄糖、乳酸盐和可溶性淀粉）对微生物V(Ⅴ)还原的影响。使用最佳有机碳源探究影响因素并分析所涉及的微生物。该结果有利于V(Ⅴ)生物修复在受污染环境中的实际应用。

4.2.1 不同可溶性有机碳源进行五价钒的微生物还原

在V(Ⅴ)浓度为75mg/L和COD为800mg/L条件下，在所有反应器中的12h的一个周期间观察到V(Ⅴ)的逐渐去除，表明混合培养在选择的有机碳源下可以良好地支持厌氧微生物V(Ⅴ)还原（图4.5)。在12h周期结束时，V(Ⅴ)去除率达到65%～76%，表现出相对于纯菌的优势，并证明地下水中的土著微生物可以进行原位V(Ⅴ)生物还原(Marwijk et al.，2009)。在生物反应器的生物过程中，V(Ⅴ)作为电子受体，有机物发挥了电子供体和碳源的作用，从而还原了V(Ⅴ)（Zhang et al.，2014)。微生物还原V(Ⅴ)有两个途径：V(Ⅴ)可以通过呼吸（通过电子转移）或以解毒的目的将其还原，目前已知钒会结合其他电子受体的还原酶，但是没有可以呼吸的证据（Yelton et al.，2013）。在本研究中使用的是混合微生物，由于特定微生物的出现，这两种过程均发生了。此外，伴随着绿色沉淀物，其主要成分是矿物，与之前的研究吻合（Lai et al.，2016）。这表示V(Ⅴ)污染可以通过微生物还原来修复（Lai et al.，2016）。

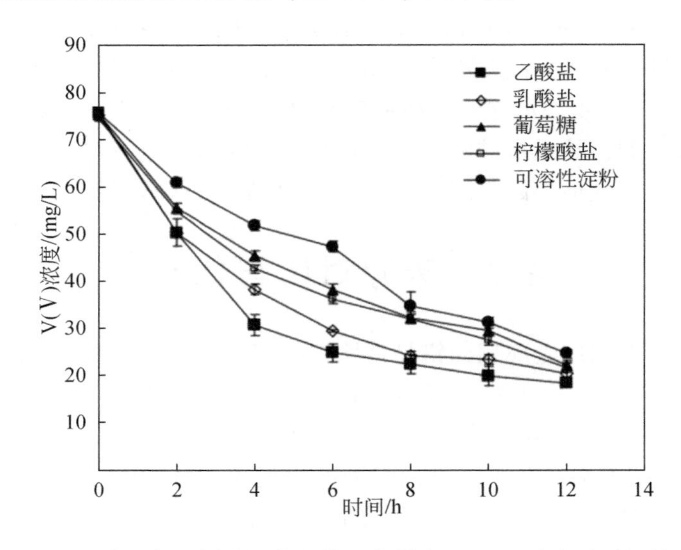

图 4.5　12h 内添加不同碳源的生物反应器中 V(Ⅴ) 浓度随时间的变化

在这项工作中得到的另一个结果是，由于有机物的不同特性，生物反应器的性能发生了变化，如图 4.5 所示。这项研究与之前的研究结果相同（Hao et al.，2015）。V(Ⅴ) 去除效率随着低碳基材分子量的增加而降低。此外，有机酸支持的 V(Ⅴ) 还原效率高于醇的（图 4.5）。吸收更简单的有机化合物可以让微生物更直接地进行氧化，得到优异的性能（Torres et al.，2007）。乙酸盐被证明是一种非发酵基质，当在厌氧发酵过程中使用葡萄糖和可溶性淀粉时，乙酸盐也是主要的发酵产物，还有小分子有机酸，如柠檬酸盐和乳酸盐（Macfarlane et al.，2003）。此外，特别是当使用葡萄糖和可溶性淀粉的发酵底物时，厌氧发酵过程与微生物 V(Ⅴ) 还原过程会竞争电子。乙酸盐已经被报道是在地下环境中支持厌氧呼吸的主要有机电子供体（Yelton et al.，2013）。选择乙酸盐作为最佳碳源，并在以下实验中使用。

4.2.2　最佳碳源下微生物还原五价钒的影响因素研究

在初始 COD 浓度为 800mg/L、pH 为 7.0 和电导率为 8mS/cm 的条件下，设置了四个 V(Ⅴ) 初始浓度的梯度。从图 4.6（a）可以看出，在 12h 的运行期内大部分 V(Ⅴ) 被逐渐去除。随着初始浓度的增加，总 V(Ⅴ) 的去除量相应地增加，但去除效率降低。由于 V(Ⅴ) 初始浓度较高，因此 V(Ⅴ) 去除效率降低，这是因为微生物对 V(Ⅴ) 耐受浓度范围为 110～230mg/L（Kamika et al.，2012）的结果与这一发现一致，当 V(Ⅴ) 初始浓度增加至 300mg/L 时，观察到 V(Ⅴ) 去除效率显著性降低。

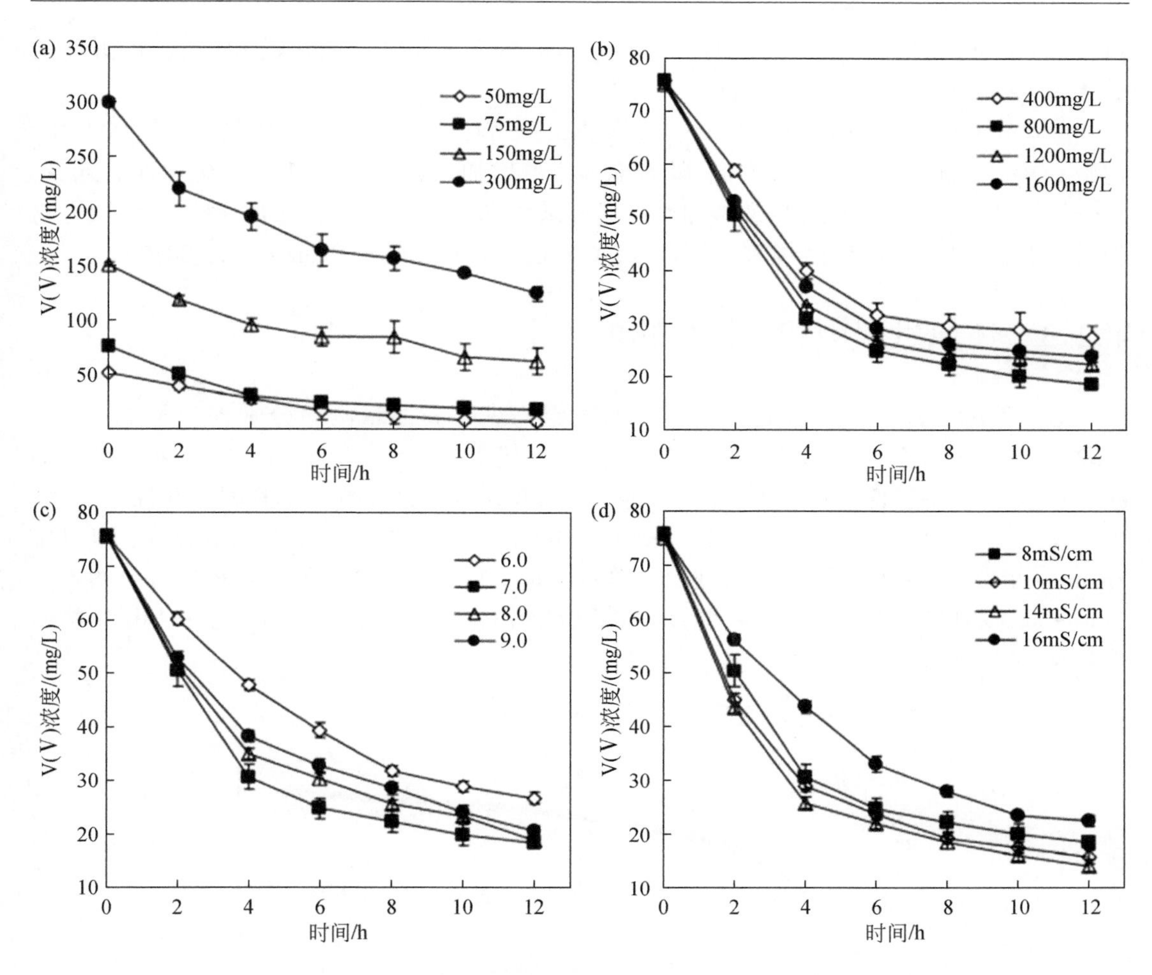

图 4.6　研究影响醋酸盐生物反应器 V(Ⅴ) 还原的因素
(a) V(Ⅴ) 初始浓度；(b) 初始 COD；(c) pH；(d) 电导率

随着异化金属还原的活性受到了电子供体的数量和碳源的影响，在 V(Ⅴ) 初始浓度为 75mg/L、pH 为 7.0 和电导率为 8mS/cm 的条件下，采用不同初始 COD 进行实验。从图 4.6（b）可以看出，COD 的适当增加导致 V(Ⅴ) 还原的增加，但是在初始 COD 进一步增加时效率降低。如前人所述，当还原 75mg/L V(Ⅴ) 时，微生物需要大约 500mg/L COD (Carpentier et al.，2003)。当初始 COD 低于 400mg/L 时，没有足够的电子供体和碳源支持微生物生长以及还原 V(Ⅴ)。当初始 COD 增加时，产甲烷过程会与异化金属还原过程竞争电子，因为产甲烷菌也可以使用乙酸盐作为电子供体和碳源。

图 4.6（c）证明了 V(Ⅴ) 去除随不同的 pH 变化而变化，其中 V(Ⅴ) 初始浓度为 75mg/L，COD 为 800mg/L，电导率为 8mS/cm。微生物可以在所有研究的 pH 下存活，并逐渐去除 V(Ⅴ)，表明该生物化方法可以在相对宽的 pH 范围内起作用。在碱性条件下去除效率远高于酸性或中性条件。Bell 等（2004）报道，pH 的影响在营养肉汤中对钒酸盐的毒性发挥着重要作用，证明了 pH 变化会影响测试微生物对 V(Ⅴ) 的耐受性限制

(Freguia et al., 2008)。当高 pH 时，一些金属的溶解度降低，而在低 pH 时，可溶性的 V(Ⅴ)在水溶液中得以表达其毒性。

图 4.6（d）研究了电导率对 V(Ⅴ）还原的影响，其中 V(Ⅴ）初始浓度为 75mg/L，初始 COD 为 800mg/L，pH 为 7.0。随着电导率的增加，V(Ⅴ）的去除率先增加后减少。在较低的导电水平下，电导率的增加可以促进微生物和 V(Ⅴ）之间的接触。然而微生物的活性由于高盐度而受到了抑制，因此 V(Ⅴ）还原效率降低（Zhang et al., 2010)。

4.2.3　还原过程中相关微生物的鉴定

对接种污泥和含乙酸盐的反应器中的微生物进行高通量测序分别得到了 21635 和 10574 个高质量序列，平均长度为 395bp，这与其他研究得到的高通量测序结果一致（Lu et al., 2012)。稀释性曲线以 3% 距离拉伸，也表现出了这两个样品的物种丰富性的变化，由于在生物反应器中使用特定底物［V(Ⅴ）和乙酸盐］进行了三个月的驯化（图 4.7)。Shannon 指数不仅提供了物种丰富性，还揭示了每个物种在群落中所有物种中分布的丰度（Lu et al., 2012)。此值从 4.0 减小为生物反应器中的 1.4，这进一步证明了一些微生物不能与 V(Ⅴ）共存。

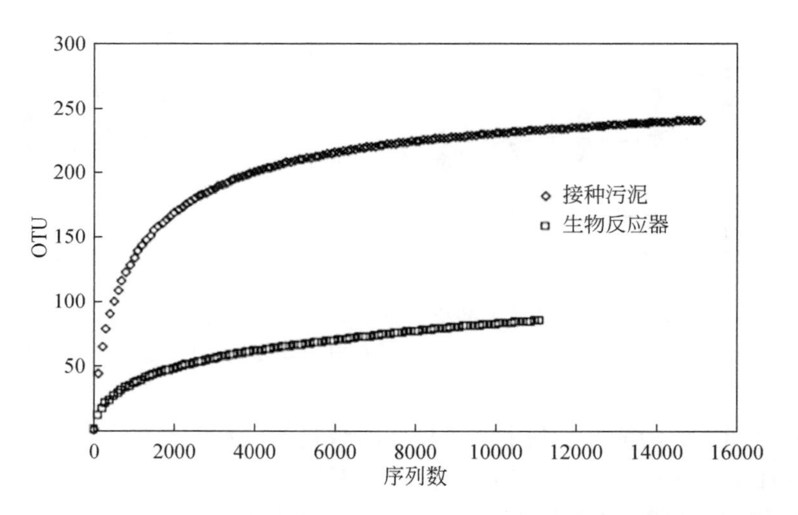

图 4.7　接种污泥和含乙酸盐生物反应器中的微生物群落基于焦磷酸测序的稀释性曲线
OTU 的拉伸距离为 3%

在接种污泥中发现了 28 个基因型，而在含乙酸盐的生物反应器中只有 10 个基因型，表明与接种污泥相比发生了显著的变化（图 4.8)。在整个实验中，大量基因型消失，而放线菌门（Actinobacteria)、绿菌门（Chlorobi）和厚壁菌门（Firmicutes）显著增加。由于生命环境的变化，细菌群落结构也随之进化。

进行门、类和属层级水平的分类分析，进一步研究微生物群落以及其功能（表 4.2)。发现了既可以异化金属还原又可以还原 V(Ⅴ）的物种，这些物种在之前从未被报道。例如，放线菌门得到了大大的累积，已被证明可以与存在的 V(Ⅴ）结合（Duran et al.,

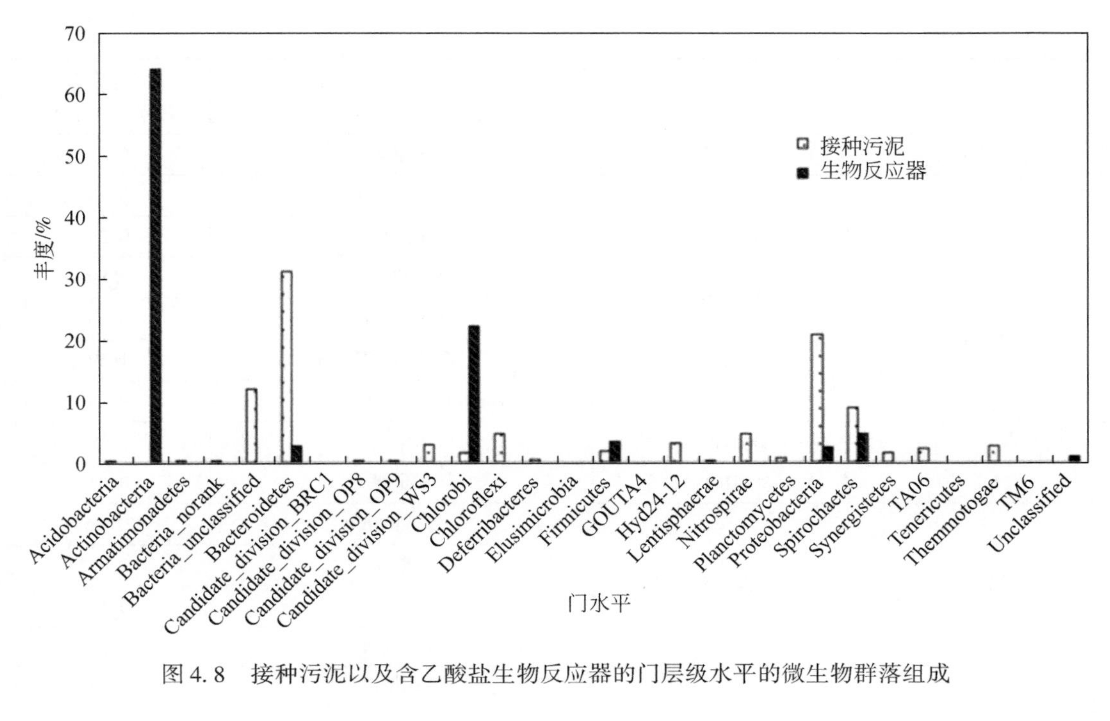

图4.8　接种污泥以及含乙酸盐生物反应器的门层级水平的微生物群落组成

2015)，且已被用于修复被Cr(Ⅵ)污染的土壤。据报道，生物反应器中得到富集的厚壁菌门中的菌属乳球菌属（*Lactococcus*）能够还原和沉淀银（Sintubin et al.，2009）。当伴有其他微生物时，这些物种可能有利于还原V(Ⅴ)。

含乙酸盐生物反应器中发现了许多发酵微生物，伴有金属还原微生物。据报道，在生物反应器中检测到的拟杆菌门（Bacteroidetes）的产乙酸嗜蛋白质菌（*Proteiniphilum*）是能够产生乙酸盐和氢气的发酵微生物系列的成员，这是一种可以将复杂有机物发酵产生乙酸、丁酸、乳酸和CO_2/H_2的物种，螺旋菌门的螺旋菌属（*Spirochaeta*）也得到了富集，其具有将碳水化合物发酵成简单的有机酸的能力（Sun et al.，2017）。即使这些发酵微生物不能直接还原V(Ⅴ)，但是它们可以在该环境下生存并可以通过与金属还原微生物相互作用来促进V(Ⅴ)的还原。

表4.2　含乙酸盐生物反应器中不同系统发育序列百分比

门	纲	属	生物反应器中序列百分比/%
酸杆菌门	酸杆菌纲	全噬菌属	0.09
		未定属	0.01
放线菌门	放线菌纲	双歧杆菌属	0.02
		未定属	0.36
		Propionicicella	0.25
		未经培养	63.2

续表

门	纲	属	生物反应器中序列百分比/%
装甲菌门	未定纲	未定属	0.01
拟杆菌门	拟杆菌纲	*Macellibacteroides*	0.13
		未定属	0.03
		Paludibacter	0.59
		Petrimonas	0.06
		产乙酸嗜蛋白质菌属	1.59
		VadinBC27-废水污泥组	0.05
	鞘脂杆菌纲	未定属	0.18
	WCHB1-32	未定属	0.03
绿菌门	绿菌纲	绿棒菌属	21.85
		绿菌属	0.02
		未定属	0.13
		纤绳菌属	0.01
厚壁菌门	芽孢杆菌纲	乳球菌属	0.23
	梭菌纲	醋酸杆菌属	0.07
		梭菌	0.05
		Sensu-stricto-1 梭菌属	0.05
		Sensu-stricto-5 优杆菌属	0.25
		未定属	0.09
		Intestinimonas	0.01
厚壁菌门	丹毒丝菌纲	未定属	0.07
	厚壁菌纲	氨基酸球菌属	0.02
		未定属	0.77
		未经培养的属	0.17
黏胶球形菌门	黏胶球形菌纲	食物谷菌属	0.05
变形菌门	α-变形菌纲	*Bauldia*	0.05
		生丝霉菌属	0.01
		甲基孢囊菌属	0.01
		Pleomorphomonas	1.31
	β-变形菌纲	铁杆菌属	0.01
		艾德昂菌属	0.01

续表

门	纲	属	生物反应器中序列百分比/%
变形菌门	δ-变形菌纲	脱硫球茎菌属	0.68
		脱硫弧菌属	0.05
		未定属	0.01
		Smithella	0.01
		Syntophohabdus	0.01
		未经培养	0.01
	ε-变形菌纲	硫黄单胞菌属	0.04
	γ-变形菌纲	肠杆菌属	0.14
		未定属	0.04
		假单胞菌	0.02
		甲苯单细胞属	0.01
		未经培养	0.01
螺旋菌门	螺旋体纲	螺旋菌属	0.71
		未经培养	3.91
其他			2.51

参考文献

Bell J M L, Philp J C, Kuyukina M S, et al. 2004. Methods evaluating vanadium tolerance in bacteria isolates from crude oil contaminated land. Journal of Microbiology Methods, 58: 87-100.

Biesinger M C, Lau L W M, Gerson A R, et al. 2010. Resolving surface chemical states in XPS analysis of first row transition metals, oxides and hydroxides: Sc, Ti, V, Cu and Zn. Applied Surface Science, 257 (3): 887-898.

Carpentier W, Sandra K, De Smet I, et al. 2003. Microbial reduction and precipitation of vanadium by *Shewanella oneidensis*. Applied and Environmental Microbiology, 69 (6): 3636-3639.

Carpentier W, Smet L D, Beeumen J V, et al. 2005. Respiration and growth of *Shewanella oneidensis* MR-1 using vanadate as the sole electron acceptor. Journal of Bacteriology, 187: 3294-3301.

Duran R, Bielen A, Paradžik T, et al. 2015. Exploring *Actinobacteria* assemblages in coastal marine sediments under contrasted human influences in the West Istria Sea, Croatia. Environmental Science Pollution Research, 22: 15215-15229.

Freguia S, Rabaey K, Yuan Z, et al. 2008. Syntrophic processes drive the conversion of glucose in microbial fuel cell anodes. Environmental Science and Technology, 42 (21): 7937-7943.

Hao L, Zhang B, Tian C, et al. 2015. Enhanced microbial reduction of vanadium (Ⅴ) in groundwater with bioelectricity from microbial fuel cells. Journal of Power Sources, 28 (7): 43-49.

Kamika I, Momba M. 2012. Comparing the tolerance limits of selected bacterial and protozoan species to vanadium in wastewater systems. Water, Air, and Soil Pollution, 223: 2525-2539.

Lai C, Wen L, Zhang Y, et al. 2016. Autotrophic antimonate bio-reduction using hydrogen as the electron donor. Water Research, 88 (1): 467-474.

Li J, Zhang B, Song Q, et al. 2016. Enhanced bioelectricity generation of double-chamber air-cathode catalyst free microbial fuel cells with the addition of non-consumptive vanadium (Ⅴ). RSC Advance, 6: 32940-32946.

Lu L, Xing D, Ren N. 2012. Pyrosequencing reveals highly diverse microbial communities in microbial electrolysis cells involved in enhanced H_2 production from waste activated sludge. Water Research, 46 (7): 2425-2434.

Macfarlane S, Macfarlane G T. 2003. Regulation of short-chain fatty acid production. Proceedings of the Nutrition Society, 62: 67-72.

Martins M, Faleiro M L, Da Costa A M, et al. 2010. Mechanism of uranium (Ⅵ) removal by two anaerobic bacterial communities. Journal of Hazardous Materials, 184 (1-3): 89-96.

Marwijk J V, Opperman D J, Piater L A, et al. 2009. Reduction of vanadium (Ⅴ) by *Enterobacter cloacae* EV-SA01 isolated from a south african deep gold mine. Biotechnology Letters, 31 (6): 845-849.

Ortiz-Bernad I, Anderson R T, Vrionis H A, et al. 2004. Vanadium respiration by *Geobacter metallireducens*: novel strategy for *in situ* removal of vanadium from groundwater. Applied and Environmental Microbiology, 70 (5): 3091-3095.

Peters V, Janssen P H, Conrad R. 1998. Efficiency of hydrogen utilization during unitrophic and mixotrophic growth of *Acetobacterium woodii* on hydrogen and lactate in the chemostat. FEMS Microbiology Ecology, 26: 317-324.

Rasoulnia P, Mousavi S M. 2016. V and Ni recovery from a vanadium-rich power plant residual ash using acid producing fungi: *Aspergillus niger* and *Penicillium simplicissimum*. RSC Advances, 6 (11): 9139-9151.

Rezaei F, Xing D, Wangner R, et al. 2009. Simultaneous cellulose degradation and electricity production by-*Enterobacter cloacae* in a microbial fuel cell. Applied and Environmental Microbiology, 75 (11): 3673-3678.

Sintubin L, De Windt W, Dick J, et al. 2009. Lactic acid bacteria as reducing and capping agent for the fast and efficient production of silver nanoparticles. Applied Microbiology Biotechnology, 84 (4): 741-749.

Sun X, Zhu L, Wang J, et al. 2017. Effects of endosulfan on the populations of cultivable microorganisms and the diversity of bacterial community structure in brunisolic soil. Water, Air, and Soil Pollution, 228 (4): 169. 1-169. 11.

Torres C I, Kato M A, Rittmann B E. 2007. Kinetics of consumption of fermentation products by anode-respiring bacteria. Applied Microbiology Biotechnology, 77 (3): 689-697.

Tripathy S, Bhattacharyya P, Mohapatra R, et al. 2014. Influence of different fractions of heavy metals on microbial ecophysiological indicators and enzyme activities in century old municipal solid waste amended soil. Ecological Engineering, 70: 25-34.

Wang H, Ren Z. 2014. Bioelectrochemical metal recovery from wastewater: a review. Water Research, 66: 219-232.

Wong P Y, Cheng K Y, Kaksonen A H, et al. 2014. Enrichment of anodophilic nitrogen fixing bacteria in a bio-electrochemical system. Water Research, 64 (1): 74-81.

Wrighton K C, Agbo P, Warnecke F, et al. 2008. A novel ecological role of the*Firmicutes identified* in thermophilic microbial fuel cells. ISME Journal, 2 (11): 1146-1156.

Yelton A P, Williams K H, Fournelle J, et al. 2013. Vanadate and acetate biostimulation of contaminated sediments decreases diversity, selects for specific taxa, and decreases aqueous V^{5+} concentration. Environmental Science and Technology, 47 (12): 6500-6509.

Zhang B, Zhou S, Zhao H, et al. 2010. Factors affecting the performance of microbial fuel cells for sulfide and vanadium (Ⅴ) treatment. Bioprocess and Biosystems Engineering, 33 (2): 187-194.

Zhang B, Feng C, Ni J, et al. 2012. Simultaneous reduction of vanadium (Ⅴ) and chromium (Ⅵ) with enhanced energy recovery based on microbial fuel cell technology. Journal of Power Sources, 204 (15): 34-39.

Zhang B, Zhang J, Liu Y, et al. 2013. Identification of removal principles and involved bacteria in microbial fuel cells for sulfide removal and electricity generation. International Journal of Hydrogen Energy, 38 (33): 14348-14355.

Zhang J, Dong H, Zhao L, et al. 2014. Microbial reduction and precipitation of vanadium by mesophilic and thermophilic methanogens. Chemical Geology, 370 (26): 29-39.

Zhang X, Yue S, Zhong H, et al. 2011. A diverse bacterial community in an anoxic quinoline-degrading bioreactor determined by using pyrosequencing and clone library analysis. Applied Microbiology Biotechnology, 91: 425-434.

Zhao F, Rahunen N, Varcoe J R, et al. 2008. Activated carbon cloth as anode for sulfate removal in a microbial fuel cell. Environmental Science and Technology, 42 (13): 4971.

第5章　共存物质对微生物转化钒的影响

5.1　共存电子供体的作用规律

钒不仅是一种在钢铁冶金等行业重要的战略金属，还是一种人类所需的微量元素，但在高浓度的情况下，钒会对人体产生毒性，威胁到人类健康（Chen et al.，2017）。例如，钒含量超过人体可以承受的浓度（0.33mg/L），就会引起钒中毒，钒中毒严重时就会对肾脏、肠道产生严重的危害。钒的毒性随价态和溶解性的升高而增加（Ortiz-Bernad et al.，2004）。其中五价钒［V(Ⅴ)］的毒性和迁移性最强，四价钒［V(Ⅳ)］的毒性相较于V(Ⅴ)要低很多，并且V(Ⅳ)在中性pH下容易形成沉淀（Wang et al.，2014）。从地下水中去除钒的方法通常是将V(Ⅴ)还原为V(Ⅳ)（Jiang et al.，2018；Yelton et al.，2013），具体可以分为物理法、化学法和生物法，其中物理法和化学法去除V(Ⅴ)（Xie et al.，2017）有成本高、容易引发二次污染、可能造成地下水含水层的堵塞等缺点；通过生物法将V(Ⅴ)还原到V(Ⅳ)是一种修复V(Ⅴ)污染的地下水的环保经济且高效的方法。

固体有机物相对于可溶性有机物，具有可以持续释放的特性，例如木屑，异养微生物可以利用木屑作为固体碳源去除硝酸盐（Addy et al.，2016）。无机单质硫［S(0)］具有无毒、不溶于水、在正常条件下稳定且易于获得等优点，可作为支持自养型V(Ⅴ)生物还原的电子供体（Zhang et al.，2018a）。然而，硫自养过程会产生硫酸盐（Zhang et al.，2020b）。将异养与自养相结合的混养过程可以结合两者的优点并且抵消其缺点（Sahinkaya et al.，2013）。在混养过程中，异养过程限制了硫酸盐的产生，可以提供碱度以及自养微生物所需的无机物，而自养微生物可以通过自养活动合成可供异养微生物使用的有机底物。生物可渗透反应墙（permeable reactive barrier，PRB）可以实现地下水的原位修复。在提供电子以及充当碳源方面，廉价、高效的固体填料在生物PRB中是最受欢迎的。木屑和S(0)的组合适用于生物PRB，而木屑硫基生物PRB在地下水中混养去除V(Ⅴ)的作用仍然未知。

本章主要研究内容：①对自养和异养以及混养条件下的V(Ⅴ)去除效果进行比较，通过对反应产物的研究及条件变化的影响，评估木屑硫基混养过程中去除V(Ⅴ)的性能；②对反应产物及微生物群落组成进行深入了解，探索反应发生的机理。

5.1.1　混养条件下五价钒的微生物转化

经过60d的驯化后，在三个不同的生物反应器中，在3d的周期内逐渐去除了V(Ⅴ)［图5.1（a)］，这表明微生物还原V(Ⅴ)可以在异养、自养和混养条件下发生，同时

V(Ⅴ)去除率分别为88.6%±0.32%，86.0%±1.76%和97.4%±0.99%。在一个典型3d的循环过程中，最大V(Ⅴ)去除速率为(27.5±0.87)mg/(L·d)，低于相似的由可溶性乙酸盐作为有机碳源的V(Ⅴ)生物还原系统[52.6mg/(L·d)](Liu et al., 2017)，因为木屑中的纤维素等需要水解，然后再提供电子以进行异养V(Ⅴ)的生物还原。在S(0)作为电子供体的生物反应器中，最大V(Ⅴ)去除速率为(24.6±1.01)mg/(L·d)，这个结果接近于类似的S(0)作为电子供体的生物系统[24.7mg/(L·d)](Zhang et al., 2018a)。在以木屑和S(0)作为电子供体的反应器中，V(Ⅴ)的最大去除速率大幅提高至(38.1±1.17)mg/(L·d)，证明了在混养条件下V(Ⅴ)的去除性能更好。在其他污染物如硝酸盐和Cr(Ⅵ)的混养生物还原中也发现了类似的趋势(Zhang et al., 2020b; Li et al., 2016a)。在对照实验组中，仅含有底物和仅含有接种污泥的反应器中均没有V(Ⅴ)的去除[图5.1(a)]。

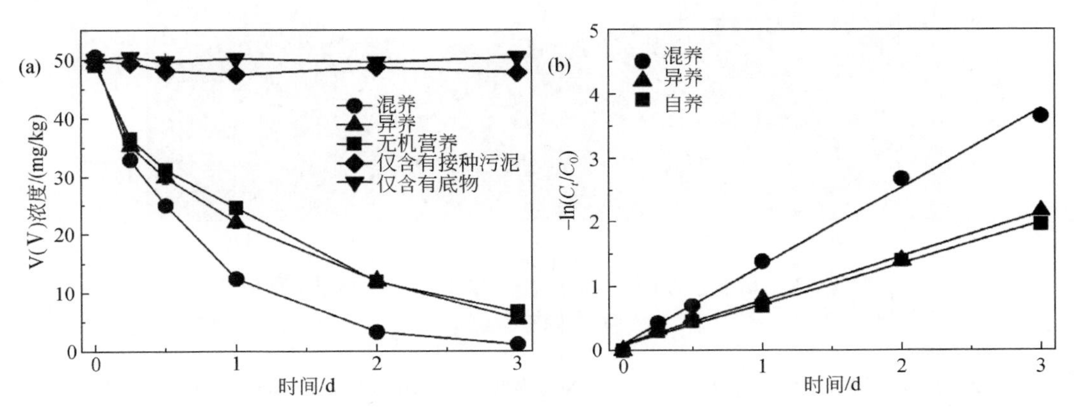

图5.1　混养、异养和自养和对照实验反应器性能和动力学建模

(a)V(Ⅴ)浓度变化；(b)伪一级动力学方程

实验过程中，混养、异养和自养的三个反应器中的V(Ⅴ)的去除可以用伪一级动力学模型进行描述，如式(5.1)所示：

$$-\ln(C_t/C_0)=k_1+\text{常数} \tag{5.1}$$

式中，k_1为伪一级动力学速率常数。

如图5.1(b)所示，利用$-\ln(C_t/C_0)$对时间(t)作图，得到混养、异养、自养的三个反应器的伪一级动力学方程分别为$y=1.227x+0.098$，$y=0.684x+0.100$，$y=0.638x+0.083$，相关系数R^2分别为0.994、0.990和0.993。其反应速率常数分别为$1.227d^{-1}$、$0.684d^{-1}$和$0.638d^{-1}$。

5.1.2　固体有机碳源混养除钒

木屑硫基混养柱反应器总共运行了135d，共计5个阶段，前四个阶段为实验阶段，第五阶段为恢复阶段。图5.2展示了反应器运行的135d内进出水中V(Ⅴ)以及硝酸盐的浓度变化，V(Ⅴ)和硝酸盐的去除率及V(Ⅴ)的去除速率。每个实验阶段(前117天，共四个实验阶段)都等到V(Ⅴ)去除率达到稳定状态，给予了足够的时间使微生物对反应条件的变化做出反应，在阶段结束后取污泥进行微生物检测。实验阶段结束后，恢复初始条件以恢复初始状态。

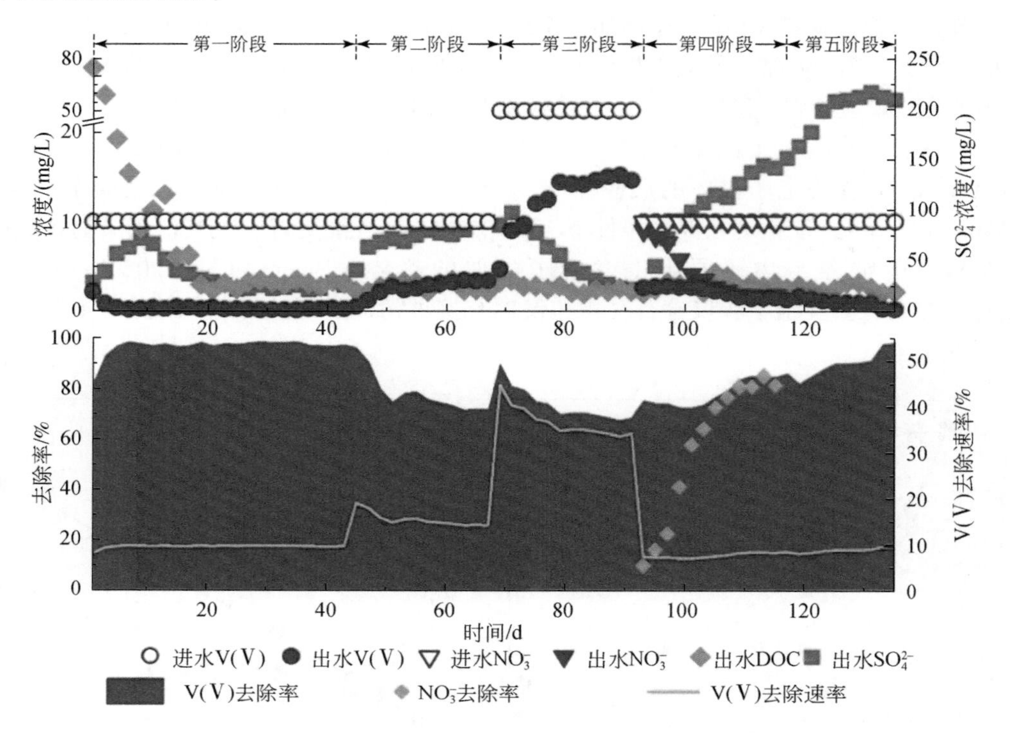

图 5.2　柱反应器五个阶段进水中 V(Ⅴ)、NO_3^- 浓度，出水中 V(Ⅴ)、NO_3^-、SO_4^{2-}、DOC 浓度，以及 V(Ⅴ) 和 NO_3^- 的去除率及 V(Ⅴ) 的去除速率

实验过程中，柱反应器中 V(Ⅴ) 的去除率随着运行条件的改变发生变化。第一阶段，进水 V(Ⅴ) 浓度为 10mg/L，水力停留时间为 1d，出水中的 V(Ⅴ) 浓度逐步降低，V(Ⅴ) 的去除率在 5d 内由初始的 82.1% 提升至 97.4%，最终第一阶段 V(Ⅴ) 的去除率为 97.4%±0.25%，V(Ⅴ) 的去除速率为 (9.7±0.03)g/(m^3·d)，这说明反应器对 V(Ⅴ) 具有良好的去除能力。第二阶段，将水力停留时间缩短至 0.5d，随着条件的改变，V(Ⅴ) 的去除率开始逐渐下降，6d 后降至 75%，直到阶段结束，V(Ⅴ) 的去除率稳定在 72.1%±0.40%，但是平均 V(Ⅴ) 去除速率增加到 (14.4±0.08)g/(m^3·d)。在甲烷相关的 V(Ⅴ) 还原中也观察到了相似的结果 (Zhang et al., 2020a)。第三阶段，将水力停留时间恢复至 1d，同时提高进水 V(Ⅴ) 的浓度到 50mg/L，随着进水中 V(Ⅴ) 的增加，V(Ⅴ) 的去除率逐渐降低，最终稳定在 68.5%±0.70%，而平均 V(Ⅴ) 去除速率进一步增加至 (34.2±0.35)g/(m^3·d)。这种趋势与柱反应器中生物去除 Cr(Ⅵ) 时所表现出的现象相似 (Lu et al., 2020)。第四阶段，进水 V(Ⅴ) 浓度降低至 10mg/L，同时进水中添加 10mg/L 硝酸盐，进水引入硝酸盐后，V(Ⅴ) 的去除率为 85.2%±0.25%，平均去除速率为 (8.5±0.03)g/(m^3·d)。与此同时，添加硝酸盐，去除率也逐渐提高，最终被同时去除，去除效率为 82.5%±0.82%，平均去除速率为 (8.2±0.08)g/(m^3·d)。通过测量

发现出水中铵和亚硝酸盐的含量极低，表明硝酸盐已经从水溶液中完全去除。由于硝酸盐和V(Ⅴ)竞争电子供体，因此V(Ⅴ)的去除率降低了（Chen et al.，2018）。硝酸盐在含水层中无处不在，并且其竞争性去除证实了提出的混养生物系统也可以成功地处理其和V(Ⅴ)共同污染的地下水。第五阶段，去除进水中硝酸盐，使得条件恢复到与第一阶段相同，V(Ⅴ)的去除率也恢复为第一阶段，达到98.2%±0.32%。平均去除速率为（9.8±0.03）g/(m^3·d)。柱实验的结果表明，混养生物系统对地下水的地球化学和水动力波动具有抵抗力，并且可以同时去除共存的污染物。

通过电感耦合等离子体（inductively coupled plasma，ICP）检测整个实验过程中混养反应器的出水中总钒的浓度，结果与出水中V(Ⅴ)的浓度相当［图5.3（e）］，与此同时，可以在柱反应器的贝壳表面发现蓝色沉淀，这表明V(Ⅴ)可能在反应器内经过微生物还原形成流动性较差的蓝色V(Ⅳ)沉淀。通过SEM观察到沉淀旁边聚集大量的微生物［图5.3（a）］，因此沉淀的生成可能与微生物的活动相关。同时EDS分析表明，沉淀物中含有钒元素［图5.3（f）］。V(Ⅳ)的特征峰以$VO(OH)_2$等形式出现在沉淀的XRD图中［图5.3（b）］。图5.3（c）展示了XPS的测试结果，结合能为516.5eV的峰的子带被确定为V(Ⅳ)（Zhang et al.，2018b），主要以$VO(OH)_2$的形式存在。V(Ⅴ)的峰也同时被观测到，最可能的原因是在收集处理和测试过程中被微生物还原的V(Ⅳ)被空气再次氧化为V(Ⅴ)（Zhang et al.，2009）。这些信息证明，柱实验混养生物反应器具有将V(Ⅴ)还原为V(Ⅳ)的能力，且生成的沉淀物迁移性低，可以完全从溶液中去除。

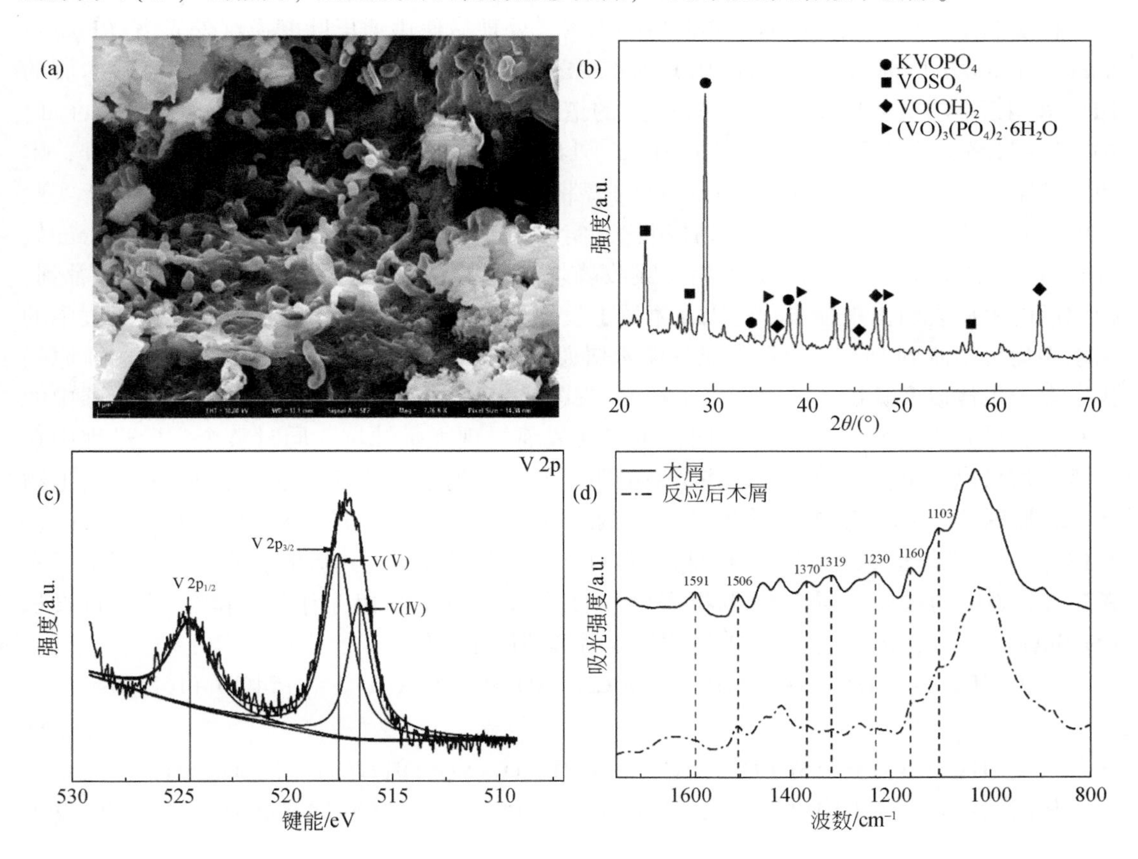

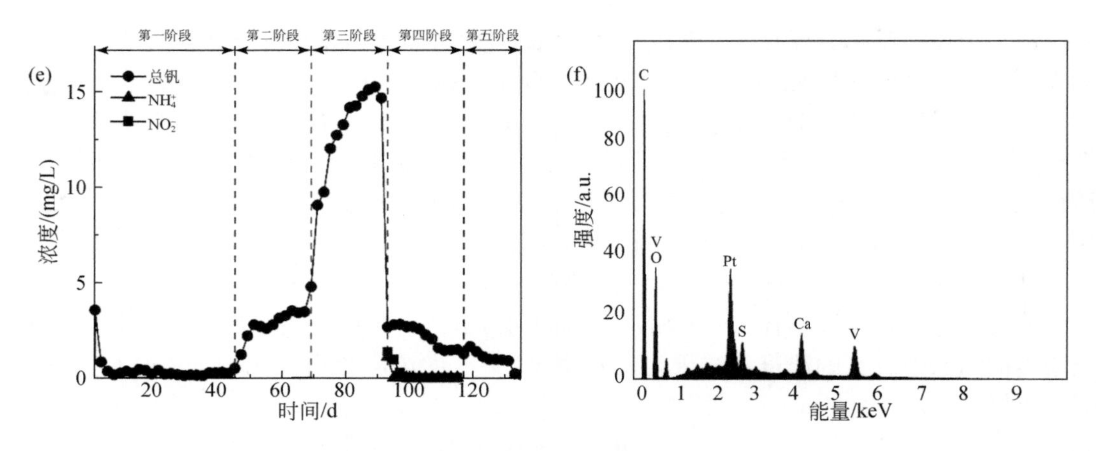

图 5.3 柱实验中生物反应产物的鉴定

（a）沉淀物 SEM 图像；（b）沉淀物 XRD 分析；（c）沉淀物 XPS 分析；（d）木屑 FTIR 分析；

（e）五个阶段中出水总钒浓度及第四阶段 NH_4^+ 和 NO_2^- 浓度变化；（f）沉淀物 EDS 分析

接种污泥中的残留有机物用尽后，废水中的溶解性有机碳（DOC）浓度降至相对较低的水平，低于5mg/L（图 5.2），这可能是由异养生物通过水解进行的木屑生物浸提，以及自养生物通过代谢进行的生物合成产生的。其含量低于天然地下水中的原始 DOC 浓度（约 10mg/L），表明这些有机物浓度几乎不会产生显著波动。

柱实验结束后，取反应器中实验后的木屑，处理后使用傅里叶变换红外光谱（Fourier transform infrared spectrometer，FTIR）及 SEM 检测。图 5.3（d）显示了实验前后木屑的 FTIR 变化，其中 1591cm^{-1} 和 1506cm^{-1} 处的谱带与木质素中的芳香环有关（Fabiyi et al.，2011），最终实验结束后的木屑在 1591cm^{-1} 处的吸收峰明显低于实验前的木屑。此外，木质素和半纤维素的特征是在 1230cm^{-1} 处的谱带，使用后的木屑中的吸收峰也明显低于实验前的木屑。此外，与实验前的木屑相比，实验结束后木屑中，在 1370cm^{-1}、1319cm^{-1}、1160cm^{-1} 和 1103cm^{-1} 处与纤维素相关吸收峰均出现了降低或消失。通过 SEM 可以看到，使用后的木屑表面出现蚀坑，可以在木屑上发现聚集的微生物，同时在整个实验过程中的出水中均可检测到 DOC。这些结果说明木屑通过异养微生物的分解，为 V(Ⅴ) 的还原提供了电子供体以及碳源，同时产生了碱度［式（5.2）］（Li et al.，2016b）。将反应器中的硫颗粒和贝壳通过 SEM 观察后，同样可以在表面发现大量蚀坑，同时整个实验过程中在出水中均可以检测到硫酸盐，这些结果证明了 S(0) 通过自养细菌参与了 V(Ⅴ) 的生物还原，同时产生的酸度被异养细菌产生的碱度和贝壳中和［式（5.3）］（Zhang et al.，2018a）。柱实验运行过程中，异养和自养两个过程在同时发生，形成混养，从而促进了实验中 V(Ⅴ) 的去除。异养微生物还原和自养微生物还原相互作用，降低了酸的累积（Sahinkaya et al.，2011），使混养过程可以持续还原 V(Ⅴ)。

$$29C_6H_{12}O_6+96HVO_4^{2-}+30NH_4^+ \longrightarrow 30C_5H_7NO_2+96VO(OH)_2(s)+24CO_2+162OH^- \tag{5.2}$$

$$HVO_4^{2-}+3.5S^0+5HCO_3^-+NH_4^+ \longrightarrow C_5H_7NO_2+VO(OH)_2(s)+3.5SO_4^{2-}+H^+ \tag{5.3}$$

从图 5.4 和表 5.1 中可见，柱反应器中的微生物丰度与多样性在反应器运行期间发生了一系列的变化，柱实验的第一阶段，Ace 指数和 Chao1 指数分别为 948、956。第二阶段缩短水力停留时间和第三阶段提高进水浓度，均使得 Ace 指数和 Chao1 指数下降，这说明反应器中的微生物丰度随着运行条件变化而降低。第四阶段添加硝酸盐后，与第三阶段相比，Ace 指数和 Chao1 指数均有提高，这表明一定量硝酸盐对微生物丰度的影响要低于水力停留时间缩短和 V(Ⅴ) 浓度提高。Shannon 指数也随着下降，从第一阶段中的 4.70 下降至第二阶段的 4.08 和第三阶段的 4.25。Simpson 指数也随着柱实验条件改变而变化，由第一阶段的 0.023 提升至第二阶段的 0.055 和第三阶段的 0.041，这说明高负荷的 V(Ⅴ) 对微生物具有高度选择性。之后第四阶段加入硝酸盐后，Shannon 指数由 4.25 提升至 4.61，Simpson 指数由 0.041 降低至 0.028，这说明硝酸盐的加入明显提高了柱反应器中微生物群落的多样性，柱反应器中微生物物种有所增加。

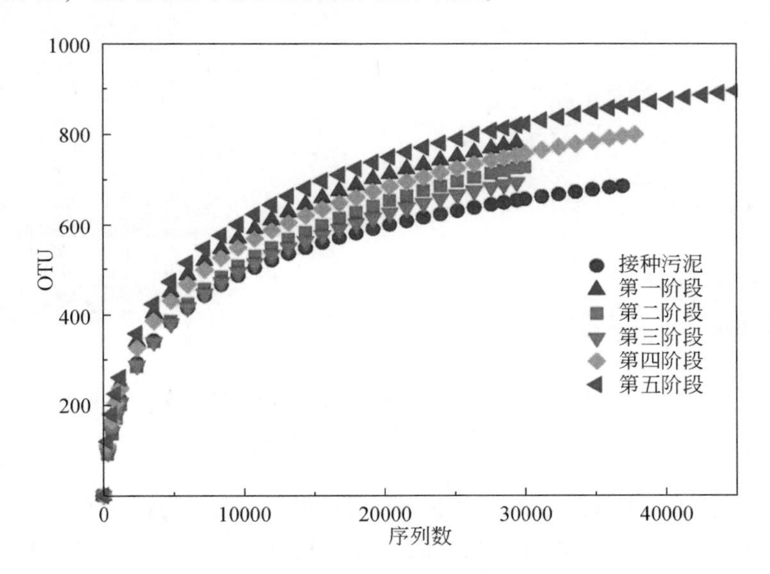

图 5.4　柱反应器中五个阶段微生物群落的稀释性曲线

表 5.1　在接种污泥与柱反应器五个阶段中微生物的丰度与多样性指数

样品编号	OTU	Ace 指数	Chao1 指数	Shannon 指数	Simpson 指数	覆盖度
接种污泥	686	790	784	4.20	0.049	0.996
第一阶段	781	948	956	4.70	0.023	0.994
第二阶段	728	903	892	4.08	0.055	0.994
第三阶段	694	863	826	4.25	0.041	0.994
第四阶段	800	963	979	4.61	0.028	0.995
第五阶段	912	1036	1036	4.74	0.021	0.997

图 5.5（a）中分别展示了反应器中五个阶段的微生物群落在纲的组成以及丰度变化，在不同的阶段下纲层面的微生物群落有了明显的变化。Deltaproteobacteria、Bacteroidetes_vadinHA17、Anaerolineae、Bacteroidia、AC1 等为反应器中的优势纲。其中 Deltaproteobacteria

在所有阶段中都保持了20%以上的占比。Cloacimonetes具有将氨基酸糖和醇转化为挥发性脂肪酸（VFA）的能力，在五个阶段的占比分别为3.68%、5.68%、4.19%、3.66%、3.48%，在市政废水处理厂中经常被发现（Theuerl et al.，2018）。Bacteroidia和Bacilli丰度比接种污泥高，可能对V(Ⅴ)有更高的耐受性，并且也可能是V(Ⅴ)还原的潜在贡献值（Chen et al.，2018）。

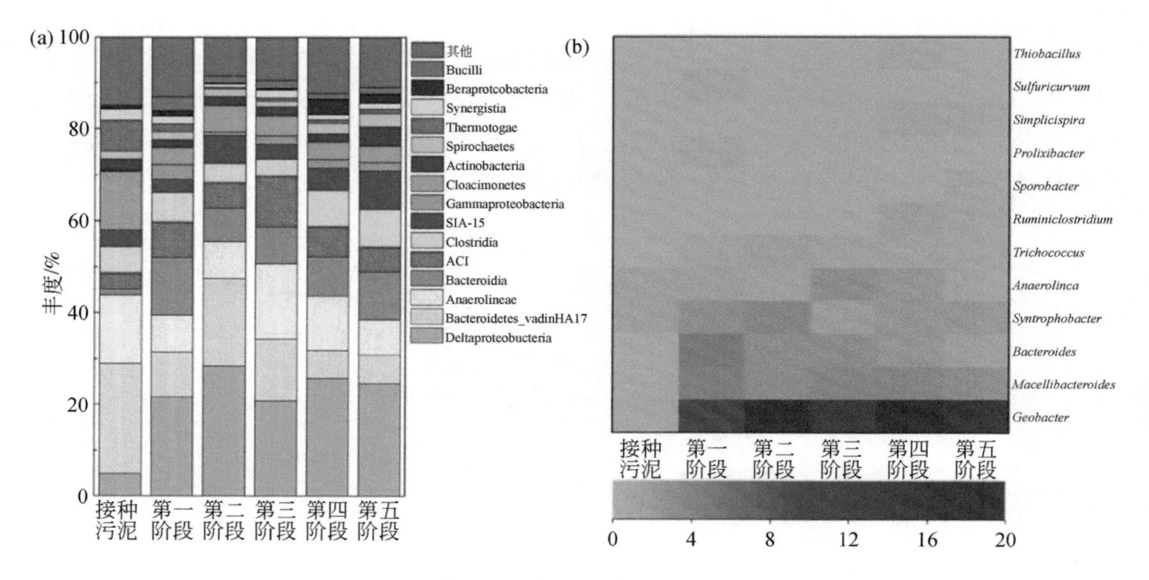

图5.5 柱反应器在各运行阶段的微生物群落组成及丰度

（a）在纲层面；（b）在属层面

图5.5（b）中展示了反应器的五个阶段运行期间，微生物群落在属层面的组成以及丰度变化。*Geobacter*在所有阶段都有很高的丰度，其具有通过细胞外电子转移降低V(Ⅴ)的能力（Zhang et al.，2019）。第一阶段*Geobacter*的丰度为11.92%。第二阶段水力停留时间缩短为0.5d后，*Geobacter*的丰度继续增加到19.4%，说明*Geobacter*对较低浓度、短水力停留时间的V(Ⅴ)污染具有很好的适应性。但是在V(Ⅴ)浓度高的第三阶段，*Geobacter*的丰度降低到15.3%，这可能是由于通过高浓度的V(Ⅴ)对*Geobacter*产生了抑制作用。在最后两个阶段，V(Ⅴ)浓度降低到10mg/L，*Geobacter*含量升高，并且丰度均超过了17%。*Prolixibacter*和*Macellibacteroides*是发酵微生物，它们参与木屑的发酵并将其转化为糖和有机酸。其他微生物可以将其发酵产物用作电子供体（Hao et al.，2015；Pous et al.，2014）。值得注意的是，即使在与第一阶段相同的操作和类似的V(Ⅴ)条件下，第五阶段的丰度也略有下降。每个阶段均发现了*Sulfuricurvum*和*Thiobacillus*，在微需氧和厌氧条件下生长的*Sulfuricurvum*作为自养属可以氧化硫化物和元素硫（Handley et al.，2014；Kodama et al.，2004）。*Thiobacillus*可氧化硫颗粒，合成代谢产物以降低V(Ⅴ)（Shi et al.，2019）。*Bacteroides*具有促进微生物代谢活动中电子转移的功能（Hao et al.，2015）。在第四阶段添加硝酸盐后，与硝酸盐还原相关的细菌开始急剧增加，例如*Simplicispira*，它广泛用于废水的反硝化（Zhu et al.，2015）。*Thiobacillus*也可以通过细胞外电子转移还原硝酸

盐和亚硝酸盐（Pous et al.，2014）。

5.1.3　微生物同步去除菲与钒

菲（phenanthrene，Phe）是一种比较典型的多环芳烃（PAHs）。PAHs 是自然环境中广泛存在的一类持久、难降解的疏水性有机污染物，它们普遍存在于大气、水及土壤中。因其具有较强毒性，PAHs 成为人们重点关注的环境污染物。PAHs 的毒性表现在强致癌性、致突变性及致畸性（Susan et al.，1993；Menzie et al.，1992）。土壤是 PAHs 在环境中累积和迁移的重要载体之一，PAHs 进入环境后，由于其具有低水溶性和高辛醇水分配系数，能较为容易地被吸附到土壤颗粒上。此外，土壤中的 PAHs 也可以通过地球化学循环进入水体中，造成严重污染。

共代谢作用，是在外加碳源的情况下，难生物降解的污染物有可能被微生物转化甚至完全降解。近年来，为了有效提高 PAHs 的降解，共代谢被广泛应用在 PAHs 污染的生物修复中。其中，微生物降解是去除环境中 Phe 的主要途径。此前有报道，通过 *Skeletonema costatum* 和 *Nitzschia* sp. 两种藻类对江西九江河中 Phe 和荧蒽的累积和降解作用。此外，从石油污染土壤中筛选出了两株 Phe 降解菌 *Pseudomonas* sp. GF2 和 *Pseudomonas* sp. GF3 菌株，这两株菌对 Phe 都有良好的降解能力，在液体培养条件下，能将 250mg/L 的 Phe 分别降解 85.6% 和 100%。

在本章中探究甲醇作为外加碳源的情况下，依据 Phe 的共代谢作用，同时去除 V(Ⅴ) 和 Phe。本章主要进行了通过柱实验进行混合微生物培养，同时去除 V(Ⅴ) 和 Phe 的研究。主要探讨了微生物去除 V(Ⅴ) 和 Phe 的可行性，中间产物的分析和影响因素的研究，微生物群落的分析。

如图 5.6（a）所示，在 7d 的反应时间中，未灭活的混合微生物能够同时去除 V(Ⅴ) 和 Phe。在批实验中，V(Ⅴ) 和 Phe 的初始浓度都为 10mg/L，通过实验室培养后测定二者的浓度，反应 7d 后，V(Ⅴ) 的去除率达到 100%，Phe 的去除率也达到 80% 左右。而已灭活的反应器内 [图 5.6（b）]，V(Ⅴ) 和 Phe 的浓度基本没有改变，说明活性微生物在实验过程中起重要作用。

第一阶段，V(Ⅴ) 和 Phe 初始浓度都为 5mg/L，实验时间为 70d。在柱实验刚开始阶段，柱反应器还未驯化完全，可以观察到出水中的 V(Ⅴ) 和 Phe 浓度有一些变动。过一段时间后，出水中的 V(Ⅴ) 和 Phe 浓度保持一定的稳定，说明反应器驯化完成。柱实验反应器进行 24h 后，V(Ⅴ) 浓度的去除率达到 92.0%±1.5%（图 5.7），此前有报道，通过微生物处理 V(Ⅴ) 初始浓度为 75mg/L 的地下水，在实验进行 12h 后 V(Ⅴ) 的去除率达到 76%（Liu et al.，2016），Phe 浓度的去除率达到 73.1%±1.2%，Tsai 等研究了硫酸盐还原菌对 Phe 的生物转化，Phe 初始浓度为 5mg/L，经过 21d 的培养后，有 65% 的 Phe 进行了生物转化（Tsai et al.，2009），Feng 等利用嗜盐菌株 *Martelella* sp. AD-3 降解 Phe，在 3% 盐度下，6d 的实验周期内 200mg/L Phe 几乎完全降解（Feng et al.，2012）。在整个实验阶段中，二者的去除率保持相对稳定。

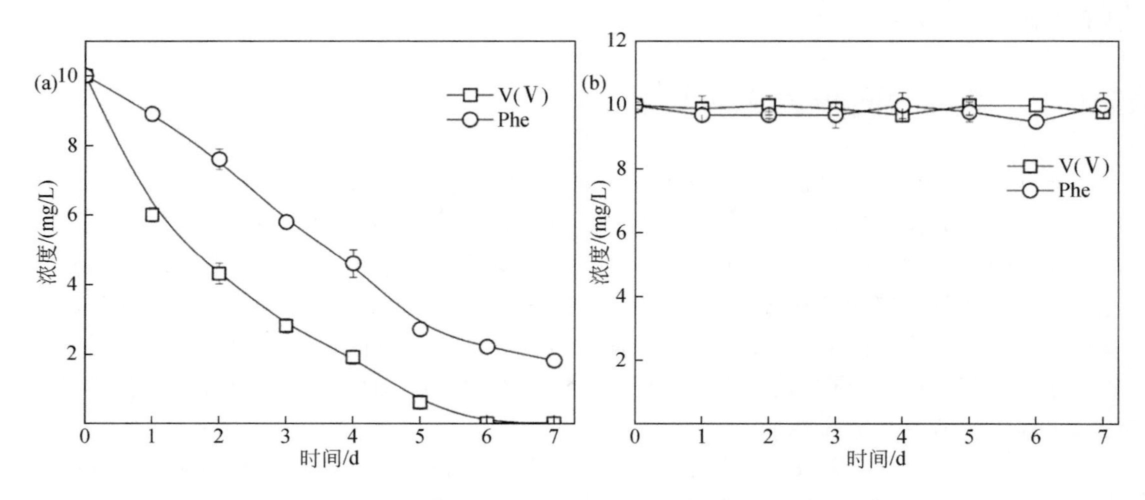

图 5.6　批实验反应器中 V(Ⅴ) 和 Phe 的去除情况

(a) 微生物未灭活；(b) 微生物已灭活

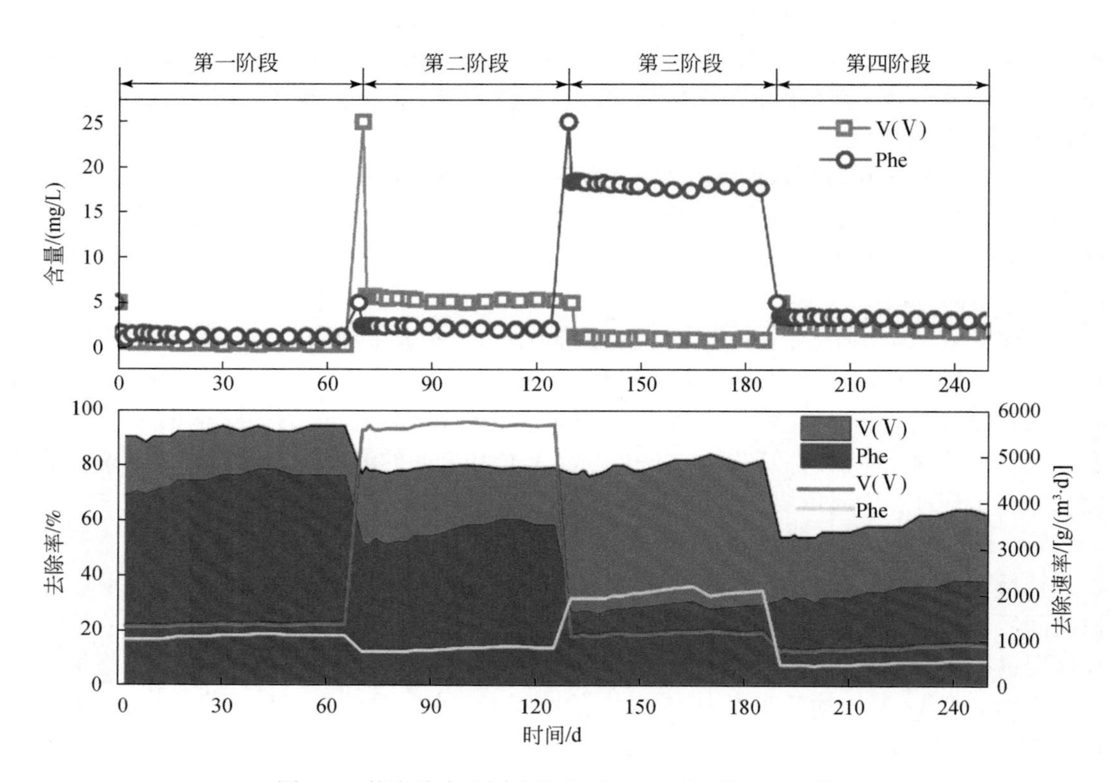

图 5.7　柱实验中不同阶段 V(Ⅴ) 和 Phe 的去除效果

第二阶段，在第一阶段水力停留时间、COD 和 Phe 浓度不变的情况下，将 V(Ⅴ) 浓度调高到 25mg/L，V(Ⅴ) 和 Phe 的去除率均出现下降，在反应后的出水中，检测到 V(Ⅴ) 的去除率达到 78.8% ±1.2%，Phe 的去除率达到 56.8% ±1.1%。

第三阶段，在第二阶段水力停留时间和 COD 浓度不变的情况下，将 V(Ⅴ) 浓度调到第一阶段的初始浓度 5mg/L，而将 Phe 浓度调高到 25mg/L。在该条件下，V(Ⅴ) 的去除率与第一阶段相比出现下降的趋势，出水中 V(Ⅴ) 的去除率达到 80.5%±1.4%，而在相当长一段时间内，相比于第一阶段 Phe 的去除率，该阶段 Phe 的去除率下降较为明显，出水中 Phe 的去除率为 28.4%±1.2%。

第四阶段，在第三阶段水力停留时间和 V(Ⅴ) 浓度不变的情况下，将 Phe 浓度调为第一阶段的初始浓度 5mg/L，将外加碳源乙酸钠的浓度从 800mg/L 调为 200mg/L，在该条件下，可以明显观察到相较于第一阶段，出水中 V(Ⅴ) 和 Phe 的去除率明显下降，其中 V(Ⅴ) 的去除率为 58.3%±1.2%，Phe 的去除率为 34.7%±1.5%。前人报道，微生物还原 75mg/L 的 V(Ⅴ) 大约需要消耗 500mg/L 的 COD (Carpentier et al., 2003)。当初始 COD 低于 400mg/L 时，生物反应器内将没有足够的电子供体和碳源来支持微生物生长和还原 V(Ⅴ)。这说明过低的 COD 影响微生物活性，使得五价钒还原效率和菲降解效率降低。

在测定 V(Ⅴ) 和 Phe 浓度变化的同时，还研究了柱实验反应器每个阶段内 pH、ORP 和电导率的变化，如图 5.8 所示。首先，pH 基本上呈现先上升后下降的趋势，但波动范围都比较小，基本在 7.7～8.6 之间。其次，可以观察到随着实验的进行，刚开始 ORP 升高，随后出现持续的下降，虽然在四个阶段中，ORP 基本呈现起伏变化的情况，但起伏幅

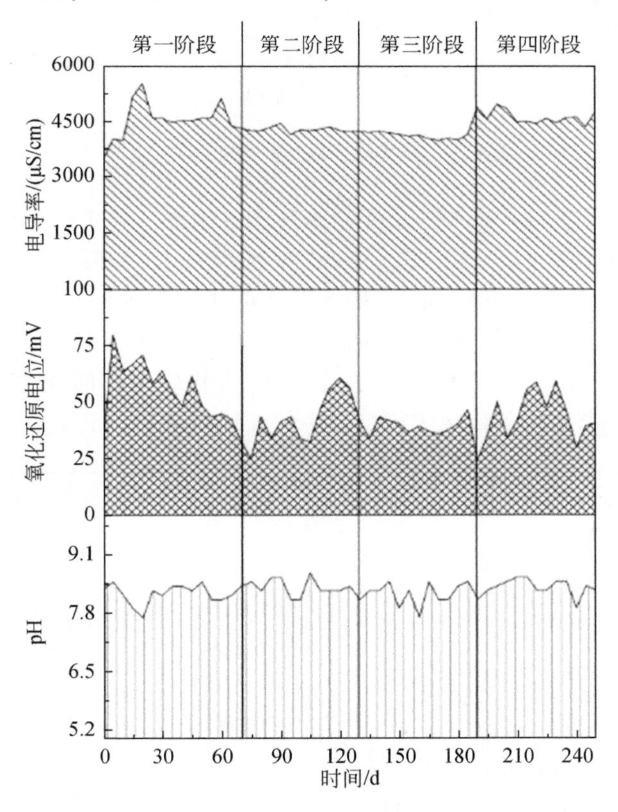

图 5.8　不同阶段 pH、ORP 和电导率的变化情况

度不是很大，整个 ORP 变化范围为 25 ~ 80mV。最后可以看出，整体程度上电导率基本没有发生比较明显的变化，而是在实验最后一个阶段电导率相比于前三个阶段有些许升高，这可能是由于最后一个阶段的出水中离子数量增加。

在柱实验过程中，收集了柱反应器内的活性污泥沉淀物，将其预处理后，进行 XPS 分析（图 5.9），获得 V 2p 的高分辨率光谱，检测到的子带位于 515.9eV，鉴定为 V(Ⅳ)（Zhang et al., 2018b；Cai et al., 2017）。该结果表明 V(Ⅴ) 主要通过微生物转化降至 V(Ⅳ)，该结果与前人报道的相一致（Yelton et al., 2013）。

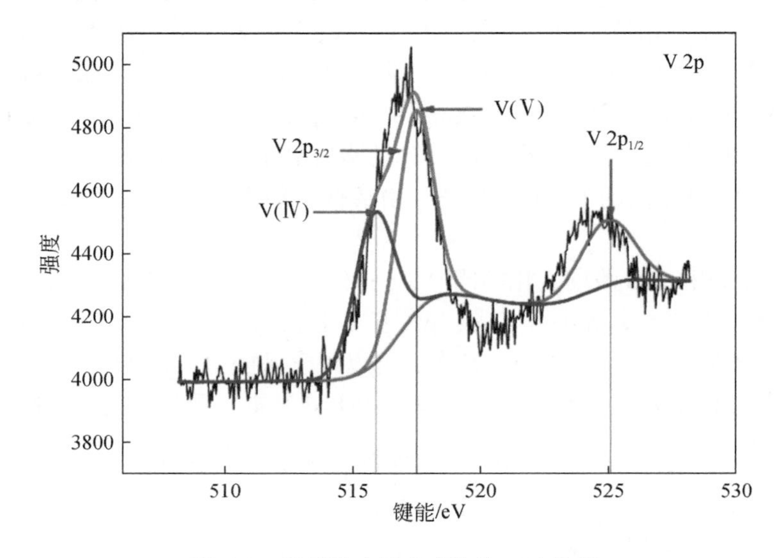

图 5.9　柱实验中反应产物的 XPS 分析

通过气相色谱-质谱（GC-MS）分析可知（图 5.10），柱实验不同阶段 Phe 的降解产物和出峰时间分别为对甲酚（10.032min）、水杨酸（12.835min）、2,4-二叔丁基苯酚（15.616min）和环己烷（23.804min），其主要是通过打开 Phe 的闭环及与其他物质发生化学作用，产生小分子物质。不同柱实验阶段 Phe 的降解产物有些不同，可能是不同阶段的进水条件不同造成的。在第一阶段中，Phe 的中间产物较多，而在之后的阶段中，Phe 的中间产物较少，这可能是柱实验在运行过程中，前段实验负荷较高而后阶段负荷较低的缘

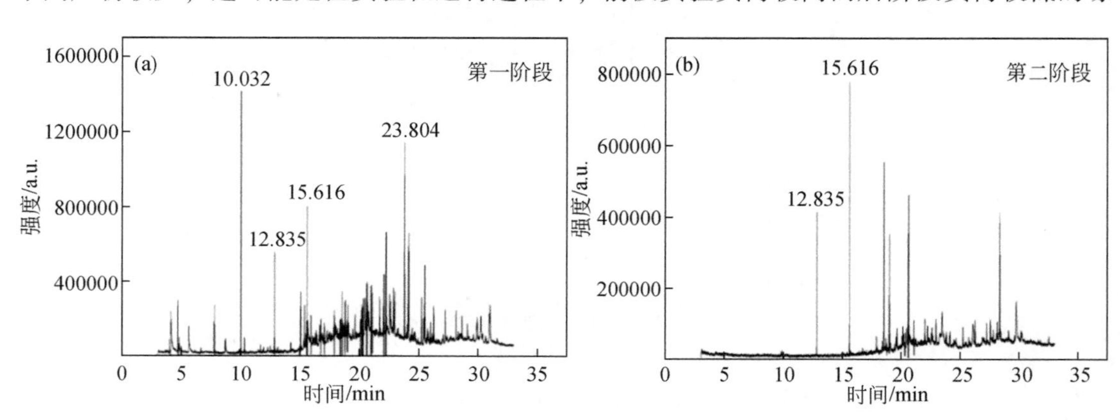

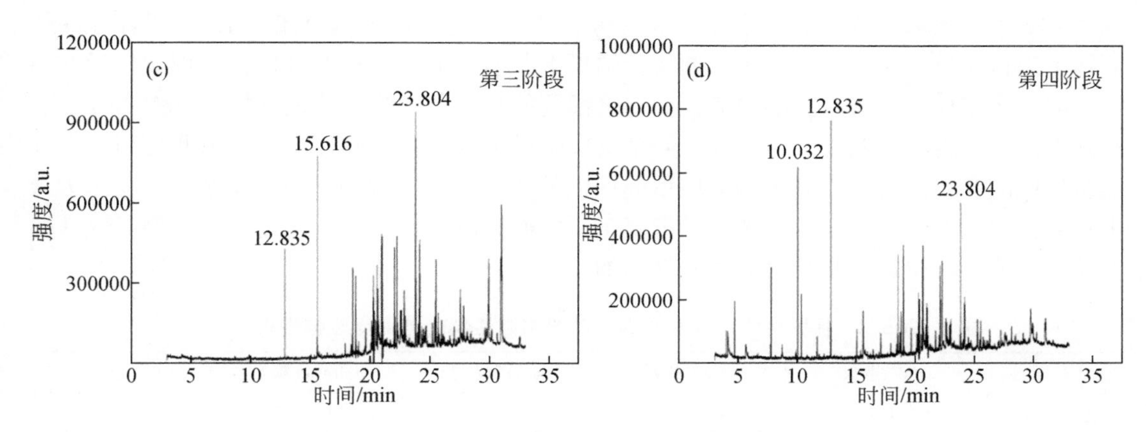

图 5.10　柱实验不同阶段 Phe 的降解产物

故。Tsai 等通过 GC-MS 鉴定代谢物 Phe 通过一系列的水解进行生物转化反应后发生脱羧反应，形成对甲酚（Tsai et al.，2009）。此外，有研究者发现，Phe 的生物降解过程中，一般都会产生水杨酸（Janbandhu et al.，2011）。在 PHAs 的生物降解过程中，尤其是在刚开始的羟基化和之后的环裂解反应中，加氧酶（细菌的双加氧酶和真菌的单加氧酶）起着关键的催化作用。此外，在分析过程中还检测到了环三硅氧烷且峰强度较高，可能是在分析测试的过程中隔垫流失或者柱流失造成的。

当柱实验反应结束后，通过收集反应后的活性污泥，将其预处理后进行物理表征。首先确定了活性污泥在反应后的 SEM 结果［图 5.11（a）］，从图中可以看出形似杆状的微生物。图 5.11（b）所示为活性污泥的 EDS 图，从图中可以观察到比较明显的 V 的特征峰以及一些实验过程中所包含的基本元素，由此说明活性污泥中检测到了 V 存在，这也证明了 V(Ⅴ) 的还原是活性污泥起了关键作用。

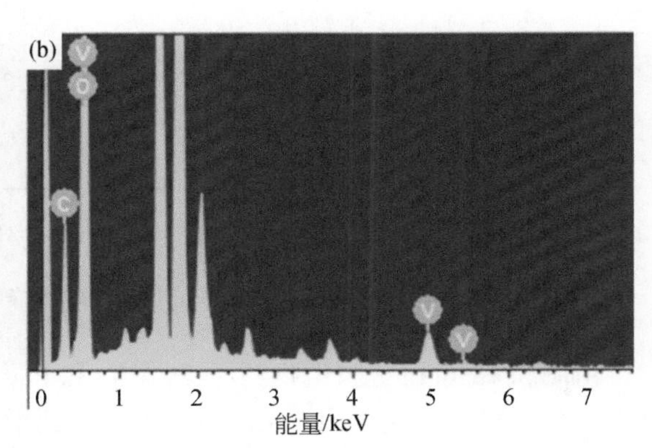

图 5.11　反应后活性污泥的物理表征
（a）SEM 图；（b）EDS 图

通过柱实验的驯化和连续流实验的进行，不同阶段的微生物群落与接种污泥相比，产生了显著的变化。根据表 5.2 和图 5.12 可知，与接种污泥相比，四个反应阶段的 Ace 指数和 Chao1 指数都有所增加，这表明微生物的多样性随之增加，由图 5.12 的稀释性曲线同样可以得出这一结论。在第 4 章的实验结果中，通过生物多样性分析，发现驯化后的污泥中的生物多样性呈现减少的趋势，而与之不同的是，通过该实验过程的多样性参数表和稀释性曲线，得到的结果却是实验中四个反应阶段中的生物多样性增加。由此推断，在柱实验反应刚开始的阶段，微生物利用甲醇提供的碳源，随着反应的进行，Phe 可以作为微生物生长的碳源，促进了微生物的大量繁殖。之前有研究者发现，通过向微生物提供铁营养元素，能够使得微生物群落的多样性增加。

表 5.2　接种污泥与柱实验四个阶段中微生物的丰度与多样性指数

样品编号	Ace 指数	Chao1 指数	Shannon 指数	Simpson 指数	覆盖度
接种污泥	732	919	4.21	0.0486	0.9951
第一阶段	932	929	4.27	0.0489	0.9971
第二阶段	956	955	4.50	0.0193	0.9959
第三阶段	1056	1051	5.21	0.0123	0.9952
第四阶段	1080	1078	5.33	0.0135	0.9961

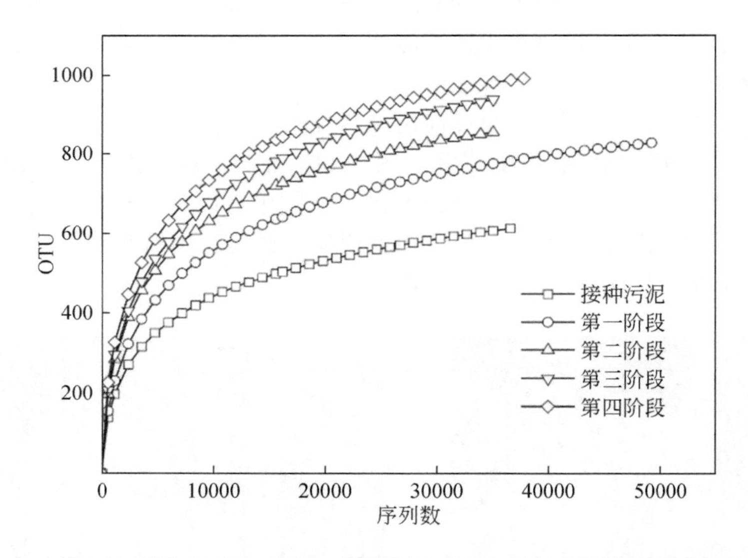

图 5.12　微生物还原 V(Ⅴ) 和 Phe 代谢降解过程中的微生物群落的稀释性曲线

由图 5.13 可得，微生物还原 V(Ⅴ) 和 Phe 代谢降解过程中，四个反应阶段中微生物群落发生了显著变化。图 5.13 (a) 为门层面微生物群落的丰度。与接种污泥相比，第一阶段，Proteobacteria (42.9%)、Chloroflexi (22.3%) 和 Bacteroidetes (9.9%) 为优势门；第二阶段中，Proteobacteria (21.9%)、Chloroflexi (28.3%)、Firmicutes (14.6%) 和 Actinobacteria (3.8%) 为优势门；第三阶段，Proteobacteria (31.1%)、Chloroflexi (35.8%)、Bacteroidetes (7.3%) 为优势门；第四阶段，Proteobacteria (29.6%)、Chloroflexi (26.7%) 和 AC1 (7.8%) 为优势门。

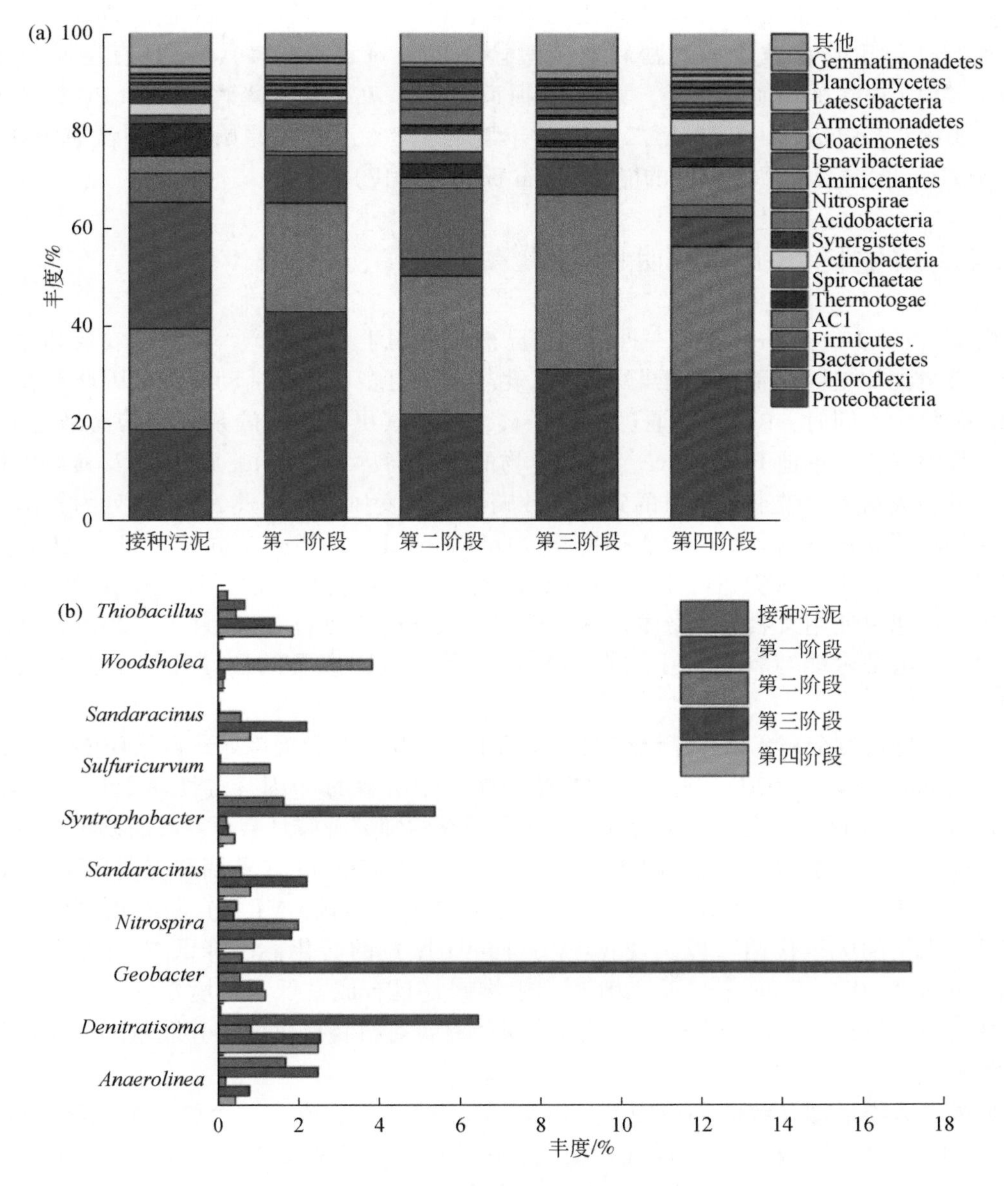

图5.13　微生物群落的成分及丰度

(a) 门层面；(b) 属层面

图5.13 (b) 揭示了四个反应阶段中微生物属层面的变化。通过微生物属层面的分析，揭示了微生物还原V(Ⅴ)和降解Phe的功能微生物种类。首先最为显著的是*Geobacter*，其在四个阶段的丰度分别为17.2%（第一阶段）、0.6%（第二阶段）、1.1%（第三阶段）和1.2%（第四阶段），而在接种污泥中的丰度仅为0.6%，Ortiz-Bernad等报道该菌属在还原V(Ⅴ)方面有着重要的作用（Ortiz-Bernad et al.，2004），同时，Yu等报道*Geobacter*能够降解Phe，而且在PHAs的污染治理中发挥着重要的作用（Yu et al.，

2015a）。此外，*Thiobacillus* 在第四阶段的丰度最高（1.9%），有文献报道 *Thiobacillus* 能通过细胞外电子转移减少硝酸盐和亚硝酸盐（Pous et al.，2014），还具有还原高浓度 V(Ⅴ）为 V(Ⅳ）的功能，此外，Yang 等报道 *Thiobacillus* 能够降解 Phe 和 PHAs（Yang et al.，2018）。*Sulfuricurvum* 在第二阶段的丰度为 1.3%，而在原始污泥中没有该菌属，Sun 等报道该菌属具有降解 Phe 的能力（Sun et al.，2017）。

5.1.4 微生物同步降解吡啶与钒

吡啶（pyridine，Pyr）作为一种溶剂，已被广泛用于药品生产、染料、农药和除草剂制造、页岩油加工、食品加工和煤炭碳化。由于 Pyr 与多种人类活动有关，因此存在于土壤和沉积物中。同时，Pyr 易于通过土壤迁移，并以其更易溶解的杂环结构污染地下水。例如，煤炭气化附近地下水中 Pyr 及其衍生物的浓度高达 51 ~61μg/L。Pyr 及其衍生物向环境中的释放给人类带来了严重的致癌、致畸和致突变风险。因此，Pyr 被列为美国国家环境保护局优先污染物清单中的危险物质（Lataye et al.，2006；Padoley et al.，2006）。微生物可以催化并矿化降解 Pyr，降低其好氧毒性。在没有氧气的地下环境中，厌氧 Pyr 生物降解可以通过使用天然电子受体如三价铁和二氧化碳来进行（Shi et al.，2019）。然而，关于 Pyr 矿化是否能与含水层中共存的高价金属含氧阴离子的还原相结合，目前知之甚少。

V 是一种过渡金属元素，广泛存在于原油中。石油储存和提炼导致自然环境中 V 含量丰富（Chibwe et al.，2020）。此外，水生生态系统中溶解的 V 因其毒性而受到广泛关注。过量摄入 V 会导致严重疾病，包括肾脏损伤和潜在的肺部肿瘤。与荷兰政府制定的生态毒理学数据审查相联系的溶解 V 的水标准为 1.2μg/L 和 3.0μg/L（长期和短期接触）。特别是钒氧阴离子［V(Ⅴ)］在水生生态系统中是钒的主要形式，V(Ⅴ）具有更高的毒性和水溶性。微生物厌氧代谢可以实现 V(Ⅴ）向 V(Ⅳ）的转化，以降低 V 的毒性和污染（Zhang et al.，2020a；Jiang et al.，2018）。生物修复具有成本低、环境友好的优点。天然有机物可以支持这种生物解毒过程。然而，关于有毒有机物提供电子和能量来还原钒的知识仍然缺乏。

此外，人类活动导致的环境中 Pyr 和 V(Ⅴ）的共存已成为一个棘手的问题。Pyr 和 V(Ⅴ）通常共存于油砂沥青、煤气化场所、危险废物场所和油页岩加工厂。因此，迫切需要有效的方法来消除环境中 Pyr 和 V(Ⅴ）的共污染。

因此，为了研究微生物同步生物降解 Pyr 和 V(Ⅴ）的生物过程，构建批实验反应器试图通过微生物催化来检验厌氧 Pyr 生物降解和 V(Ⅴ）生物还原的耦合，优化了最佳共基质碳源和反应条件。通过影响因素实验微生物降解 Pyr 和 V(Ⅴ）的最优条件。利用 16S rRNA 基因高通量测序技术对参与 Pyr 生物降解和 V(Ⅴ）生物还原的优势微生物进行了分析。

经过 90d（30 个周期）的驯化实验之后，在四个不同共基质碳源的生物反应器中，如图 5.14（a）和（b）所示，Pyr 几乎完全去除，V(Ⅴ）的去除率趋于稳定。之后同时连续运行所有反应器 3 个周期，周期结束时从每个反应器中抽取 10mL 溶液检测其中 Pyr 和 V(Ⅴ）的浓度。如图 5.14（c）所示，以葡萄糖为共基质物质，72h 内 Pyr 去除率达到

91.0% ±1.95%，高于添加乙酸盐（86.1% ±1.44%）、柠檬酸盐（90.8% ±1.33%）和乳酸盐（88.6% ±2.13%）时的去除率。有研究报道，葡萄糖可以被多种微生物利用来生长和降解 Pyr（Jin et al.，2020）。

V(Ⅴ) 的去除趋势与 Pyr 相似［图5.14（f)］，共基质碳源的加入显著增强了 V(Ⅴ) 的降低。在添加葡萄糖（84.5% ±0.635%）的生物反应器中观察到最高的 V(Ⅴ) 去除率，随后添加乙酸盐、柠檬酸盐和乳酸盐生物反应器的 V(Ⅴ) 的去除率分别为 82.1% ±2.81%、76.9% ±6.63% 和 83.9% ±1.09%。据报道，微生物利用葡萄糖完成钒的生物还原。同时，在连续的三个操作周期的实验过程中，四个不同的共基质碳源反应器的 Pyr 和 V(Ⅴ) 的去除可以用伪一级动力学来描述，如图5.14（d）和（f)。拟一级动力学模型广泛用于描述生物反应器中物质的变化，用于模拟 Pyr 和 V(Ⅴ) 的去除动力学。该方程如式（5.4)：

$$C_t = C_0 \cdot (1 - e^{-kt}) \tag{5.4}$$

如图5.14（d）和（f）所示，利用式（5.4)，得到四种不同共基质碳源生物反应器的 Pyr 和 V(Ⅴ) 的伪一级动力学方程，如表5.3所示，以葡萄糖为共基质碳源的反应器中 Pyr 的伪一级动力学速率常数为 0.0454h^{-1}，高于乙酸盐（0.0293h^{-1}）、柠檬酸盐（0.0345h^{-1}）和乳酸盐（0.0317h^{-1}），以葡萄糖为共基质碳源的反应器中 V(Ⅴ) 的伪一级动力学速率常数为0.0342h^{-1}，也高于乙酸盐（0.0316h^{-1}）、柠檬酸盐（0.0228h^{-1}）。因此，选择葡萄糖作为构建生物系统的最佳共基质底物。

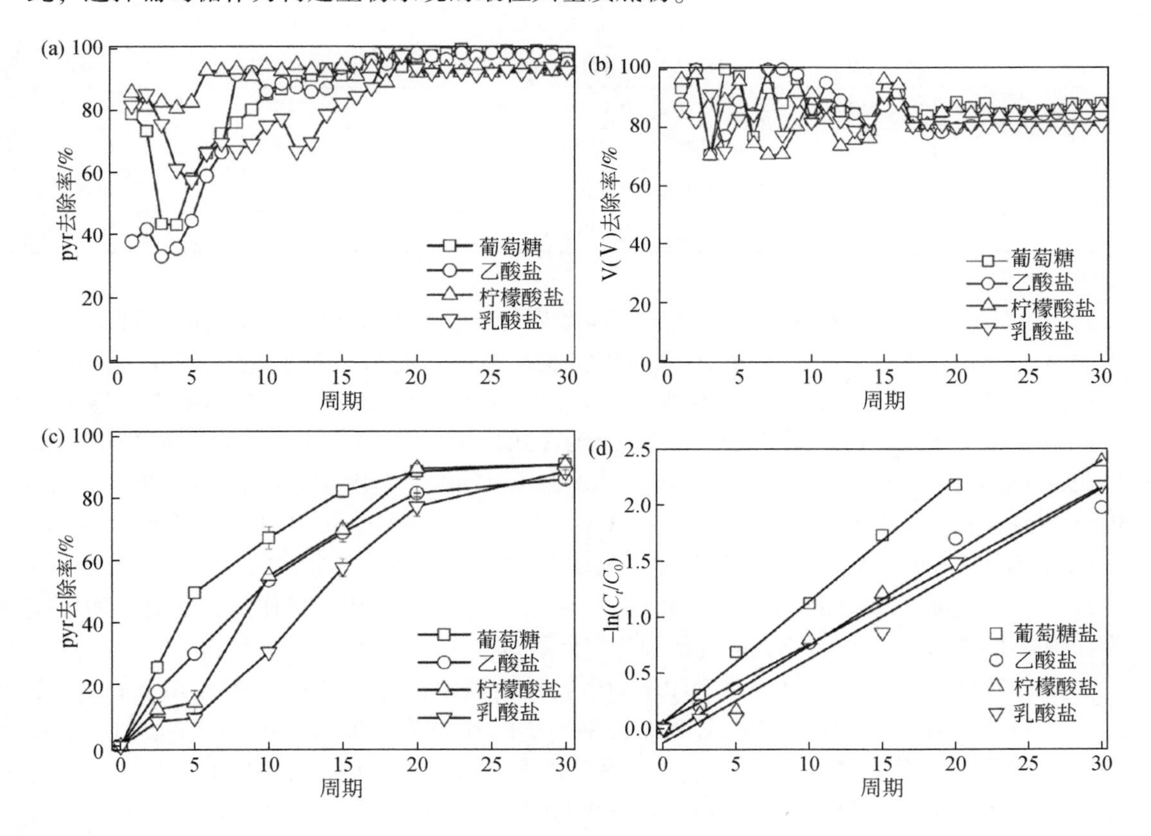

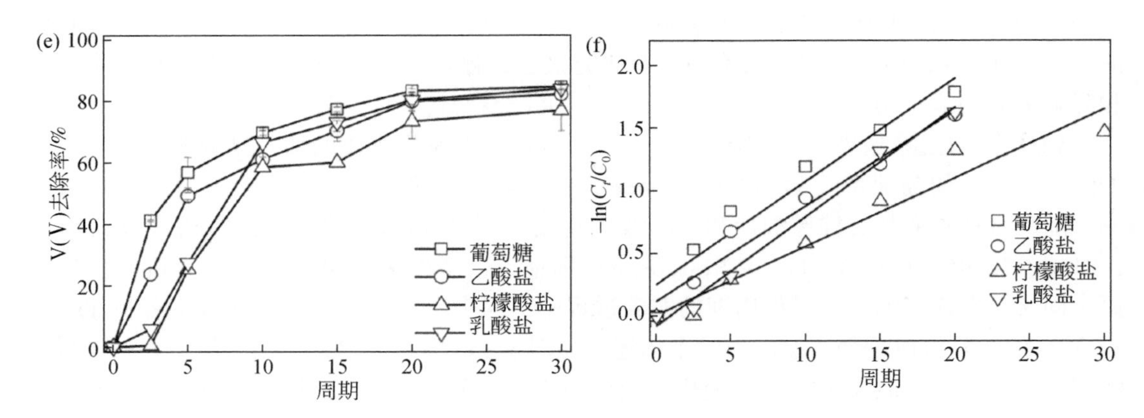

图 5.14　四种不同共基质碳源反应器 30 个周期内性能和动力学建模

（a，b）Pyr 和 V(Ⅴ) 浓度变化；（c，d）四种不同共基质碳源单一操作周期内 Pyr 浓度变化以及伪一级动力学；（e，f）四种不同共基质碳源单一操作周期内 V(Ⅴ) 浓度变化以及伪一级动力学

表 5.3　不同共基质碳源生物反应器中污染物的伪一级动力学方程及相关参数

系统	污染物	方程	伪一级动力学速率常数/h^{-1}	R^2
葡萄糖	Pyr	$-\ln(C_t/C_0)=0.0454t+0.049$	0.0454	0.994
	V(Ⅴ)	$-\ln(C_t/C_0)=0.0342t+0.253$	0.0342	0.926
乙酸盐	Pyr	$-\ln(C_t/C_0)=0.0293t+0.053$	0.0293	0.965
	V(Ⅴ)	$-\ln(C_t/C_0)=0.0316t+0.119$	0.0316	0.961
柠檬酸盐	Pyr	$-\ln(C_t/C_0)=0.0345t-0.084$	0.0345	0.987
	V(Ⅴ)	$-\ln(C_t/C_0)=0.0228t+0.091$	0.0228	0.939
乳酸盐	Pyr	$-\ln(C_t/C_0)=0.0317t-0.136$	0.0317	0.977
	V(Ⅴ)	$-\ln(C_t/C_0)=0.0363t-0.078$	0.0363	0.987

当最佳共基质底物葡萄糖确定之后，继续运行四个中心实验组生物反应器即 Pyr-V、Pyr-V-G、Pyr-G 和 V-G，经过 90 天的驯化实验之后，所有中心实验组性能稳定。如图 5.15（a）和（b）所示，生物反应器 Pyr-V、Pyr-V-G、Pyr-G 和 V-G 的 pH 分别稳定在 7.99±0.340、7.56±0.143、7.63±0.238 和 7.60±0.204，ORP 分别稳定在（-89.6±7.0）mV、（-55.6±8.4）mV、（-50.7±6.7）mV 和（-48.3±5.0）mV。生物反应器 Pyr-V、Pyr-V-G 和 Pyr-G 的 Pyr 去除率分别稳定在 98.1%±1.35%、98.4%±0.805% 和 91.8%±3.08%，Pyr-V、Pyr-V-G 和 V-G 的 V(Ⅴ) 的去除率分别稳定在 53.4%±3.86%、86.2%±3.16%，94.2%±4.27%。与此同时，从图 5.15（c）和（d）所示，经过 30 个周期操作后，所有生物反应器在降解 Pyr 和 V(Ⅴ) 还原方面均达到稳定性能。

在典型的 72h 操作中，Pyr 在含 Pyr 的生物反应器中被逐渐去除［图 5.16（a）］。在 Pyr-V 中 Pyr 去除率达到 94.8%±1.55%，平均去除速率为（0.132±0.002）mg/(L·h)。拟一级动力学方程能很好地模拟 Pyr 去除动力学［图 5.16（b）］，动力学速率常数为 0.0511h^{-1}（表 5.4）。这一结果表明，V(Ⅴ) 由于其相对较高的氧化还原电位，可以作为

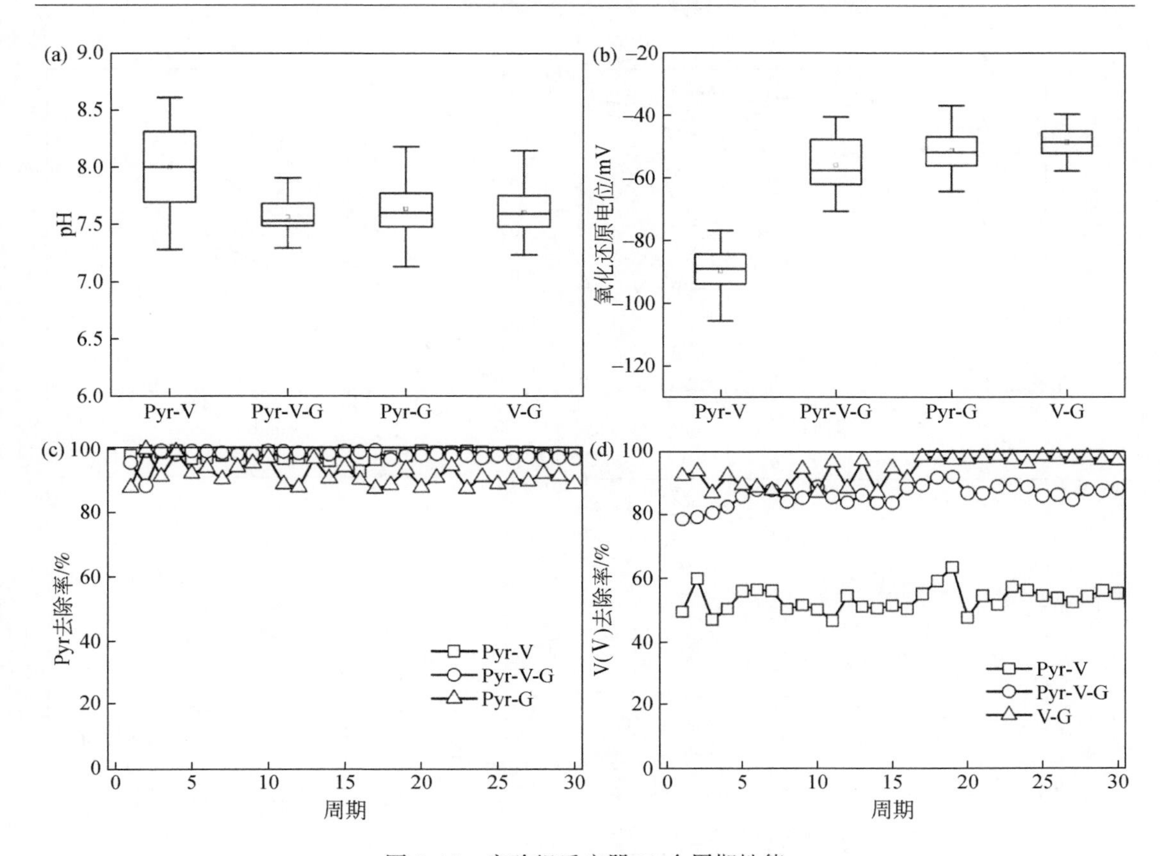

图 5.15 实验组反应器 30 个周期性能

(a) pH 变化；(b) ORP 变化；(c，d) Pyr 和 V(Ⅴ) 浓度变化

厌氧 Pyr 矿化的替代电子受体。当葡萄糖作为共基质底物时，Pyr 去除率（91.0%±1.95%）和去除速率［(0.126±0.003)mg/(L·h)］略有下降，表明 Pyr 和葡萄糖在为 V(Ⅴ) 生物还原提供电子方面存在竞争。这种现象不同于厌氧 Phe 降解，厌氧 Phe 降解中，共代谢底物甲醇的加入改善了 Phe 矿化，因为 Pyr 比 Phe 更容易降解。在 Pyr-G 中，异养呼吸产生的 CO_2 可作为 Pyr 厌氧降解的电子受体。然而，反应器 Pyr-G 中 Pyr 去除率（88.0%±1.89%）低于 Pyr-V-G［图 5.16（a）］，可能是由于 CO_2 的氧化还原电位低。

表 5.4 不同生物反应器中污染物的伪一级动力学方程及相关参数

系统	污染物	方程	伪一级动力学速率常数/h^{-1}	R^2
Pyr-V	Pyr	$-\ln(C_t/C_0)=0.0511t+0.507$	0.0511	0.902
	V(Ⅴ)	$-\ln(C_t/C_0)=0.0104t+0.028$	0.0104	0.961
Pyr-V-G	Pyr	$-\ln(C_t/C_0)=0.0454t+0.049$	0.0454	0.994
	V(Ⅴ)	$-\ln(C_t/C_0)=0.0342t+0.253$	0.0342	0.926
Pyr-G	Pyr	$-\ln(C_t/C_0)=0.0322t-0.084$	0.0322	0.966
V-G	V(Ⅴ)	$-\ln(C_t/C_0)=0.0329t-0.030$	0.0329	0.995

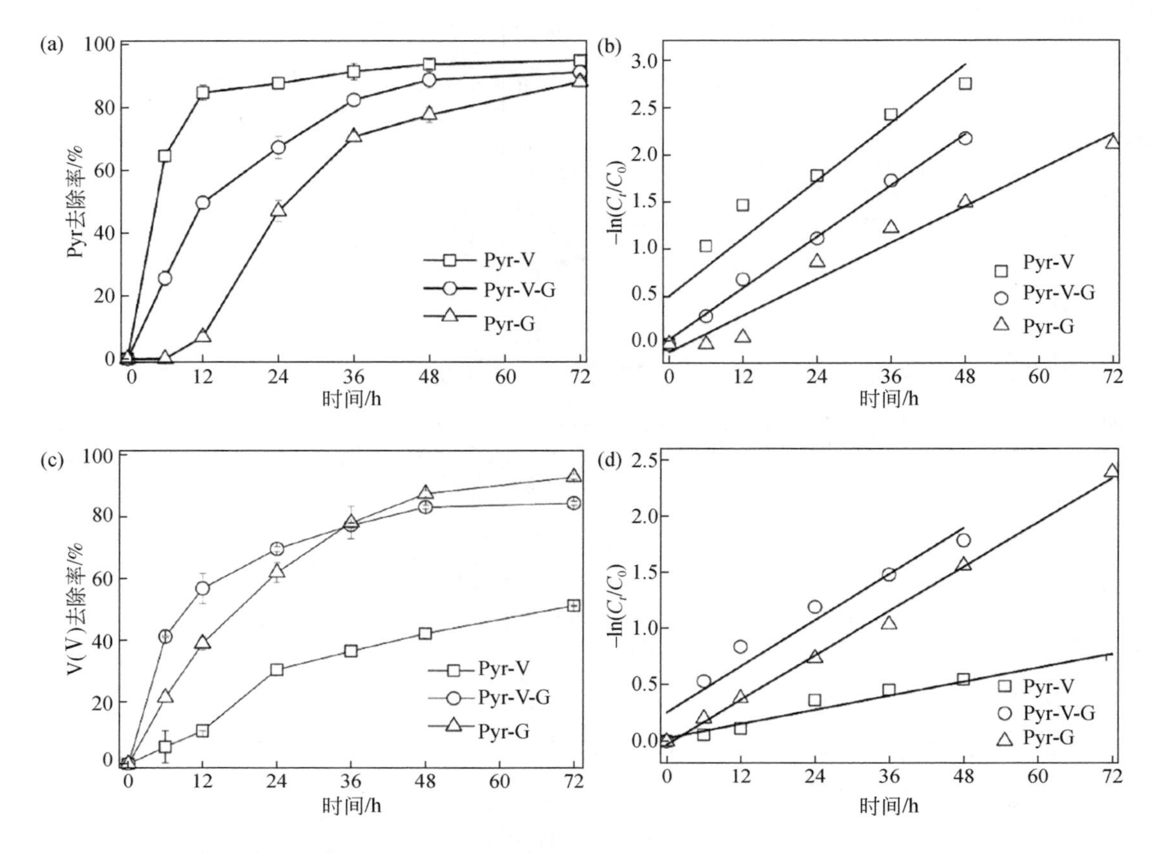

图 5.16　生物反应器中典型循环（72h）中共基质去除 Pyr 和 V(Ⅴ) 的性能、动力学建模和优化
(a) Pyr 去除率；(b) Pyr 的伪一级动力学模型；(c) V(Ⅴ) 去除率；(d) V(Ⅴ) 的伪一级动力学模型

Pyr-V 中的总有机碳（TOC）浓度呈下降趋势［图 5.17（a）］，表明部分 Pyr 矿化。在一个典型的运行周期内，TOC 去除率达到 20.4%±1.20%。Pyr-V-G 和 Pyr-G 中也有 TOC 损失，可能是由于 Pyr 和葡萄糖的共同降解。先前的研究报道了 Pyr 生物降解的开环途径，其中 TOC 减少，产生 NH_4^+-N。研究发现，在 Pyr 环裂解过程中观察到 NH_4^+-N 的累积。在一个典型的循环中，最高浓度为（5.33±0.46）mg/L 的 NH_4^+-N 在 Pyr-V 中累积［图 5.17（b）］。Pyr-V 产生的 NH_4^+-N 浓度先增加后趋于稳定，说明 Pyr 中的 C—N 和 C═N 发生了裂解。该结果遵循了报道的 Pyr 降解途径，其中苯环被分解，然后降解为短链烯烃甲酸和 NH_4^+-N。由于 Pyr 降解效率低，Pyr-V-G 和 Pyr-G 中累积的 NH_4^+-N 较少。

总钒的变化趋势与含 V 生物反应器中 V(Ⅴ) 的变化趋势相似［图 5.17（e）］。实验过程中，Pyr-V、Pyr-V-G 和 V-G 中总钒的去除率分别为 59.6%±0.49%、94.1%±0.11% 和 98.9%±0.17%。这一现象表明可溶性钒（Ⅴ）已被还原为不溶性产物。扫描电子显微镜图像显示微生物附着在碎片沉淀物上［图 5.17（c）］。能谱分析表明沉淀物含有元素 V［图 5.17（d）］。XPS 结果在 V(Ⅳ) 对应的 V 2p 高分辨光谱中识别出 515.9eV 处的峰［图 5.17（f）］，表明 V(Ⅳ) 是 V(Ⅴ) 通过微生物转化的主要还原产物（Cai et al., 2017）。

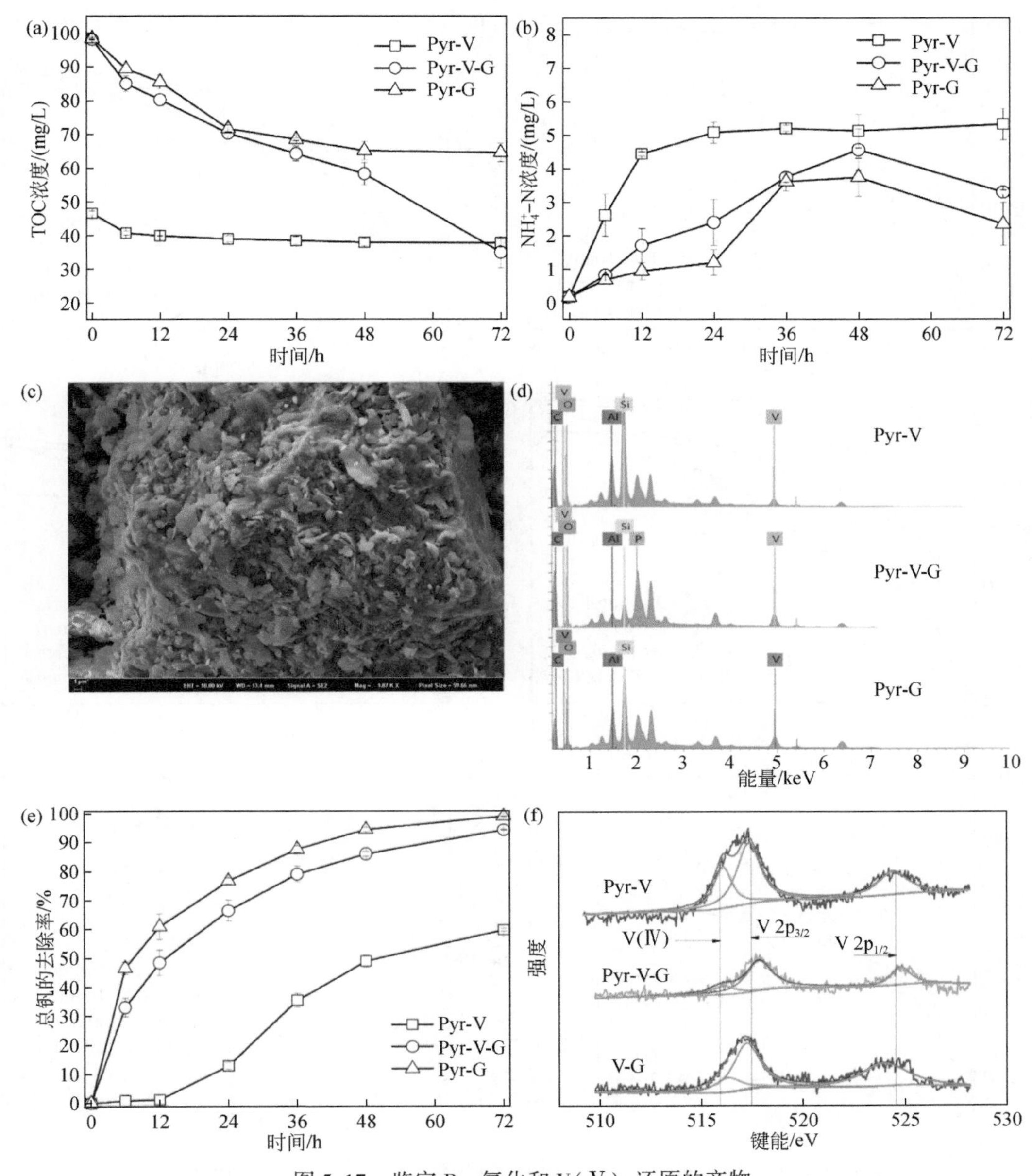

图5.17　鉴定Pyr氧化和V(Ⅴ)还原的产物

(a) TOC浓度；(b) NH_4^+-N浓度；(c) 沉淀物的形态的扫描电子显微镜图像；(d) EDS分析；(e) 溶解总钒的去除率的时间曲线；(f) 沉淀物的XPS分析

Pyr去除率随Pyr初始浓度的增加而显著降低［图5.18 (a)］。当Pyr初始浓度为5mg/L时，Pyr在72h内被微生物完全去除［图5.18 (a)］。当Pyr初始浓度为20mg/L时，Pyr去除率降至40.4%±1.63%。相比之下，Pyr初始浓度对V(Ⅴ)降低的影响较小［图5.18 (b)］，V(Ⅴ)的去除率为(81.2%±0.25%)～(87.0%±0.36%)。该结果表明，在检测范围内升高的Pyr初始浓度对V(Ⅴ)的降低提供了相对稳定的影响。

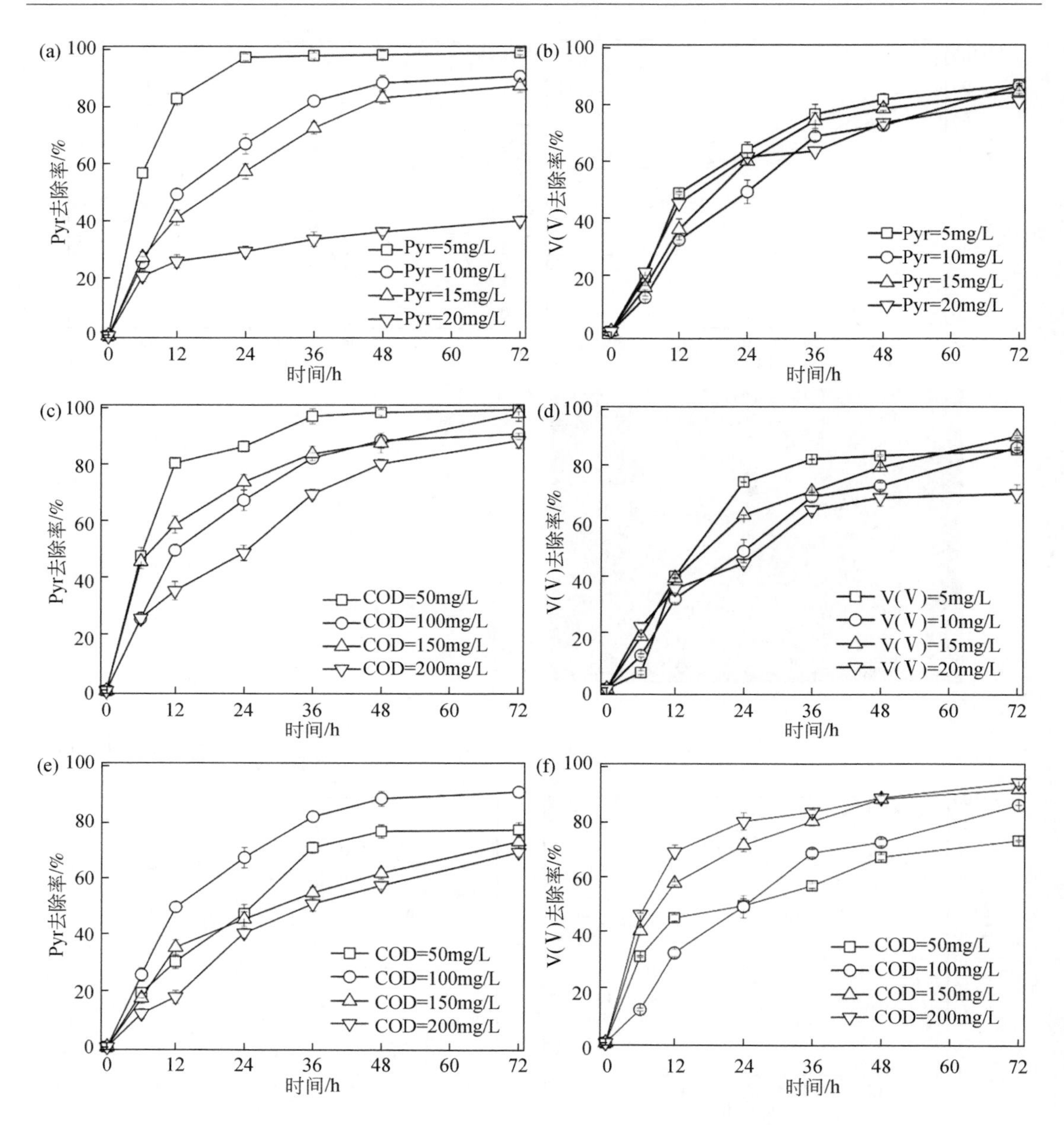

图 5.18　不同影响因素对 Pyr-V-G 的 Pyr 生物降解和 V(Ⅴ) 还原的影响

（a，b）Pyr 初始浓度；（c，d）V(Ⅴ) 初始浓度；（e，f）初始葡萄糖浓度

随着 V(Ⅴ) 初始浓度的提高，Pyr 降解大致恶化［图 5.18（c）］，可能是由于 V(Ⅴ) 对 Pyr 降解物有毒性。先前的研究表明，随着培养基中 Cr(Ⅵ) 浓度的增加，微生物降解 Pyr 的速率会降低。与现有工作相比，由于采用了相对较低的 V(Ⅴ) 初始浓度，因此在较高的 V(Ⅴ) 初始浓度下［图 5.18（d）］，对 V(Ⅴ) 减少仅产生轻微的负面影响。即使在高 V(Ⅴ) 浓度的情况下，微生物也能很好地进行生物 V(Ⅴ) 还原，体现了构建的系统对 V(Ⅴ) 降解的高效性。

葡萄糖浓度的增加抑制了 Pyr 的生物降解 [图 5. 18 (e)]。虽然 Pyr 是可生物降解的，但是葡萄糖比 Pyr 更容易被微生物用作碳源和利用。这一结果进一步表明 Pyr 倾向于通过直接氧化而非共代谢降解被矿化。随着葡萄糖形式的初始 COD 从 50mg/L 增加到 200mg/L，V(Ⅴ) 的去除率从 73. 3% ±0. 2% 增加到 94. 6% ±1. 2% [图 5. 18 (f)]，因为更多的生长基质可以为异养钒还原剂提供更多的碳源和能源。

为此还研究了 Pyr 降解和 V(Ⅴ) 还原过程中的不同影响因素下的伪一级动力学模型(图 5. 19)，同时不同影响因素下的伪一级动力学方程及相关参数表如表 5. 5 所示。

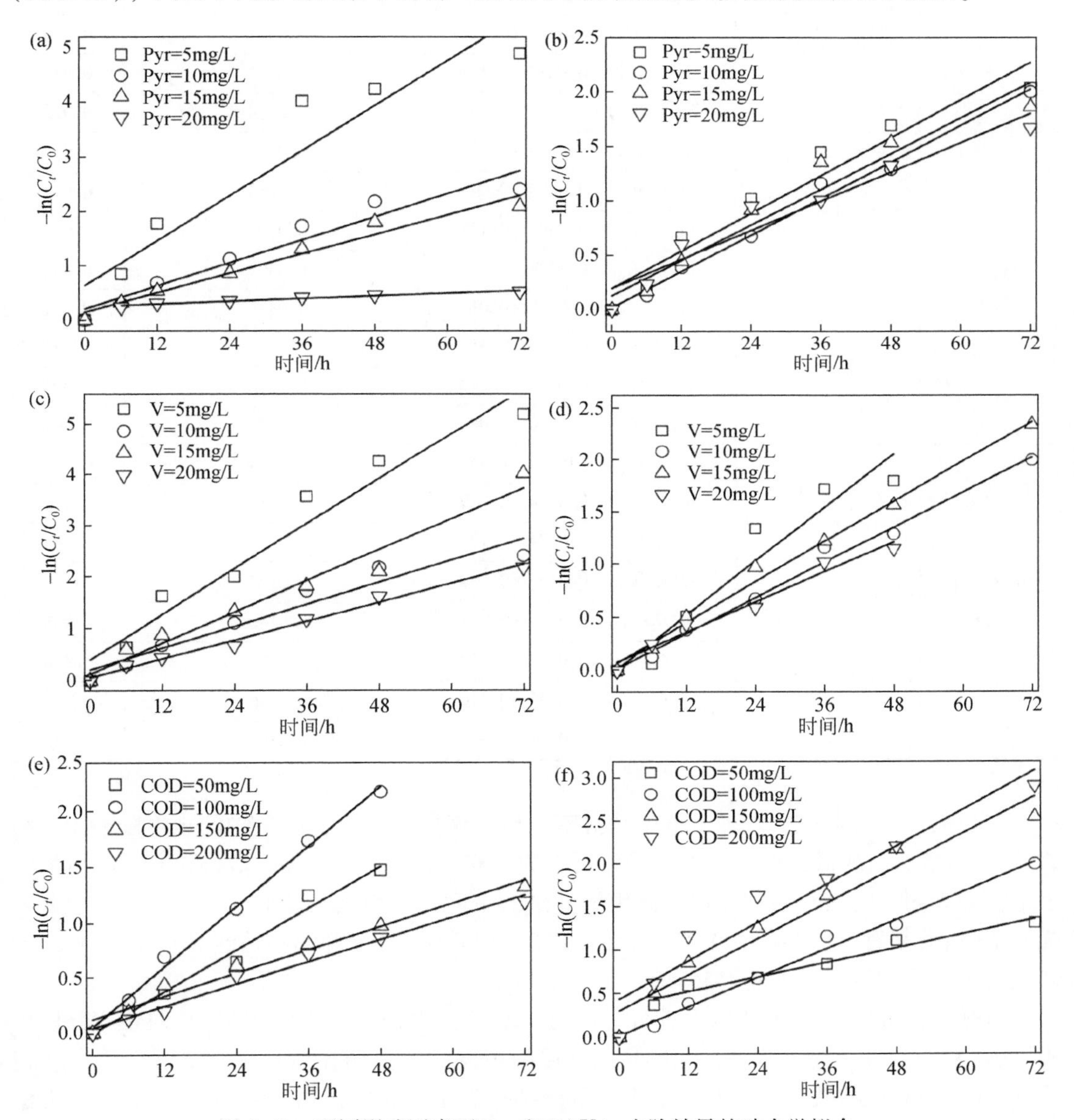

图 5. 19　不同影响因素下 Pyr 和 V(Ⅴ) 去除效果的动力学拟合

(a，b) Pyr 初始浓度对 Pyr 去除的影响和对 V(Ⅴ) 去除的影响；(c，d) V(Ⅴ) 初始浓度对 Pyr 去除的影响和对 V(Ⅴ) 去除的影响；(e，f) 初始葡萄糖浓度对 Pyr 去除的影响和对 V(Ⅴ) 去除的影响

表 5.5　Pyr-V-G 生物反应器影响因素研究的伪一级动力学方程及相关参数

条件	污染物	方程	伪一级动力学速率常数/h^{-1}	R^2
Pyr 初始浓度	Pyr	$-\ln(C_t/C_0)=0.0688t+0.635$	0.0688	0.905
		$-\ln(C_t/C_0)=0.0454t+0.049$	0.0454	0.994
		$-\ln(C_t/C_0)=0.0298t+0.144$	0.0298	0.96
		$-\ln(C_t/C_0)=0.0041t+0.243$	0.0041	0.942
	V(Ⅴ)	$-\ln(C_t/C_0)=0.0289t+0.196$	0.0289	0.928
		$-\ln(C_t/C_0)=0.0342t+0.253$	0.0342	0.926
		$-\ln(C_t/C_0)=0.0272t+0.128$	0.0272	0.933
		$-\ln(C_t/C_0)=0.0223t+0.197$	0.0223	0.922
V(Ⅴ)初始浓度	Pyr	$-\ln(C_t/C_0)=0.0735t+0.397$	0.0735	0.947
		$-\ln(C_t/C_0)=0.0454t+0.049$	0.0454	0.994
		$-\ln(C_t/C_0)=0.0502t+0.121$	0.0502	0.959
		$-\ln(C_t/C_0)=0.0304t+0.053$	0.0304	0.988
	V(Ⅴ)	$-\ln(C_t/C_0)=0.0426t+0.011$	0.0426	0.911
		$-\ln(C_t/C_0)=0.0342t+0.253$	0.0342	0.926
		$-\ln(C_t/C_0)=0.0320t+0.073$	0.0320	0.991
		$-\ln(C_t/C_0)=0.0236t+0.081$	0.0236	0.964
初始葡萄糖浓度	Pyr	$-\ln(C_t/C_0)=0.0314t-0.0063$	0.0314	0.981
		$-\ln(C_t/C_0)=0.0454t+0.049$	0.0454	0.994
		$-\ln(C_t/C_0)=0.0174t+0.121$	0.0174	0.964
		$-\ln(C_t/C_0)=0.0167t+0.040$	0.0167	0.98
	V(Ⅴ)	$-\ln(C_t/C_0)=0.0140t+0.361$	0.0140	0.958
		$-\ln(C_t/C_0)=0.0342t+0.253$	0.0342	0.926
		$-\ln(C_t/C_0)=0.0346t+0.310$	0.0346	0.942
		$-\ln(C_t/C_0)=0.0369t+0.439$	0.0369	0.915

通过微生物群落分析发现，微生物群落发生了细微的变化，微生物的丰度随着 Pyr 和 V(Ⅴ) 的增加而降低，如稀释性曲线所反映的一样（图 5.20）。Ace 指数和 Chao1 指数的小幅波动表明，与接种污泥相比，微生物群落的丰度相对稳定。然而，从 Shannon 指数和 Simpson 指数来看，Pyr 和 V(Ⅴ) 复合体系的微生物多样性下降。额外的 Pyr 和 V(Ⅴ) 选择性富集微生物群落中的特定物种。

对微生物群落的 β 多样性也进行了研究。基于微生物属水平的主成分（PC）分析表明，Pyr-V 中的微生物群落与其他样品以及接种污泥的距离明显较远［图 5.21（a）］，表明 Pyr 和 V(Ⅴ) 的共存毒性对微生物群落的结构有很大影响。Pyr 或 V(Ⅴ) 的单一毒性也通过 Pyr-G 和 V-G 到接种污泥的距离来反映。然而，Pyr-V-G 和接种污泥之间的距离比其他组更近，这表明葡萄糖可以减轻 Pyr 和 V(Ⅴ) 对群落结构的影响。文氏（Venn）图

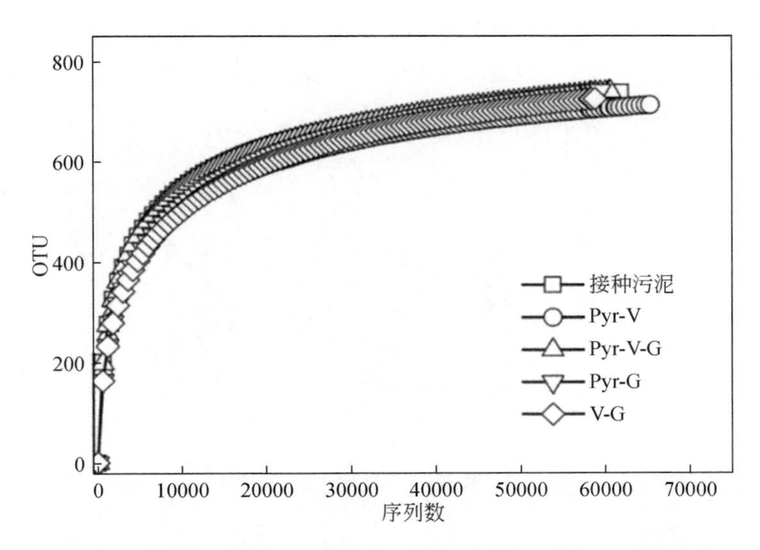

图 5. 20　接种污泥与 Pyr 和 V(Ⅴ) 生物反应器中微生物群落的稀释性曲线

显示了四个生物反应器中微生物群落的差异和相同之处［图 5. 21 (b)］。所有样本中共有多达 1862 个 OTU，这支持了具有去除 Pyr 和 V(Ⅴ) 能力的细菌在所使用的生物反应器中持续存在。

图 5. 21 (c) 显示了门水平的细菌丰度。Proteobacteria 在接种污泥中占主导地位，占总种系的 49. 8%，但在使用的生物反应器中其比例下降，这可能是由于它们不适应有毒物质，即 Pyr 或 V(Ⅴ)。此外，Chloroflexi 和 Firmicutes 在 Pyr-V 和 Pyr-V-G 明显富集，丰度分别为 16. 4% 和 12. 1%，表明这两个门的某些属可能参与了 Pyr 降解和 V(Ⅴ) 还原。

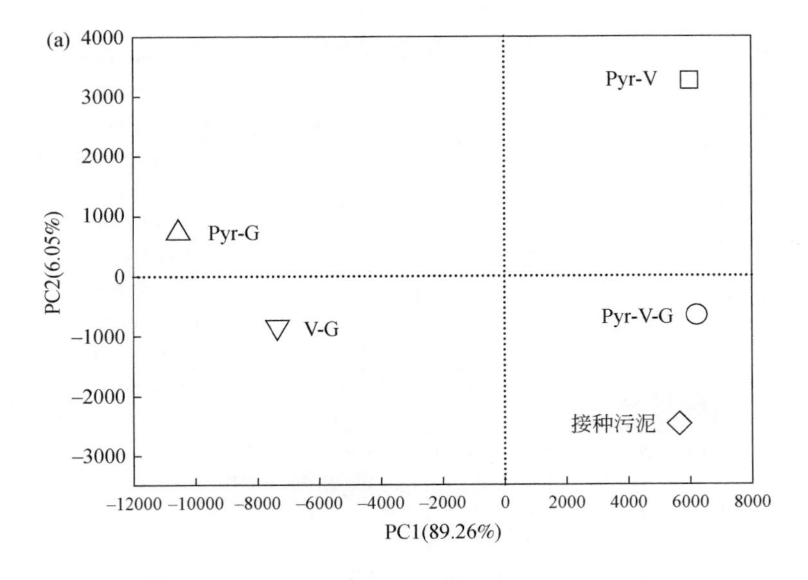

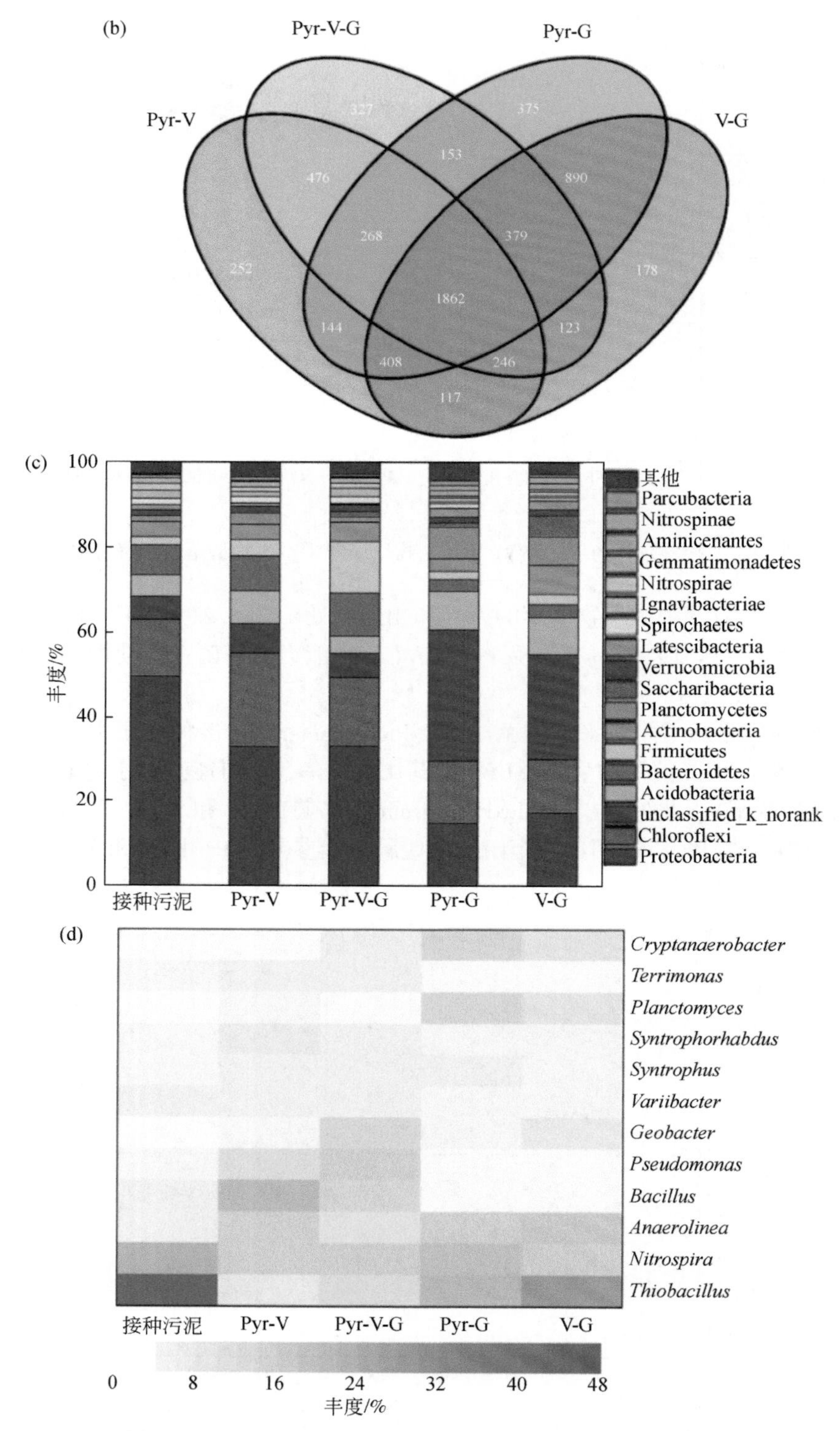

图 5. 21　接种物和所有生物反应器中的微生物结构和群落

（a）基于 OTU 丰度数据的 PC 分析图；（b）Venn 图；（c，d）门和属水平的微生物群落的丰度

在属水平上鉴定了可能的功能物种［图 5.21（d）］。同时引入 Pyr 和 V(Ⅴ）时，*Bacillus* 明显富含 Pyr-V 和 Pyr-V-G，丰度分别为 22.0% 和 12.4%，而其在接种污泥中的丰度仅为 5.51%。*Bacillus* 是一种有机物降解细菌，具有降解喹啉的能力。鉴于 Pyr 和喹啉的结构相似，*Bacillus* 还可以在生物系统 Pyr 矿化中发挥作用。同时，在钒冶炼厂周围的土壤中也大量发现 *Bacillus*，表现出较高的 V 耐受性和极好的 V(Ⅴ）去除能力。因此，通过使用 V(Ⅴ）作为替代电子受体，可以认为 *Bacillus* 是潜在的 Pyr 降解菌。此外，接种污泥中 *Pseudomonas* 的丰度较低（2.66%），但在 Pyr-V（11.2%）和 Pyr-V-G（14.4%）中变得丰富。*Pseudomonas* 能够降解有机物质（如氯酚），并具有降低 V(Ⅴ）的能力。因此，同时去除 Pyr 和 V(Ⅴ）也可以部分归因于 *Pseudomonas* 的增加。与 Pyr 降解有关的两种潜在细菌 *Syntrophus* 和 *Syntrophorhabdus* 也富集于 Pyr-V（5.88% 和 6.88%）和 Pyr-V-G（5.47% 和 5.16%），它们被称为重要的降解细菌，能降解苯酚、苯甲酸盐和喹啉。在 Pyr-G 反应器中，*Cryptanaerobacter* 的丰度为 12.5%，高于接种污泥中的丰度（0.05%）。据报道，*Cryptanaerobacter* 细菌是一种厌氧降解苯酚的细菌（Lin et al.，2020）。该反应器中大量的 *Cryptanaerobacter* 细菌可能促进 Pyr 的厌氧降解。在 Pyr-V-G（12.7%）和 V-G（3.56%）中，异养性 *Geobacter* 使用葡萄糖作为碳源富集。*Geobacter* 是一种可还原 V(Ⅴ）的细菌，可促进菌株之间的直接电子转移（Lovely et al.，2016）。

总而言之，在模拟含水层中同时发生了 Pyr 生物降解和 V(Ⅴ）生物还原。*Bacillus* 和 *Pseudomonas* 可实现吡啶氧化耦合钒酸盐还原。以葡萄糖为共基质底物，该过程也可以协同发生，即 Pyr 被 *Syntrophus* 和 *Syntrophorhabdus* 氧化，释放的电子被 V(Ⅴ）还原剂（如 *Geobacter*）用于还原 V(Ⅴ)。Pyr 部分矿化并产生 NH_4^+-N，而 V(Ⅴ）主要通过微生物还原转化为不溶性 V(Ⅳ)。

这项研究证明了 Pyr 生物降解与 V(Ⅴ）生物还原之间的协同作用，首次揭示了它们在环境中的耦合地球化学的过程。对于 Pyr 和 V(Ⅴ）共同污染的含水层，自然衰减可能是成功修复的可行途径。可以同时氧化 Pyr 和还原 V(Ⅴ）的功能微生物物种（如 *Bacillus* 和 *Pseudomonas*）引起了人们的极大兴趣，可以通过生物强化来补充含水层以加速 Pyr 生物降解和 V(Ⅴ）的生物还原去除，同时，电子转移在这一耦合过程中至关重要，还可以添加氧化还原活性物质（如生物炭）以加速 Pyr 降解和 V(Ⅴ）还原的进程（Yu et al.，2020）。

5.2　共存电子受体的影响特征

5.2.1　常见电子受体的作用特征

在微生物修复过程中，V(Ⅴ）作为电子受体。然而在地下水中还存在着其他电子受体，它们可能影响 V(Ⅴ）的还原。例如，在农业生产中氮肥的过量使用，会导致硝酸盐（NO_3^-）进入地下水中。地下水中的铁（Fe^{3+}）、硫酸盐（SO_4^{2-}）和二氧化碳（CO_2）是常见的电子受体（MallaάShrestha，2014）。一些能还原 V(Ⅴ）的微生物，同时也能还原这些电子受体。例如，*Geobacter metallireducens*，这是一个金属还原的有机体，可以减少各种各样的电子受体，包括 V(Ⅴ)、NO_3^- 和 Fe^{3+}。*Rhodocyclus* 是一个反硝化细菌，其已报道了具有还原 V(Ⅴ)，同时也能利用 Fe^{3+} 作为电子受体进行异化还原（Xu et al.，2015）。*Shewanella* 中的一些功能蛋白被发现不仅可以还原 V(Ⅴ)，同时也可利用其他电子受体（如 NO_3^- 和 Fe^{3+}）（Myers et al.，2004）。微生物还原过程中，多个电子受体之间可能存在强烈的相互作用或干扰。

尽管微生物还原固定 V(Ⅴ) 十分有前景，但在还原过程中，V(Ⅴ) 和共存的电子受体之间的相互作用还没有得到充分的研究。在此，拟研究在地下水中存在的几种常见电子受体的条件下对微生物还原 V(Ⅴ) 的影响，并揭示微生物群落变化和 V(Ⅴ) 还原所涉及的优势种。

如图 5.22 所示，V(Ⅴ) 在实验过程中逐渐被还原，同时在共存电子受体存在的情况下，微生物还原 V(Ⅴ) 明显受到影响。由于这些电子受体共同竞争有机碳源，V(Ⅴ) 的还原与这些电子受体（NO_3^-、Fe^{3+}、SO_4^{2-}、CO_2）的还原呈负相关（图 5.22）。本实验在 72h 实验周期结束时获得的最高去除率为 92.8% ±1.0%。在 B-V/N 的反应器中，由于 NO_3^- 的存在降低了 V(Ⅴ) 的还原效率，在前 8h 内其还原率仅为 17.3% ±2.3%，随后获得了与 B-V 反应器中相近的 V(Ⅴ) 的还原效率。同时在 B-V/Fe 反应器的实验过程中，存在的 Fe^{3+} 对 V(Ⅴ) 的还原效率有明显的抑制作用，这直接导致了在实验周期结束后，该反应器中的 V(Ⅴ) 的还原效率仅为 81.4% ±2.5%，明显低于 B-V 中 V(Ⅴ) 的反应速率（$p<0.05$）。在 B-V/S 的反应器中，SO_4^{2-} 的作用导致了其 V(Ⅴ) 的还原效率仅为 85.0% ±1.4%，而在 B-V/C 中通入的 CO_2 气体导致了 V(Ⅴ) 的还原效率在实验周期结束后为 89.0% ±5.4%。在实验刚开始的 12h 内，B-V 获得了最高的 V(Ⅴ) 还原速率，其还原速率为（43.0±0.2）μmol/(L·h)，接下来分别是 B-V/C、B-V/S、B-V/Fe、B-V/N，其 V(Ⅴ) 还原速率分别为（39.2±1）μmol/(L·h)、（29.2±1.8）μmol/(L·h)、（29.2±1.8）μmol/(L·h)、(24.2±1.7)μmol/(L·h)。V(Ⅴ) 相比于这些电子受体有较高的氧化还原电位，因此其可以被优先还原，如式（5.5）~式（5.9）所示。

$$VO_2^+ + 2H^+ + e^- \longrightarrow VO^{2+} + H_2O \qquad E^\ominus = +0.991V \tag{5.5}$$

$$NO_3^- + 2H^+ + e^- \longrightarrow NO_2^- + H_2O \qquad E^\ominus = +0.934V \tag{5.6}$$

$$Fe^{3+} + e^- \longrightarrow Fe^{2+} \qquad E^\ominus = +0.771V \tag{5.7}$$

$$SO_4^{2-} + 4H^+ + 2e^- \longrightarrow H_2SO_3 + H_2O \qquad E^\ominus = +0.172V \tag{5.8}$$

$$CO_2 + 6H_2O + 8e^- \longrightarrow CH_4 + 8OH^- \qquad E^\ominus = -0.25V \tag{5.9}$$

共存的电子受体的存在导致了 V(Ⅴ) 的还原速率明显被降低，这种消极的影响取决于 V(Ⅴ) 和共存电子受体之间标准电极电位的差异，即差异越大，影响越弱。这些结果取决于电子受体被利用的先后顺序，有报道显示电子受体的利用顺序如下：$O_2 > NO_3^- >$ Mn(Ⅳ) > Fe(Ⅲ) > $SO_4^{2-} > CO_2$（McMahon et al.，2008）。在所有的反应器中 V(Ⅴ) 的还原速率的变化范围为（7.0±0.3）~（10.1±0.7）μmol/(L·h)，这表明电子受体对 V(Ⅴ) 的还原速率逐渐降低，这可能是由于混合污泥还原了这些电子受体，使这些电子受体逐渐减少（Ortiz-Bernad et al.，2004）。

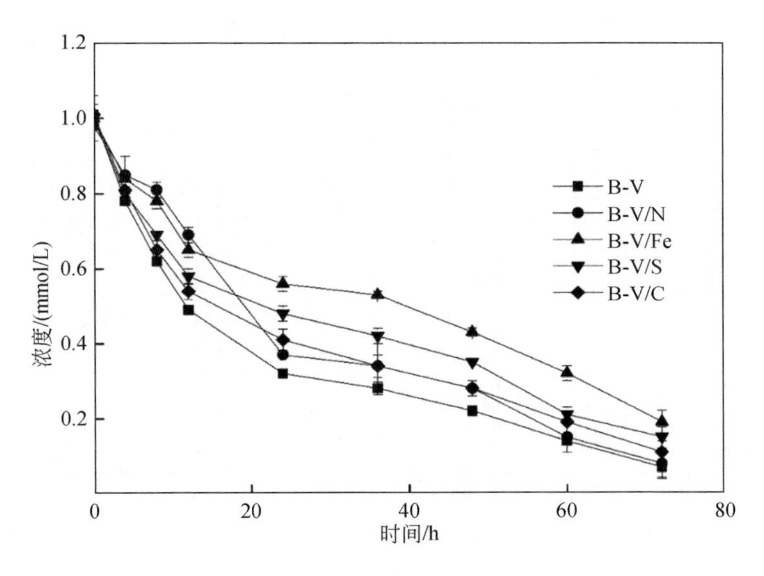

图 5.22　一个实验周期内五个反应器中 V(Ⅴ) 随时间浓度的变化

此外，在五个含有 V(Ⅴ) 的反应器中，溶液的颜色从黄棕色逐渐变为蓝色，同时在反应器中有细颗粒悬浮在反应器的底部和产生蓝色沉淀。这表明微生物将 V(Ⅴ) 还原为 V(Ⅵ)，这个沉淀的主要成分是磷钙钒矿 [$CaV_2(PO_4)_2(OH)_4 \cdot 3H_2O$]。微生物还原 V(Ⅴ) 主要通过两种机理进行，即微生物细胞呼吸过程中通过转移电子使 V(Ⅴ) 得到电子被还原为 V(Ⅳ)，或者是微生物自身的一个解毒机理，在整个过程中微生物利用其他电子受体的还原酶与其相结合导致了其被还原为 V(Ⅳ) (Yelton et al., 2013)。而在此过程中，V(Ⅳ) 在中性条件下在溶液中沉淀，导致了溶液中总钒的浓度降低。在本研究中所用的接种体是混合污泥，微生物群落十分丰富，这两种不同功能的微生物都存在于该体系中，因此两种方式可能都存在。

在实验周期结束后，所有反应器中的总钒浓度都被检测，其浓度如图 5.23 所示，其中总钒浓度最低的是 B-V 和 B-V/C 的反应器中，其浓度为 (0.37±0.03)mmol/L 和 (0.36±0.03)mmol/L，其他反应器中的浓度分别是 (0.40±0.02)mmol/L (B-V/S)、(0.41±0.02)mmol/L (B-V/N) 和 (0.42±0.02)mmol/L (B-V/Fe)($p<0.05$)。这基本符合图 5.22 所示的 V(Ⅴ) 去除率的结果，V(Ⅴ) 被还原得越多，生成的 V(Ⅳ) 的沉淀也就越多，整个体系中的总钒浓度就越少。有趣的是，B-V/C 的反应器中总钒浓度很低，其只是略低于B-V 反应器中的总钒，而 B-V/C 中 V(Ⅴ) 的去除率却明显低于 B-V 反应器中，这可能是由于通入的 CO_2 使反应器中的溶液的 pH 降低到 6.2，然而 V(Ⅳ) 在 pH 为 6 时有最小的溶解度，更多的 V(Ⅳ) 被沉淀，而其他反应器中的溶液的 pH 范围为 7.1～7.9。这些结果表明流动性强的毒性高的 V(Ⅴ) 能通过微生物将其还原为弱流动性和低毒性的 V(Ⅵ)，从而达到将 V(Ⅴ) 从地下水中去除的目的。然而其他共存电子受体可能会影响微生物还原固定 V(Ⅴ) 的过程。

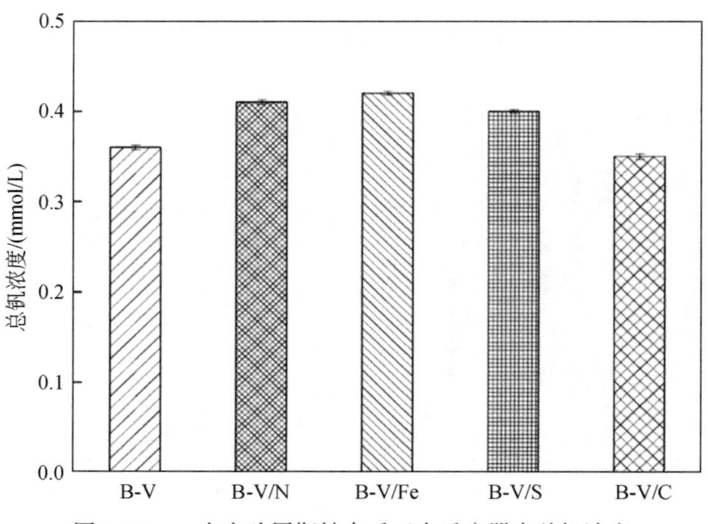

图 5.23　一个实验周期结束后五个反应器中总钒浓度

地下水中常见电子受体的主要地球化学过程是通过微生物的新陈代谢转移电子使其接受电子被还原，所以存在的 V(Ⅴ) 在微生物代谢过程中可以接受电子，因此会影响微生物还原这些共存的电子受体。而对照组的反应器（B-N，B-Fe，B-S，B-C）揭示了 V(Ⅴ) 不存在的情况下，微生物还原这些电子受体的过程。正如预期的那样，V(Ⅴ) 的存在也降低了其他电子受体的还原效率。例如，B-N 的反应器中，NO_3^--N 在 4h 反应时间内获得了 84.0%±3.3% 的去除率，而在 B-V/N 的反应器中 NO_3^--N 在同样的时间段内仅获得了 37.3%±1.9% 的去除率，如图 5.24（a）所示。测试的 B-V/N 在反应周期中氧化还原电位范围为（−318.4±6.9）~（−382.4±7.7）mV，远低于 200mV，在 200mV 时，微生物还原 NO_3^- 开始发生，虽然添加的 V(Ⅴ) 提高了反应器中大约 20mV 的氧化还原电位。在 B-V/N 中，V(Ⅴ) 和 NO_3^- 竞争微生物氧化乙酸盐释放的电子，因此降低了 NO_3^- 的还原速率。NO_3^- 的产物 NO_2^- 和 NH_4^+ 在 B-V/N 中被检测到［图 5.24（a）］，这表明在该体系中存在多种的反应途径，即 NO_3^- 还原为氮气，以及 NO_3^- 异化还原成 NH_4^+（Clément et al., 2005）。大约在 20h 后，在 NO_2^- 存在的情况下溶液中的 NH_4^+ 消失，这可能是厌氧氨氧化细菌的作用。

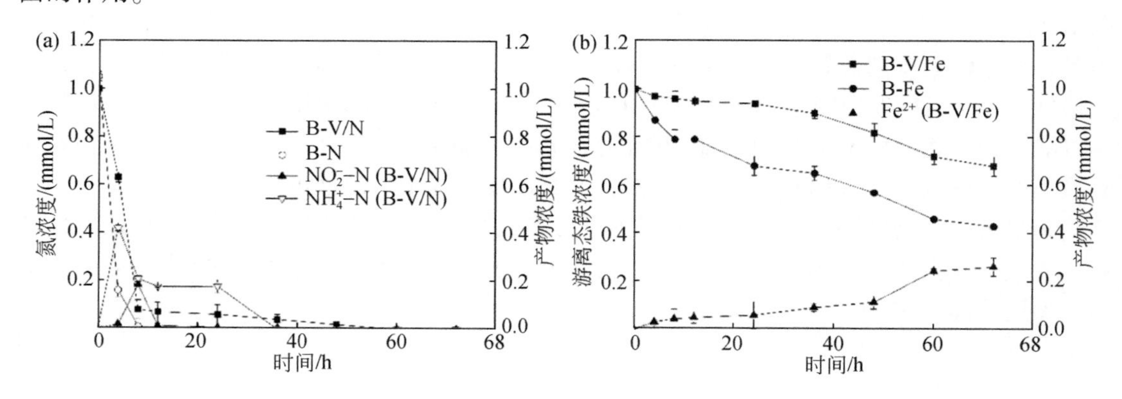

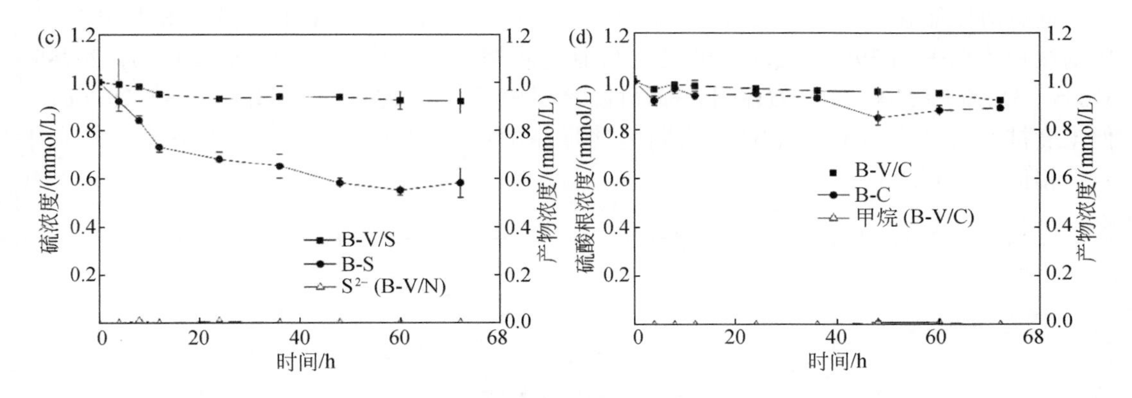

图 5.24　生物反应器中共存电子受体浓度及其还原产物随时间变化

（a）NO_3^- 与 V(Ⅴ) 共存生物反应器；（b）Fe^{3+} 与 V(Ⅴ) 相关生物反应器；

（c）SO_4^{2-} 与 V(Ⅴ) 反应器；（d）CO_2 与 V(Ⅴ) 的反应器

同时检测了 B-V/Fe 和 B-Fe 反应器中 Fe^{3+} 的浓度，数据如图 5.24（b）所示。在实验周期结束后，B-V/Fe 中 Fe^{3+} 的还原效率仅达到了 32.0% ±4.2%，而在 B-Fe 的反应器中，Fe^{3+} 的还原效率达到了 58.2% ±1.3%，这可能是由于在 B-V/Fe 中存在着 V(Ⅴ)，其有较高的氧化还原电位，使其 V(Ⅴ) 优先被还原。而在两个反应器中 Fe^{3+} 的还原效率相对较低，这可能是由于在这两个反应器中整个实验周期内的氧化还原电位分别为（−141.9±6.3)mV～(224.5±5.8)mV（B-V/Fe）和（−195.4±8.2）～(265.4±4.8)mV（B-Fe），远未达到微生物还原 Fe^{3+} 所需的氧化还原电位（0～200mV），尽管在此过程中添加的 Fe^{3+} 略微地增加了反应器的氧化还原电位。

如图 5.24（c）所示，由于 V(Ⅴ) 的存在，SO_4^{2-} 的微生物还原受到了极大的抑制，在 B-V/S 的反应器中，整个周期内 SO_4^{2-} 的浓度基本保持着恒定，而在 B-S 的反应器中 SO_4^{2-} 获得了 42.3% ±6.1% 的去除率。有报道称，异化硫酸盐还原菌进行硫酸盐的异化还原所需的氧化还原电位范围为−150～−200mV，而在本实验的两个反应器中在整个实验周期内的氧化还原电位的变化范围为（−358.3±9.2）～(−376.4±4.7)mV（B-V/S）和(−377.6±5.2)～(−389.6±5.6)mV（B-S）。这些条件使得在 V(Ⅴ) 存在的情况下，其会具有很强的优先还原性。

同样，在 V(Ⅴ) 存在下，微生物几乎不发生 CO_2 还原。CO_2 的还原产物 CH_4 在 B-V/C 中只有非常微量地被检测到［图 5.24（d）］。尽管在 B-V/C 反应器中在整个反应过程中，其氧化还原电位的范围为（−326.5±4.9）～(−395.5±5.7)mV，能够满足在氧化还原电位低于−330mV 的条件下产甲烷菌利用 CO_2 将其还原为 CH_4（Wolfe et al., 2011），但是产甲烷菌对 V(Ⅴ) 的毒性作用更敏感，这可能引起细胞氧化损伤。在 B-C 反应器中，合适的氧化还原电位（−285.1±3.9）～(−318.5±6.0)mV 使产甲烷的过程能够发生。这一比较也证实了 V(Ⅴ) 的存在抑制了微生物还原 CO_2 的过程。此外，B-C 中不明显的 CO_2 还原可能是由于凋亡的细胞通过发酵作用使 CO_2 再次产生，同时在体系中只有很少一部分的产甲烷菌（2.27%）。

通过对原始接种污泥和五个生物反应器（B-V、B-V/N、B-V/Fe、B-V/S 和 B-V/C）中的接种体在平均 395bp 记录长度进行高通量测序，分别获得了 31678、21600、26785、31055、31299 和 21066 个有效序列。稀释性曲线未达到一个很好的平缓趋势［图 5.25（a）］，但丰度排名曲线［图 5.25（b）］表明测序样品的优势物种和普遍物种都被捕获（基于 97% 相似度的 OTU）。

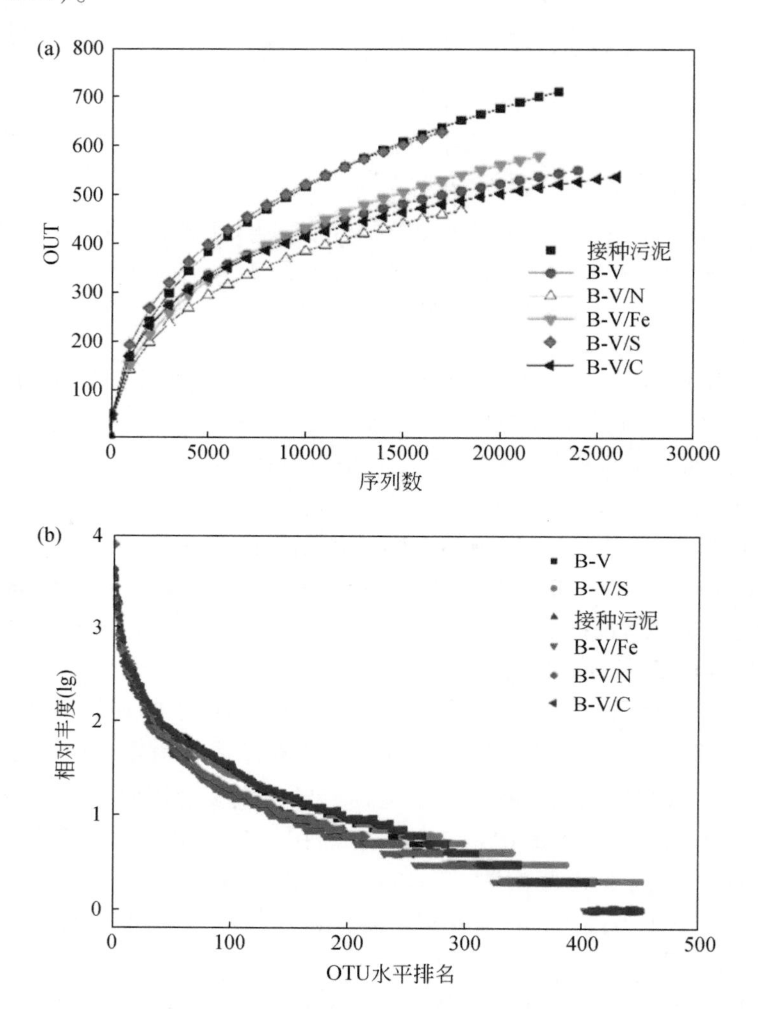

图 5.25　接种污泥与生物反应器中微生物群落特征

（a）稀释性曲线；（b）丰度排名曲线

如表 5.6 所示，五个样品和接种污泥的 Chao1 指数和 Ace 指数表明了 5 个样品的丰度相比于原始接种污泥降低，这意味着 V(Ⅴ) 和其他电子受体使其丰度减少。Simpson 指数和 Shannon 指数可以提供物种丰度（即现存物种数量）和均匀度（即每一物种的丰度如何分布）的信息。其中四个样品（B-V，B-V/Fe，B-V/S，B-V/C）的 Simpson 指数明显降低以及 Shannon 指数变得更高（相比于接种污泥），如表 5.6 所示，这表明这四个微生物群落的丰度和多样性都变低，这可能是因为一些微生物物种不能耐受 V(Ⅴ) 的毒性，在其存在的情况下导致了大量的物种消失。生物反应器 B-V/N 却获得了与之相反的趋势，这可能是因为添加的 NO_3^- 在微生物能耐受的范围内，同时增加了反应器中的氮营养成分（Li et al., 2013）。

表 5.6　接种污泥和五个反应器中微生物的多样性指数表

系统	Ace 指数	Chao1 指数	Shannon 指数	Simpson 指数	覆盖度
接种污泥	991±9.6	1018±17.2	4.0±0.03	0.051±0.001	0.989
B-V	697±8.1	700±13.4	4.2±0.03	0.033±0.002	0.994
B-V/N	635±9.3	647±15.9	3.7±0.02	0.064±0.001	0.992
B-V/Fe	815±10.0	772±13.1	4.1±0.02	0.040±0.001	0.991
B-V/S	866±9.7	884±16.8	4.3±0.03	0.037±0.001	0.988
B-V/C	667±7.8	666±12.8	4.2±0.02	0.035±0.001	0.995

对接种污泥以及五个生物反应器中门层面的微生物进行分析，其丰度如图 5.26 所示。通过分析发现 Bacteroidetes、Proteobacteria 和 Spirochaetes 在所有的样品中都是优势物种，在不同电子受体存在的情况下，其微生物群落结构明显不同于接种体。例如，当添加了额外的电子受体后，Proteobacteria、Spirochaetes 和 Firmicutes 在不同的反应器中丰度完全不同，其丰度范围分别为 20.2%~29.4%、9.2%~18.0% 和 2.0%~11.2%。

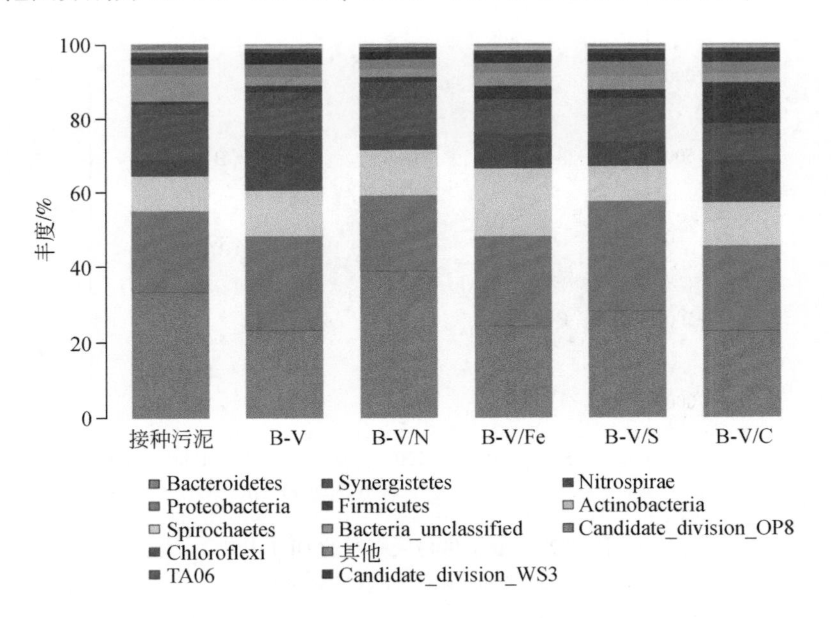

图 5.26　五个反应器和接种污泥中微生物在门水平的分布

Wenn 图显示，五个样品中共检测到 249 个共有 OTU［图 5.27（a）］，其分别占 B-V 总 OTU 的 45.0%、B-V/N 总 OTU 的 53.0%、B-V/Fe 总 OTU 的 43.0%、B-V/S 总 OTU 的 39.7%、B-V/C 总 OTU 的 46.5%。这可能是由于在特定的环境中产生了这些共有的 OTU，即在所有的五个反应器中都有 V(Ⅴ) 存在。如图 5.27（b）主成分分析结果表明，在不同的电子受体的存在下培养的样品有明显不同的群落组成，并且它们原始污泥都有明显的差异。

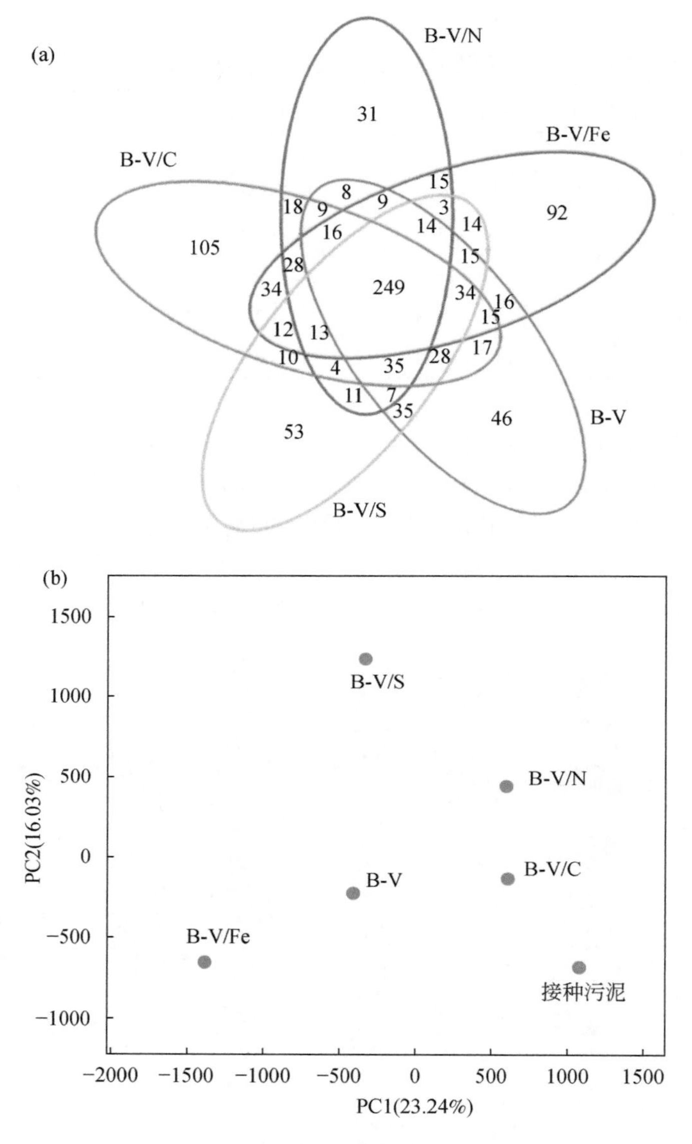

图 5. 27　五个生物反应器的 OUT 分析

（a）Wenn 图；（b）主成分分析

在生物群落中观察到了一些直接还原 V(Ⅴ) 的功能微生物并大量地富集（图 5. 28）。例如，*Geobacter* 在所有的生物反应器中都被大量地富集（6. 1%～9. 0%），并且该物种已经被报道了能直接还原 V(Ⅴ)（Ortiz-Bernad et al., 2004）。其他的一些被报道能参与金属异化还原的物种在群落中也被发现，尽管其是否可以直接还原 V(Ⅴ) 尚不清楚。例如 *Rhodocyclaceae* 丰度从接种污泥中的 0. 2% 变为反应器中的 0. 5%～2%，大量地富集，并且其具有还原 U(Ⅵ) 和 Cr(Ⅵ) 的能力（Miao et al., 2015; Němeček et al., 2015）。*Pseudomonas* 丰度增加明显，并且据报道在厌氧的条件下其能直接还原 Cr(Ⅵ)，同时也具有将 U(Ⅵ) 还原为 U(Ⅳ) 的能力（He et al., 2015; Martins et al., 2010）。在生物反应器 B-V/C 中发现了大量的 *Trichococcus*，其丰度为 9.7%，已经被证明了其能将 Cr(Ⅵ) 还原为 $Cr(OH)_3$ 沉淀，同时也能利用铁作为电子受体（Clothier et al., 2016）。富集的 *Anaerolinea*（1.0%~2.7%）也被发现能利用 Zn 作为厌氧氨氧化的电子受体（Drennan et al., 2015; Gonzalez-Gil et al., 2015）。在反应器中检测出了 *Anaerolineaceae*_uncultured（0.9%~3.03%），其被报道了能利用 Fe(Ⅲ) 作为电子受体，并且也具有还原硒酸盐的能力（Yu et al., 2015b）。这些物种在 V(Ⅴ) 还原过程中可能起重要作用，其具体功能有待进一步研究。

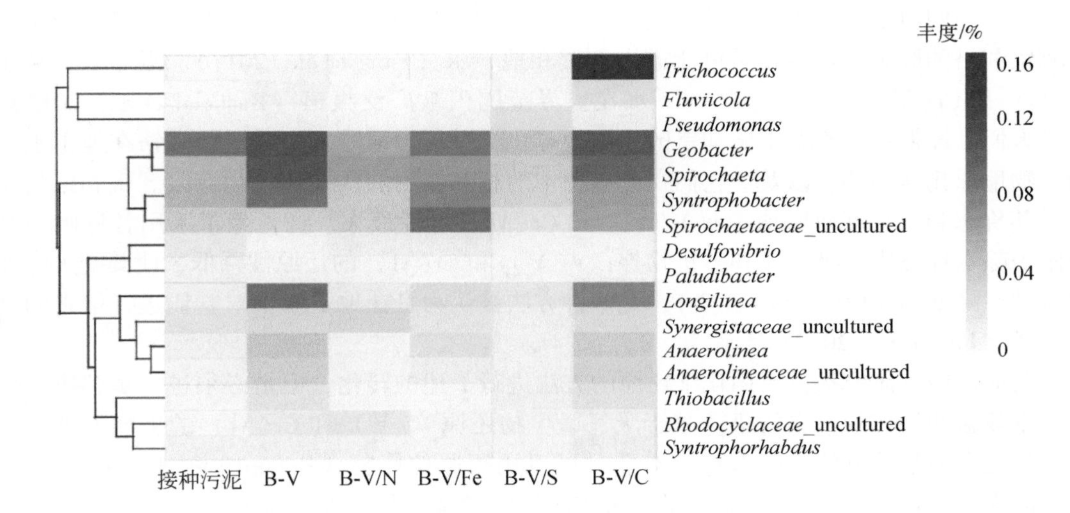

图 5.28　反应器以及接种污泥中微生物属的丰度

微生物反应是一个复杂的过程，生物反应器中的富集生物体也可能通过参与其他功能来促进电子受体被还原。例如，*Geobacter* 据报道也能参与碳氮的循环，为微生物的营养提供起着重要的作用（Tian et al., 2015）。*Syntrophobacter* 在 B-V/N（4.1%）和 B-V/S（4.6%）被大量地富集，但是利用 NO_3^-、NO_2^- 以及 SO_4^{2-} 作为电子受体，将其还原（Ramos et al., 2016）。*Spirochaetaceae*_uncultured（9.9%）和 *Syntrophobacter*（8.1%）在 B-V/Fe 中被大量地富集，其也被证明了具有铁还原的功能（Baek et al., 2016）。*Spirochaeta* 在 B-V/S 中丰度为 4.8%，其能直接将 SO_4^{2-} 还原（Kümmel et al., 2015）。*Trichococcus* 在 B-V/C 中大量地富集（9.7%），其与产甲烷密切相关，同时也可以利用甘油作为电子碳源，*Longilinea* 也在反应器中丰度高，可以降解丙酸并产生甲烷（Dinh et al., 2014）。这些物种可能会直接或间接参与这些共存的电子受体的减少（即 NO_3^-、Fe^{3+}、SO_4^{2-} 和 CO_2）。

在生物反应器中也发现了大量的发酵微生物。其中 *Longilinea* 是一个严格的厌氧发酵碳水化合物产生挥发性脂肪酸的属（Zhang et al., 2013）。*Methanobacterium* 在反应器 B-V/N（16.93%）和 B-V/C（1.42%）中丰度高，其能够还原 CO_2 并产生甲烷，并且也能厌氧氧化金属（Lorowitz et al.，1992）。*Syntrophobacter* 能够利用丙酸酯，同时还能与氢自养型产甲烷菌共生（Worm et al.，2014）。Soil Crenarchaeotic Group 在五个反应器中丰度十分高，其与乙酸盐的循环密切相关（Webster et al.，2010）。*Methanosaeta concilii* 是一种专性的分解乙酸产甲烷菌，它在利用乙酸并产甲烷的过程中发挥了重要作用（Mizukami et al.，2006）。虽然这些发酵微生物并没有直接参与减少的电子受体［V(Ⅴ)、NO_3^-、Fe^{3+}、SO_4^{2-} 和 CO_2］，它们可以与金属还原微生物互动，并促进它们的呼吸（Hao et al.，2015）。

5.2.2 共存高价金属的影响

钒和铬是两种比较重要的重金属，广泛应用于各行各业中。钒和铬通常共存于矿物中，如中国四川攀枝花市的钒钛磁铁矿。在这些矿石的加工过程中，会产生大量的粉尘和含有钒和铬的废水，这些粉尘可能进入土壤和地下水（Fang et al.，2017）。近年来，对于 V(Ⅴ) 和 Cr(Ⅵ) 共同污染的地下水在世界范围内被广泛报道（Rasheed et al.，2012）。尽管人们已经揭示了土壤中钒和铬的生物地球化学过程，但是人们对于钒和铬在地下水中的生物地球化学循环，以及对它们在此过程中的相互作用的认知还较为有限。钒和铬的毒性随其价态和溶解度而增加，而 V(Ⅴ) 和 Cr(Ⅵ) 毒性最大。通常除了采用各种吸附剂吸附去除水环境中的重金属和有机物外，V(Ⅴ) 和 Cr(Ⅵ) 的还原性降低，使其变为毒性和流动性降低的 V(Ⅳ) 和 Cr(Ⅲ)，此两种方法被认为是在地下水中对它们进行解毒的合理途径（Liu et al.，2017）。

此前已经有研究报道了用化学还原的方法进行上述的转化，但是必须进一步解决它们的成本效益和潜在的二次污染。基于厌氧微生物还原 V(Ⅴ) 和 Cr(Ⅵ) 的生物处理似乎是一种更有前景的方法，因为其成本低且可以用于原位修复（Reijonen et al.，2016）。此外，前人已经报道了可以还原 V(Ⅴ) 和 Cr(Ⅵ) 的微生物，如 *Geobacter metallireducens* 和 *Shewanella oneidensis*（Ortiz-Bernad et al.，2004）。然而，大多数现有研究是通过纯培养物或混合培养物单独处理 V(Ⅴ) 或 Cr(Ⅵ)（Gong et al.，2018；Hao et al.，2015）。混合培养物不仅具有较高的微生物多样性，还有较强的适应性和自我进化能力，它的还原效率也比较高。之前已有人研究了这两种金属离子的去除以及与其他污染物的共存情况。例如，用营养素的存在评估 V(Ⅴ) 的生物还原，并且还研究了硝酸盐对微生物 Cr(Ⅵ) 还原的影响。尽管先前已经揭示了通过纯培养同时还原 V(Ⅴ) 和 Cr(Ⅵ) 的机理（Wang et al.，2017），但对于 V(Ⅴ) 和 Cr(Ⅵ) 的相互作用以及通过混合厌氧培养进行生物还原过程中微生物群落的变化还未研究。

如图 5.29（a）所示，在 CS 中观察到 V(Ⅴ) 和 Cr(Ⅵ) 浓度逐渐降低，这表明混合微生物培养可以同时实现这两种金属离子的减少。在一个实验周期（72 h）中，V(Ⅴ) 的去除效率为 97.0%±1.0%，Cr(Ⅵ) 的去除效率为 99.1%±0.7%，其几乎完全被去除。V(Ⅴ) 的平均去除速率为（0.8±0.1）mg/(L·h)，Cr(Ⅵ) 的平均去除速率为（1.1±0.1）mg/(L·h)。V(Ⅴ) 和 Cr(Ⅵ) 二者的伪一级速率常数分别为 0.03347 和 0.06976（表 5.7）。这些结果显示出混合培养的显著优势，例如，在具有相同初始浓度和碳源存在的情况下，用 *Shewanella loihica* PV-4 实验 27 天后，仅有 71.3% 的 V(Ⅴ) 和 91.2% 的

Cr(Ⅵ) 被去除 (Wang et al., 2017)。由于金属离子也可以通过吸附被去除，所以将所得的结果与吸附结果进行了比较。例如，V(Ⅴ) 和 Cr(Ⅵ) 对 Zr(Ⅳ) 浸渍的胶原纤维的最大吸附容量分别为 1.92mmol/(L · g) 和 0.53mmol/(L · g)。研究提供了更有效和更强大的途径来解决由这两种有毒金属离子引起的地下水的复合污染，并扩大了这种微生物减少污染物以便在厌氧条件下解毒。不过应该注意的是，该研究的结果是通过批实验处理得到的。尚未考虑地下水化学和流体动力学的影响。在今后的研究中需要进一步研究在连续流动模式下长期运行时，处理天然 V(Ⅴ) 和 Cr(Ⅵ) 污染的地下水的具体情况。

表 5.7 不同生物反应器中伪一级动力学方程及相关参数

系统	方程	动力学速率常数/h^{-1}	R^2
CS 中 V(Ⅴ)	$-\ln(C_t/C_0)=0.03347t-0.02788$	0.03347	0.98557
CS 中 Cr(Ⅵ)	$-\ln(C_t/C_0)=0.06976t-0.108$	0.06976	0.98271
SS-V 中 V(Ⅴ)	$-\ln(C_t/C_0)=0.04612t+0.05265$	0.04612	0.99173
SS-Cr 中 Cr(Ⅵ)	$-\ln(C_t/C_0)=0.025t-0.0593$	0.0250	0.96070

如图 5.29 (a) 所示，SS-V 中的 V(Ⅴ) 浓度和 SS-Cr 中的 Cr(Ⅵ) 浓度也随时间逐渐降低，还原效率分别为 97.0% ±0.2% 和 86.1% ±1.2%。在 SS-V 中获得的 V(Ⅴ) 去除速率为 (0.9±0.2)mg/(L · h)，伪一级速率常数为 0.04612，而 SS-Cr 中 Cr(Ⅵ) 的去除速率为 (0.6±0.1)mg/(L · h)，伪一级速率常数为 0.0250 (表 5.7)。这些结果与先前通过混合厌氧培养单独生物去除 V(Ⅴ) 和 Cr(Ⅵ) 的研究情况一致 (Pradhan et al., 2017; Zhang et al., 2015)。在 CS 中 V(Ⅴ) 和 Cr(Ⅵ) 的浓度几乎没有被去除 (图 5.29)，由此证明 CS 中的 V(Ⅴ) 和 Cr(Ⅵ) 的去除是生物学介导的，而且具有活性的微生物在这些污染物的解毒中起关键作用。另外，与 SS-V 和 SS-Cr 相比，CS 中 Cr(Ⅵ) 的去除速率较大，

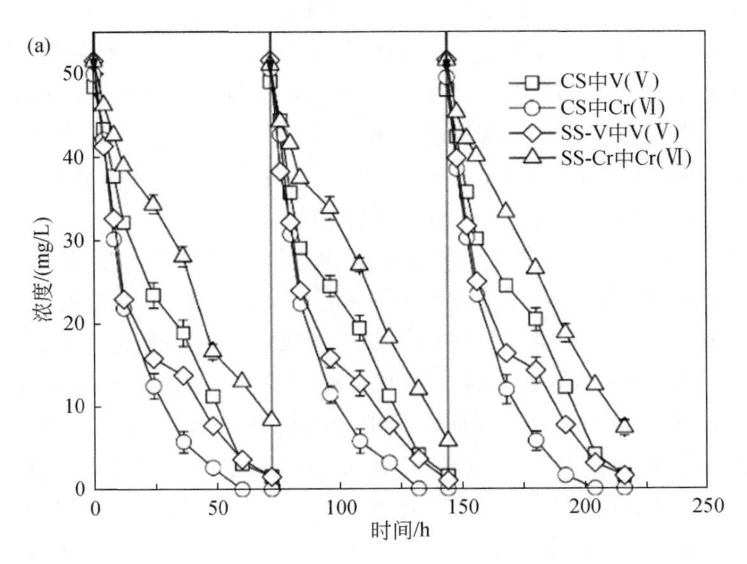

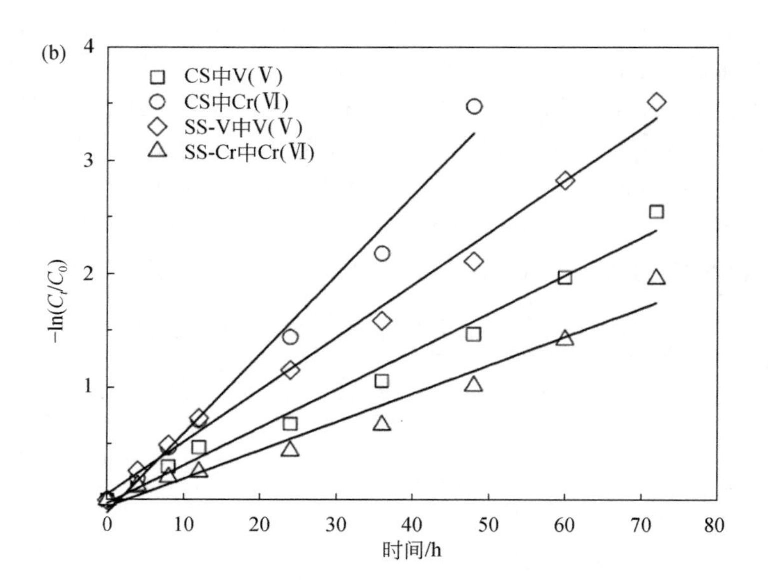

图 5.29　生物反应器中性能、动力学建模

(a) 反应器长期 V(Ⅴ) 和 Cr(Ⅵ) 浓度的变化情况; (b) 一个反应周期内的伪一级反应动力学拟合曲线，箭头表示更换地下水

V(Ⅴ) 的去除比较滞后。在纯培养的复合污染物去除中也观察到类似的竞争和协同作用 (Wang et al., 2017)。首先，Cr(Ⅵ) 优先从微生物的有机物氧化中获得电子，因为它具有比 V(Ⅴ) 更高的氧化还原电位 [式 (5.10) 和式 (5.11)]，所以 CS 中 Cr(Ⅵ) 的还原过程优先于 V(Ⅴ)。

$$Cr_2O_7^{2-}+14H^++6e^-\longrightarrow 2Cr^{3+}+7H_2O \qquad E^{\ominus}=1.3V \tag{5.10}$$

$$VO_2^++2H^++e^-\longrightarrow VO^{2+}+H_2O \qquad E^{\ominus}=0.991V \tag{5.11}$$

其次，Cr(Ⅵ) 具有比 V(Ⅴ) 高太多的生物毒性，并且微生物倾向于首先将其降低至较低毒性，并且优先转化为 Cr(Ⅲ) 以改善其生存条件和环境 (Singh et al., 2015)。在重金属离子作用下，蛋白质和蛋白酶都出现上调，以帮助蛋白质折叠并促进在胁迫条件下产生多肽的重折叠 (Bencheikh-Latmani et al., 2005)。因此，由于 Cr(Ⅵ) 比 V(Ⅴ) 毒性更大，所共存的系统具有加速和增强 Cr(Ⅵ) 去除的能力。

如图 5.30 (a) 所示，反应器 CS 水溶液中的总钒和总铬含量随着反应时间的延长逐渐降低，这意味着还原产物具有不溶性特征。此外，CS 中总铬比总钒下降得更明显，这与 CS 中 V(Ⅴ) 和 Cr(Ⅵ) 下降的趋势相一致。在实验进行 72h 后，总钒和总铬的去除率分别为 61.1%±0.2% 和 68.3%±0.3%。同时，在实验运行期间 CS 中出现明显的沉淀物。收集它们并且经 XPS 分析可知，其特征峰分别为钒和铬的峰值，由此可以得知水溶液中总钒和总铬降低的原因。通过 XPS 分析获得 V 2p 的高分辨率光谱，并且检测到位于 515.8eV 的子带，经分析鉴定为 V(Ⅳ) [图 5.30 (b)] (Cai et al., 2017)。该结果证实了 V(Ⅴ) 生物还原为 V(Ⅳ)。V(Ⅳ) 毒性较小，可在近中性的条件下自然沉淀，主要形式为 $VO(OH)_2$ 和/或磷酸氧钒 [$CaV_2(PO_4)_2(OH)_4\cdot 3H_2O$] (Qiu et al., 2017)。当收集和测试期间暴露于空气中时，所产生的 V(Ⅳ) 容易再氧化，因此也观察到对应 V(Ⅴ) 的峰 (Huang et al.，2015)。此外，观察到 Cr $2p_{3/2}$ 与 Cr $2p_{1/2}$ 峰值分裂值为 9.6eV［图 5.30 (c)］，与Cr(Ⅲ) 的一致 (Li et al.，2008)。在测试条件下，Cr(Ⅲ) 的溶解度可忽略不计 (50～100μg/L)，因此生物产生的 Cr(Ⅲ) 也可以自发沉淀。V(Ⅴ) 和 Cr(Ⅵ) 还原产物具有不溶性，便可实现从地下水中去除钒和铬，有效净化被 V(Ⅴ) 和 Cr(Ⅵ) 共同污染的环境。

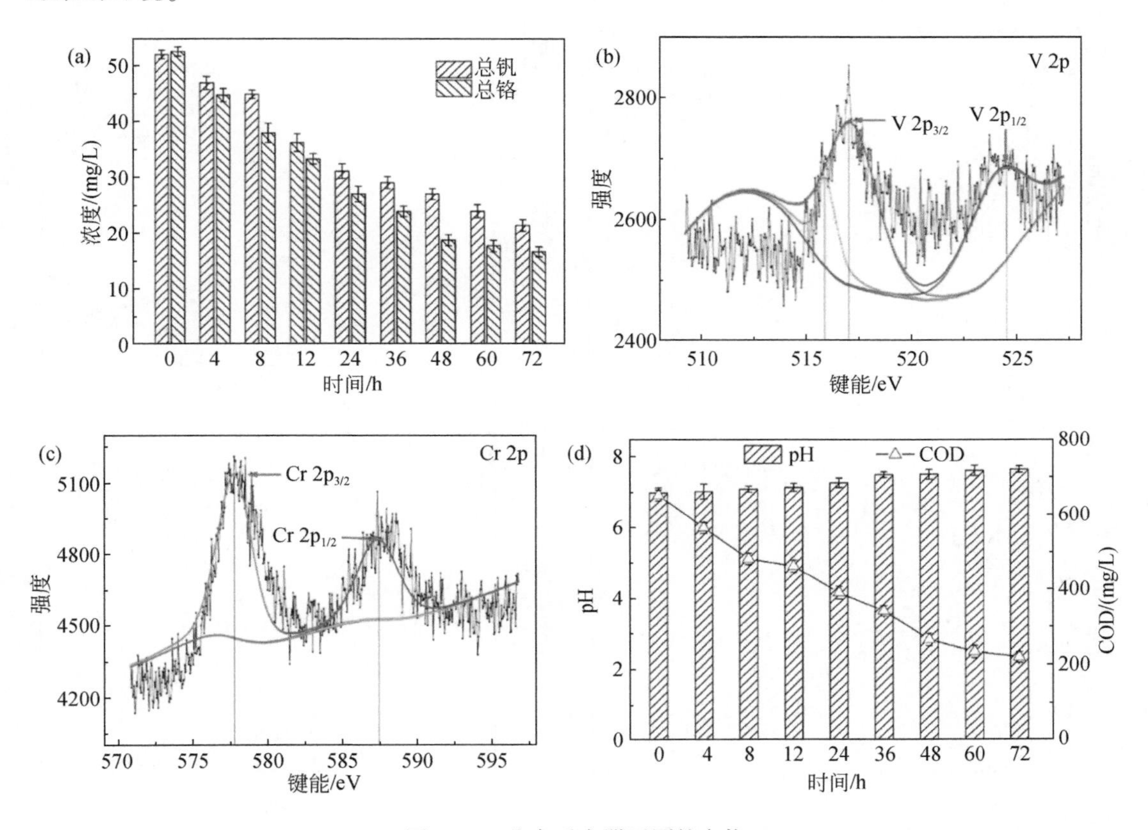

图 5.30　鉴定反应器还原的产物

(a) 生物反应器中总钒和总铬的变化；(b) 沉淀中 V(Ⅴ) 的 XPS 分析；(c) 沉淀中 Cr(Ⅵ) 的 XPS 分析；(d) 生物反应器中的 pH 和 COD 的变化

此外，由于在 V(Ⅴ) 和 Cr(Ⅵ) 的生物还原过程中质子的消耗，在 CS 中观察到 pH 的轻微增加［式 (5.10) 和式 (5.11)］(Liu et al.，2017)。随后在 CS 中观察到 COD 随时间的延长而降低［图 5.30 (d)］，表明在 V(Ⅴ) 和 Cr(Ⅵ) 的生物还原过程中消耗了乙酸钠。该结果与大多数研究报道的 V(Ⅴ) 和 Cr(Ⅵ) 还原剂是异养的结果相一致 (Pradhan et al.，2017；Zhang et al.，2015)，而且在该研究中，乙酸钠充当电子供体和碳源。金属离子生物还原涉及两种机理，即微生物通过电子转移直接呼吸它们，与它们结合其他电子受体的还原酶进行解毒 (Yelton et al.，2013)。由于采用混合厌氧培养，这两种途径均可在本研究中发生，有助于提高 V(Ⅴ) 和 Cr(Ⅵ) 的去除率。在该过程中添加的 COD 的消耗量为 (432.6±4.9) mg/L。当进行实际的生物修复时，应该准确适当地补充

COD，从而可以成功地防止由于 COD 不足引起的抑制作用及由于残留的 COD 引起二次污染。

如图 5.31 (a) 所示，实验中进行了四个初始 Cr(Ⅵ) 浓度 (26mg/L、52mg/L、78mg/L、104mg/L) 影响的研究，V(Ⅴ) 初始浓度为 51mg/L，乙酸钠浓度为 800mg/L，pH 为 7。尽管 V(Ⅴ) 和 Cr(Ⅵ) 都是在 72h 实验周期中被逐渐去除，但是在较高的 Cr(Ⅵ) 初始浓度下，V(Ⅴ) 的去除明显地受到抑制 [图 5.31 (a)]。V(Ⅴ) 还原效率

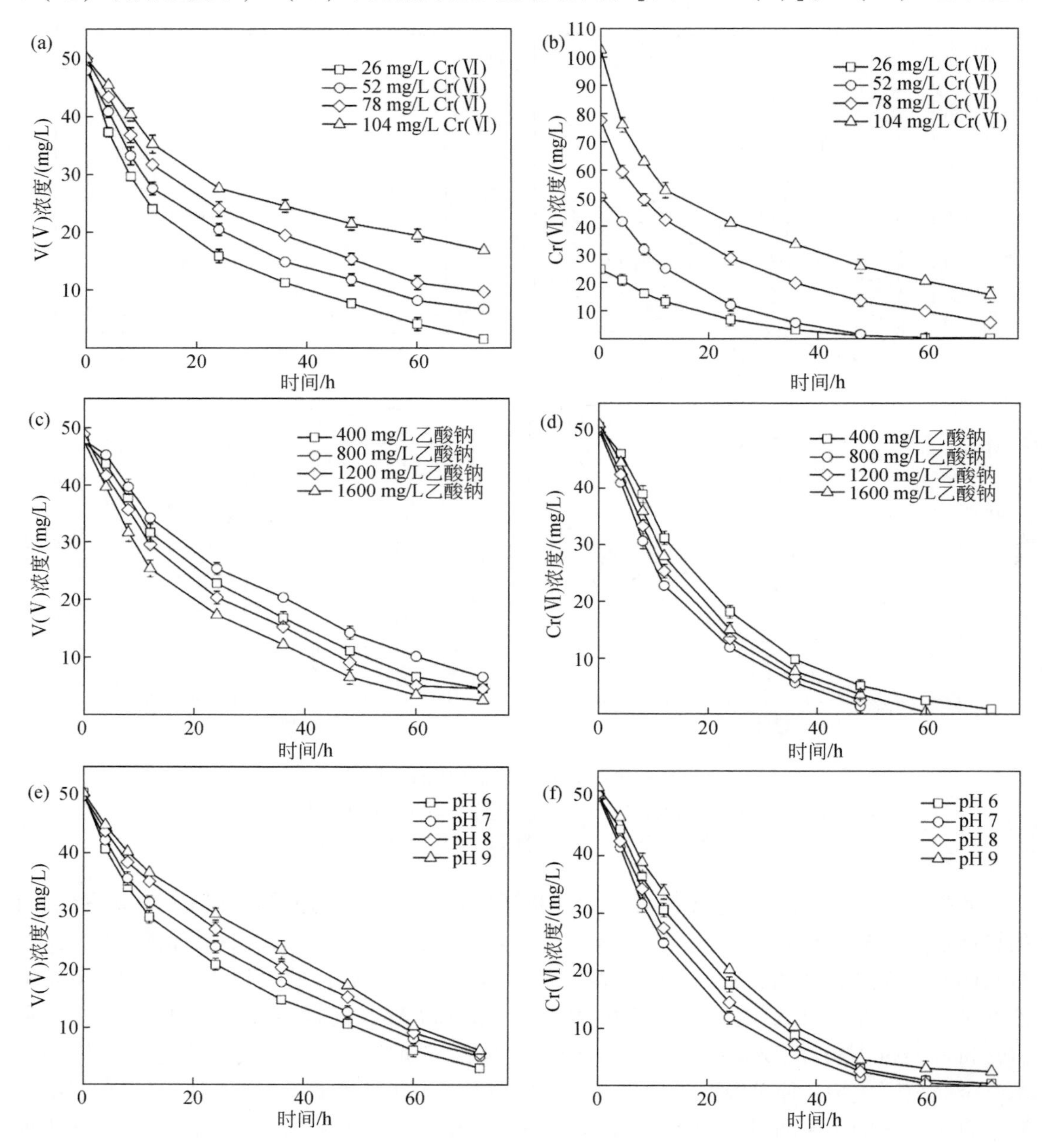

图 5.31 不同影响因素对 V(Ⅴ) 和 Cr(Ⅵ) 去除的研究

(a, b) Cr(Ⅵ) 初始浓度；(c, b) 乙酸钠初始浓度；(e, f) pH

从 Cr(Ⅵ) 初始浓度为26mg/L时的99.3%±0.9%下降至Cr(Ⅵ) 初始浓度为104mg/L时的67.0%±1.2%V(Ⅴ)，去除速率相应地从（0.7±0.1)mg/(L·h) 降低至（0.5±0.1)mg/(L·h)。关于Cr(Ⅵ) 的去除，其完全去除发生在其初始浓度低于52mg/L时，而当其初始浓度为104mg/L时，Cr(Ⅵ) 的还原效率降低至85.0%±0.6%［图5.31（b)］。然而，随着Cr(Ⅵ) 初始浓度从26mg/L增加至104mg/L，Cr(Ⅵ) 的去除速率从（0.3±0.1)mg/(L·h) 增加至（1.2±0.2)mg/(L·h)。这表明即使在较高Cr(Ⅵ) 浓度条件下，实验中所采用的混合微生物厌氧培养也可以实现较高Cr(Ⅵ) 浓度去除。

考虑到碳源浓度对微生物还原V(Ⅴ) 和Cr(Ⅵ) 的影响，实验中采用不同的乙酸钠初始浓度（400mg/L，800mg/L，1200mg/L，1600mg/L）进行实验，在每种测试条件下，V(Ⅴ) 和Cr(Ⅵ) 初始浓度分别为51mg/L和52mg/L，pH为7。通过实验发现V(Ⅴ) 比Cr(Ⅵ) 去除速率更慢［图5.31（c）和（d)］。值得注意的是，随着乙酸钠初始浓度的增加，V(Ⅴ) 的去除率先降低后升高，当乙酸钠初始浓度为800mg/L时，V(Ⅴ) 的还原效率最低。然而Cr(Ⅵ) 的去除却表现出相反的趋势，当乙酸钠初始浓度为800mg/L时，Cr(Ⅵ) 有最大的去除速率和去除率。据报道，混合微生物需要约330mg/L的COD以去除51mg/L的V(Ⅴ)（Zhang et al.，2015)。当碳源有限时，微生物倾向于呼吸更多的V(Ⅴ)，而当存在大量的碳源时，便可以支持更多微生物进行活动，从而呼吸更多毒性较强的Cr(Ⅵ)（Pradhan et al.，2017)。当乙酸钠初始浓度进一步增加时，会发生产甲烷作用与异化金属还原反应（Reul et al.，1999)，这会降低异化金属还原菌的活性并导致Cr(Ⅵ) 去除的减少。

图5.31（e）和图5.31（f）显示了在不同的pH（6，7，8，9）下V(Ⅴ) 和Cr(Ⅵ) 的去除情况。其中，V(Ⅴ) 初始浓度为51mg/L，Cr(Ⅵ) 初始浓度为52mg/L，乙酸钠初始浓度为800mg/L。通过实验发现，在每个不同的pH情况下，大多数V(Ⅴ) 和Cr(Ⅵ) 都可以被去除，而且Cr(Ⅵ) 的去除速率比V(Ⅴ) 快，这表明在相对较为宽泛的pH内，提出的这种方法对于V(Ⅴ) 和Cr(Ⅵ) 污染的环境进行生物修复是可以发挥作用的。pH通过影响金属的形态从而在金属毒性中发挥重要作用，并影响微生物与金属离子之间的接触（Escudero et al.，2017)。在较低的pH情况下，溶解的V(Ⅴ) 和Cr(Ⅵ) 容易被释放到水溶液中，因此可以释放它们的毒性（Shaheen et al.，2016；Chen et al.，2015)。当pH为7时，Cr(Ⅵ) 的去除速率和去除率都为最大，因为在酸性条件下，不利于V(Ⅴ) 的去除，这可能是酸性条件影响微生物的活性，不利于微生物生存繁殖。

与接种污泥相比，微生物的丰富性和多样性发生了明显的变化。从稀释性曲线可以看出（图5.32)，接种污泥的丰度较高，而生物反应器中的微生物丰度下降。这是因为实验中添加的V(Ⅴ) 和Cr(Ⅵ) 可以抑制微生物的生长和繁殖。SS-Cr具有最低的微生物丰度，由表5.8可以看出，Ace指数和Chao1指数最低，因为Cr(Ⅵ) 比V(Ⅴ) 毒性更大。然而，CS中的微生物丰度高于SS-V和SS-Cr中的微生物丰度，尽管其低于接种污泥中的微生物丰度，这意味着所添加的两种金属离子之间存在拮抗作用（Hsieh et al.，2011)。这些影响在微生物多样性方面表现得更为明显，四个样本中CS的多样性最高（表5.8)。Shannon指数和Simpson指数表明，添加Cr(Ⅵ) 导致微生物多样性减少是由其更强的毒性导致的，而微生物多样性随着V(Ⅴ) 的增加而略有增加，因为细菌物种对V(Ⅴ)的耐受

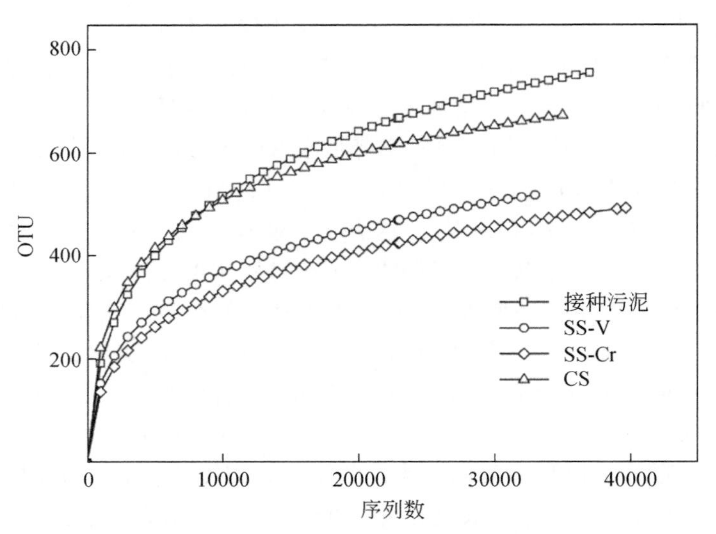

图 5.32　接种污泥与 V(Ⅴ) 和 Cr(Ⅵ) 生物反应器中微生物群落的稀释性曲线

表 5.8　接种污泥与生物反应器中微生物的丰度和多样性指数

样品编号	OTU	Ace 指数	Chao1 指数	Shannon 指数	Simpson 指数	覆盖度
接种污泥	755	915	919	4.21	0.049	0.995
SS-V	518	653	680	4.21	0.034	0.996
SS-Cr	493	625	638	3.92	0.056	0.997
CS	673	774	776	4.84	0.018	0.996

性高达 230mg/L（Hao et al., 2016）。

从图 5.33（a）可以看出在门水平微生物群落也发生了变化。虽然 Proteobacteria、Bacteroidetes 和 Chloroflexi 在已添加金属离子的情况下仍占主导地位，但具有不同生存条件的群落结构与接种污泥明显不同。特定的门在 SS-V 中显著累积，如 Synergistetes、Atribacteria 和 Tenericutes，这与先前的研究一致（Liu et al., 2017）。Actinobacteria 和 Spirochaetes 在 SS-Cr 中大量出现，而 Chlorobi 和 Nitrospirae 在 CS 中丰度很大，其参与了金属离子的解毒作用。

图 5.33（b）是参与 V(Ⅴ) 和 Cr(Ⅵ) 生物还原的功能物种在属水平上的变化。大量的 *Geobacter* 出现在 SS-V 中，之前报道它可以还原 V(Ⅴ)（Ortiz-Bernad et al., 2004）。*Anaerolineaceae* 在 SS-V 中显著累积（17%），据报道其和硒酸盐还原酶一起使得 Rife 矿区内的硒酸盐减少（Fakra et al., 2018）。在 SS-V 中 *Thiobacillus* 丰度增加至 1.9%，可以通过细胞外电子转移降低硝酸盐和亚硝酸盐的浓度（Pous et al., 2014）。在 SS-Cr 中，*Thauera* 属的富集是比较明显的，并且已经揭示了其在 Cr(Ⅵ) 解毒和固定中的作用（Miao et al., 2015）。*Syntrophobacter* 也在 SS-Cr 中丰度增加，并且能够利用亚硝酸盐、硝酸盐和/或硫酸盐作为电子受体（Ramos et al., 2016；Worm et al., 2014）。除了 *Geobacter*，上述这些属在 CS 中也被检测到，*Geobacter* 可直接或间接地在 CS 中负责 V(Ⅴ) 和 Cr(Ⅵ) 的减少。此外，*Spirochaeta* 和 *Spirochaetaceae* 在所有样品中的丰度最大，它们也可以解释

V(Ⅴ) 和 Cr(Ⅵ) 的去除能力以及它们还原硫酸盐和 Fe(Ⅲ) 的能力（Baek et al., 2016; Kümmel et al., 2015）。

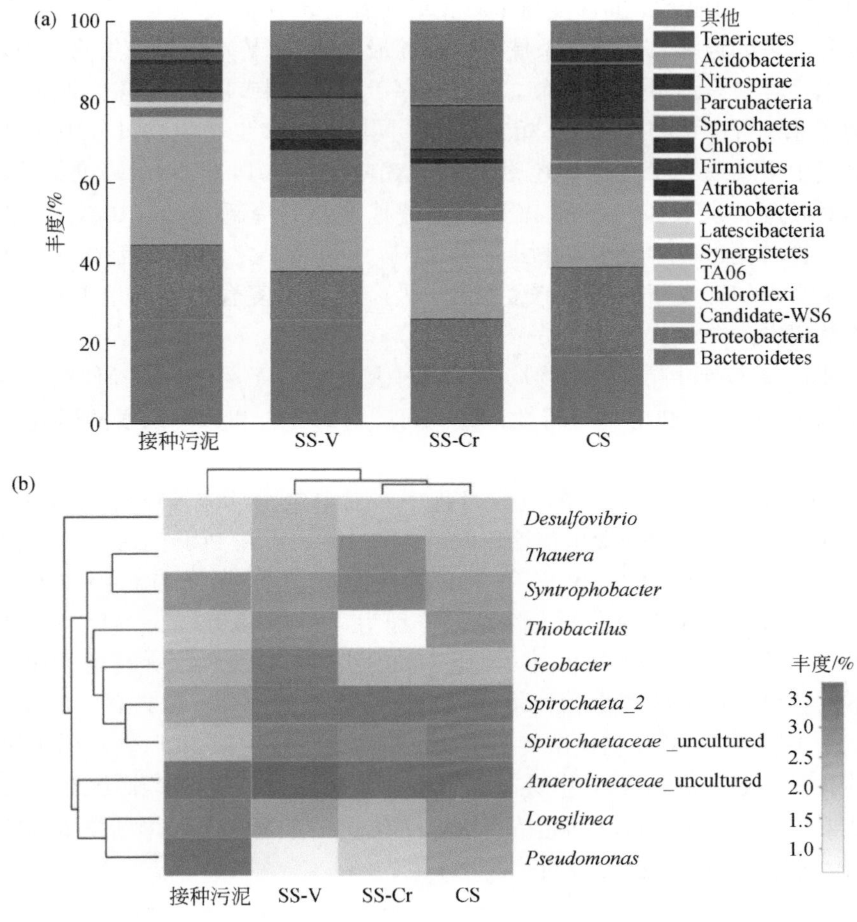

图 5.33　接种污泥与生物反应器中微生物群落的成分及丰度

（a）门层面；（b）属层面

5.2.3　共存高氧化还原电位有机物的影响

重金属和有机物对地下水的复合污染已经成为世界范围内的一个严重问题，威胁着地球上的自然平衡和人类的可持续发展能力。

氯酚属于新的有机化合物，称为异生素，其中五氯酚（PCP）被广泛用作杀虫剂和消毒剂。由于其高毒性（包括可能的致癌性）和抗自然降解，PCP 已被美国国家环境保护局列为优先污染物（Ma et al., 2018）。土壤和沉积物是环境中 PCP 的主要汇聚地，也是地下水中 PCP 的潜在来源。虽然 PCP 在农业中的应用已经被禁止了几十年，但 PCP 仍然在地下水中被检测到（Langwaldt et al., 1992）。在钒采矿和冶炼区域内和周围的农田中，一些杀毒剂、消毒剂和农业活动中大量农药的使用，经常导致地下水中 V(Ⅴ) 和 PCP 的共同出现（Lien et al.，2007）。

近年来，随着国家和社会对自然环境保护力度的提升，公众对良好环境的追求，受V(Ⅴ) 和 PCP 污染的地下水的修复越来越受到关注，潜在的低成本的原位生物修复被认为是一种很有前途的选择。在厌氧条件下，毒性最大的 V(Ⅴ) 可以被生物还原为 V(Ⅳ)，其沉淀物可以很容易从地下水中去除。而且共存于地下水中的电子受体，如硝酸盐和铬酸盐，在生物还原过程中可与 V(Ⅴ) 相互作用。同时，PCP 也是生物过程中典型的电子受体，在含水层中可实现 PCP 的厌氧还原脱氯（Xu et al.，2014）。对于高度氯化的有机物，好氧转化相对较慢，厌氧条件下的 PCP 脱氯是其重要的降解途径（Bosso et al.，2014）。尽管如此，生物转化过程中含水层中共存的 V(Ⅴ) 和 PCP 之间的相互关系仍然在很大程度上未知，亟需人们开发新的技术修复被 V(Ⅴ) 和 PCP 复合污染的地下水环境。综上，对此展开相关研究。

本章主要构建了通过混合微生物培养，同时去除 V(Ⅴ) 和 PCP 的研究。主要探讨了：①微生物去除 V(Ⅴ) 和 PCP 的可行性；②中间产物的分析和影响因素的研究；③微生物群落的分析。

如图 5.34 所示，在三个连续的反应过程中，三个生物反应器中都观察到 V(Ⅴ) 和 PCP 浓度逐渐降低，说明混合微生物培养同时去除 V(Ⅴ) 和 PCP 是可行的。在一个实验周期（7 天）中，B-V/P 中 V(Ⅴ) 和 PCP 的去除率分别为 96.0% ±1.8% 和 43.4% ±4.6%。V(Ⅴ) 和 PCP 相应的平均去除速率分别为（1.37±0.03）mg/(L·d) 和（0.61±0.01）mg/(L·d)。V(Ⅴ) 和 PCP 能被微生物同时去除，这表明由金属离子和有机物共同污染的地下水，可以通过厌氧生物技术成功地进行处理。此外，B-V/P 中的 V(Ⅴ) 去除率低于 B-V 中的，其 V(Ⅴ) 初始浓度为 75mg/L，在实验进行 12h 后去除率达到 76%，这可能是与其共存的 PCP 在 B-V/P 中具有强毒性所致。此外，B-V/P 中 PCP 的去除率与先前报道的结果相当，其中，PCP 初始浓度为 8mg/L 的样品通过土壤中的微生物降解，反应 10 天后 PCP 去除约 50%（Tong et al.，2015）。

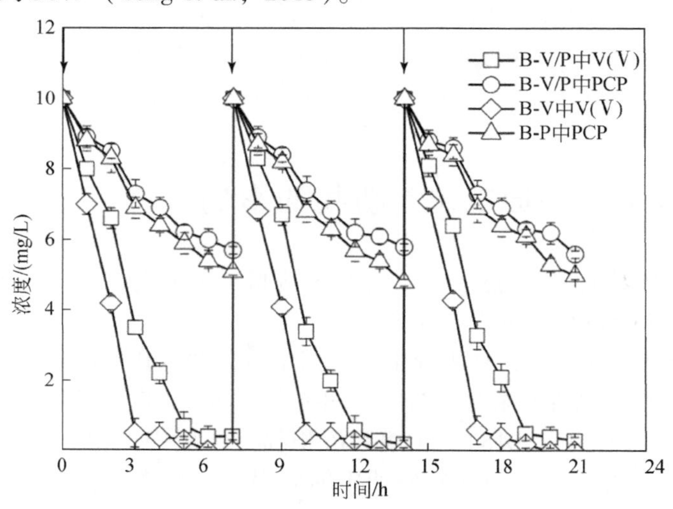

图 5.34　生物反应器中不同周期内 V(Ⅴ) 与 PCP 浓度的变化

箭头表示更换地下水

B-P 中的 V(Ⅴ) 浓度和 B-P 中的 PCP 浓度也随反应时间的延长而逐渐降低（图 5.34），V(Ⅴ) 浓度和 PCP 浓度的还原效率分别为 97.2%±4.2% 和 49.3%±1.5%，去除速率分别为（1.94±0.04）mg/(L·d) 和（0.70±0.02）mg/(L·d)。本研究中得出的结果与 V(Ⅴ) 和 Cr(Ⅵ) 联合清除类似生物系统中抑制 V(Ⅴ) 和增强 Cr(Ⅵ) 的减少不同，与 B-V 和 B-P 相比，在 B-V/P 中 V(Ⅴ) 和 PCP 的去除均被抑制。这表明在生物还原过程中 V(Ⅴ) 和 PCP 之间存在竞争关系。此外，尽管 VO_2^+/VO^{2+}（0.991V）的标准还原电位接近 PCP 的标准还原电位（0.990V）（Li et al.，2008），但 V(Ⅴ) 却比 PCP 更快地被去除，有可能是有机物大分子毒性强而较难去除；也可能是 PCP 的生物毒性比 V(Ⅴ) 的高出很多，因此微生物的适应能力也较差（Khan et al.，2017）。反应 7 天后，已灭菌的反应器中几乎没有任何 V(Ⅴ) 和 PCP 的去除（图 5.35），由此证明活的微生物在 V(Ⅴ) 和 PCP 的还原生物转化过程中发挥了关键作用。

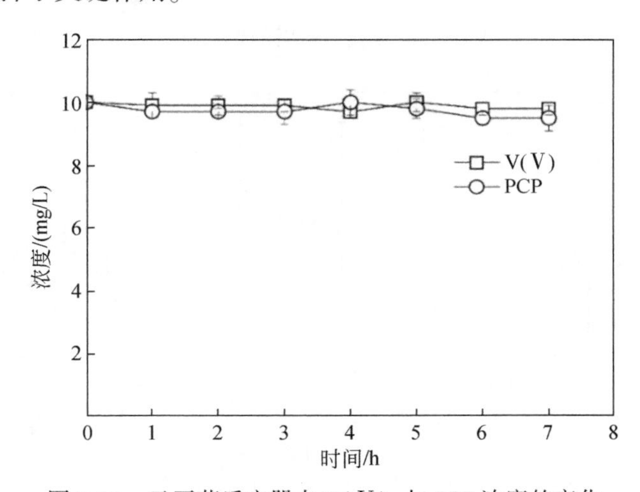

图 5.35　已灭菌反应器内 V(Ⅴ) 与 PCP 浓度的变化

此外，还研究了 V(Ⅴ) 和 PCP 还原的伪一级动力学模型（表 5.9）。B-V/P 中 V(Ⅴ) 的伪一级速率常数为 0.5562，PCP 的伪一级速率常数为 0.0823，B-V 的伪一级速率常数为 0.8071，B-P 的伪一级速率常数为 0.0974。

表 5.9　不同生物反应器中污染物的伪一级动力学方程及相关参数

系统	方程	伪一级速率常数/d^{-1}	R^2
B-V/P 中 V(Ⅴ)	$-\ln(C_t/C_0)=0.5562t-0.3733$	0.5562	0.9595
B-V/P 中 PCP	$-\ln(C_t/C_0)=0.0823t+0.0266$	0.0823	0.9765
B-V 中 V(Ⅴ)	$-\ln(C_t/C_0)=0.8071t-0.1935$	0.8071	0.9087
B-P 中 PCP	$-\ln(C_t/C_0)=0.0974t+0.0288$	0.0974	0.9838

实验进行期间，B-V/P 生物反应器的底部出现蓝色沉淀物（图 5.36），并且从检测到的总钒浓度来看，此过程中伴随着溶解的总钒浓度逐渐减少［图 5.37（a）］。实验进行 7 天后，B-V/P 中总钒的去除率为 78.2%±3.1%，这便证明了 V(Ⅴ) 减少的同时产生了沉

淀。收集沉淀物并通过 XPS 分析［图 5.37（b）］，获得 V 2p 的高分辨率光谱，检测到的子带位于 515.9eV，鉴定为 V(Ⅳ)（Cai et al., 2017）。该结果表明 V(Ⅴ) 主要通过微生物转化为 V(Ⅳ)，这与前人报道的相一致（Yelton et al., 2013）。

图 5.36 本实验中所用的生物反应器

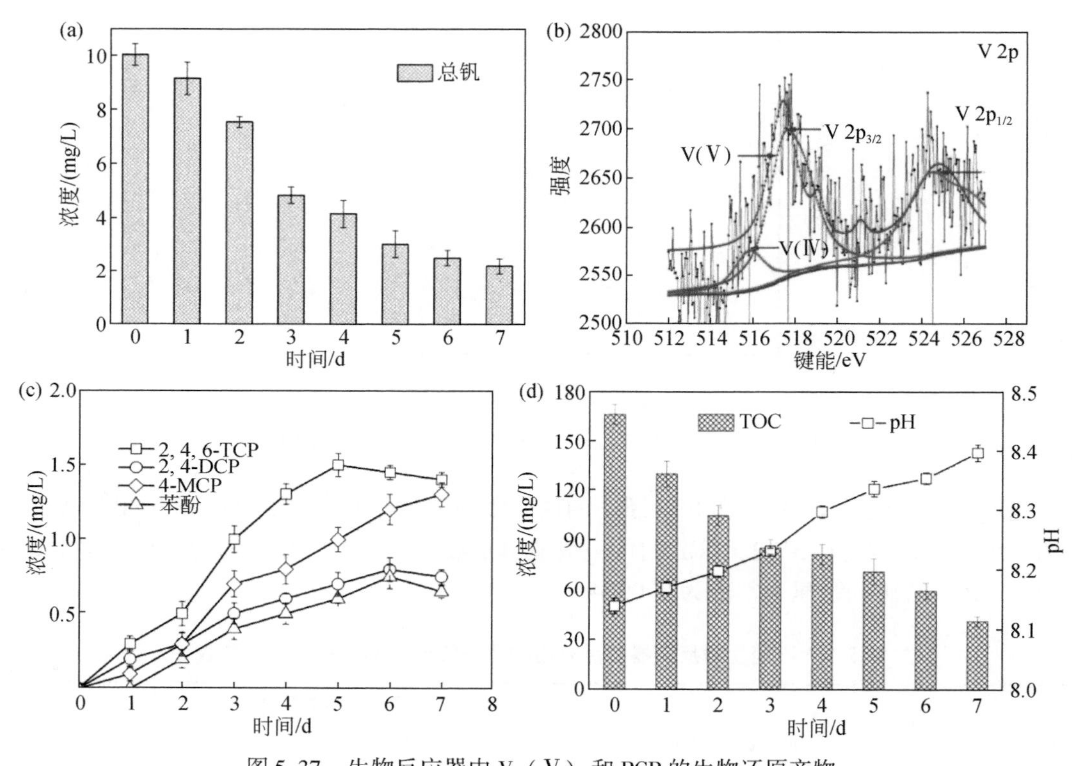

图 5.37 生物反应器中 V（Ⅴ）和 PCP 的生物还原产物

（a）总钒随时间的变化；（b）沉淀物的 XPS 分析；（c）PCP 脱氯过程中还原产物的变化；（d）TOC 和 pH 的变化

在 PCP 去除过程中检测到包括 2,4,6-三氯苯酚（2,4,6-TCP）、2,4-二氯苯酚（2,4-DCP）、4-氯苯酚（4-MCP）和苯酚在内的中间体［图 5.37（c）］。这与前人所研究的 PCP 微生物脱氯研究中观察到的降解中间体相一致（Yu et al., 2015a）。随着反应时间的进行和 PCP 浓度的逐渐降低，这些中间体的出现意味着微生物转化过程经历了还原脱氯反应（Freeborn et al., 2005）。中间产物浓度的初步升高表明，在厌氧条件下，PCP 还原脱氯通过多种方式发生，因为中间体在脱氯过程中同时产生（Jugder et al., 2015）。而且反应之后，2,4,6-TCP和2,4-DCP的浓度降低，这意味着PCP中间体本身也可以进一步脱氯（Fricker et al., 2014）。

随着反应时间的延长，TOC的浓度也逐渐降低［图5.37（d）］，这意味着添加的乙醇被微生物作为碳源消耗，因为微生物还原V(Ⅴ)和PCP需要碳源。此外，还发现苯酚的浓度在后期阶段也出现下降［图5.37（c）］，这与先前的研究一致（Tong et al., 2015），表明氯酚被环裂解，苯酚作为异养生物的补充碳源，不断进行新陈代谢（Ferrer-Polonio et al., 2016），通过共同作用实现PCP的部分矿化。另外，由于微生物的V(Ⅴ)还原和PCP厌氧脱氯过程中质子的消耗，溶液的pH在7天内略有增加（Zeng et al., 2011）。

V(Ⅴ)去除率受V(Ⅴ)初始浓度的影响。在7天实验周期内，当V(Ⅴ)初始浓度低于10mg/L时V(Ⅴ)发生完全的去除，而当初始浓度为20mg/L时，V(Ⅴ)还原效率降低至83.1%±4.6%［图5.38（a）］。然而，随着V(Ⅴ)初始浓度从5mg/L增加到20mg/L，V(Ⅴ)的去除速率却从（0.92±0.01)mg/(L·d)增加到（2.61±0.02)mg/(L·d)。PCP也观察到同样类似的变化趋势［图5.38（b）］；随着V(Ⅴ)初始浓度从5mg/L增加到20mg/L，PCP的去除率降低了40.1%±1.7%。PCP的去除速率相应地从（0.94±0.01)mg/(L·d)降低至（0.37±0.01)mg/(L·d)。这表明生物反应器即使在较高的初始浓度时也能有效地去除V(Ⅴ)，并且在上述条件下V(Ⅴ)的减少优先于PCP。当微生物对V(Ⅴ)和Cr(Ⅵ)的减少彼此隔离时，污染物初始浓度对所去除的污染物具有类似的影响（Wang et al., 2018）。

V(Ⅴ)和PCP的去除率随着乙醇初始添加量的增加而增加［图5.38（c）和（d）］。当乙醇初始添加量从0.25mL/L升高至0.60mL/L时，V(Ⅴ)的还原效率从82.3%±1.6%增加到99.1%±3.3%，而PCP还原效率同时也从11.3%±0.7%增加到56.5%±1.1%。在每种测试条件下，V(Ⅴ)都比PCP更快地被去除。V(Ⅴ)和PCP的平均去除速率分别增加(0.52±0.02)mg/(L·d)和（0.53±0.02)mg/(L·d)。在该实验过程中，微生物倾向于吸收更多的V(Ⅴ)，因为相比于PCP，V(Ⅴ)毒性更低，当碳源有限时，PCP去除的抑制更为明显。混合培养物需要大约330mg/L的COD以降低51mg/L的V(Ⅴ)，当有足够的碳源支持新增加微生物的活性时，这样就可以将更多毒性较强的PCP进行转化和去除（Zhang et al., 2015）。

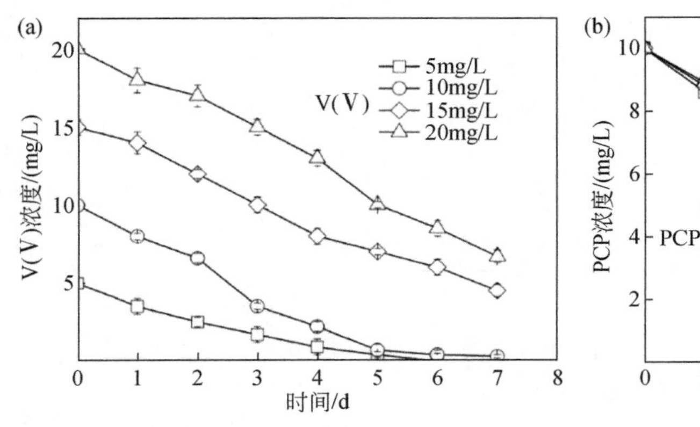

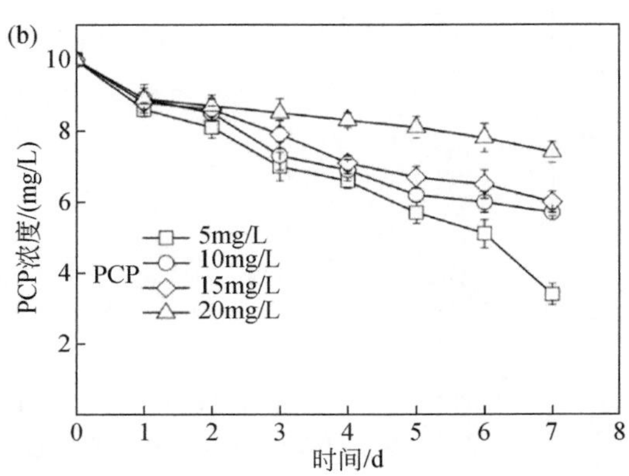

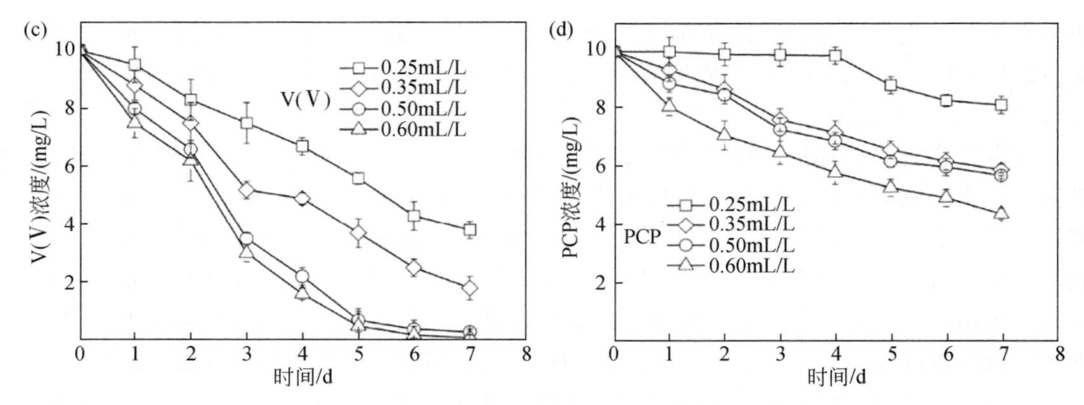

图 5.38　生物反应器中 V(Ⅴ) 和 PCP 还原的影响因素

(a) V(Ⅴ) 初始浓度对 V(Ⅴ) 去除的影响；(b) V(Ⅴ) 初始浓度对 PCP 去除的影响；(c) 乙醇初始添加量对 V(Ⅴ) 去除的影响；(d) 乙醇初始添加量对 PCP 去除的影响

此外，还研究了 V(Ⅴ) 和 PCP 还原过程中不同影响因素下的伪一级动力学模型 (图 5.39)，不同影响因素下的伪一级动力学方程及相关参数如表 5.10 所示。

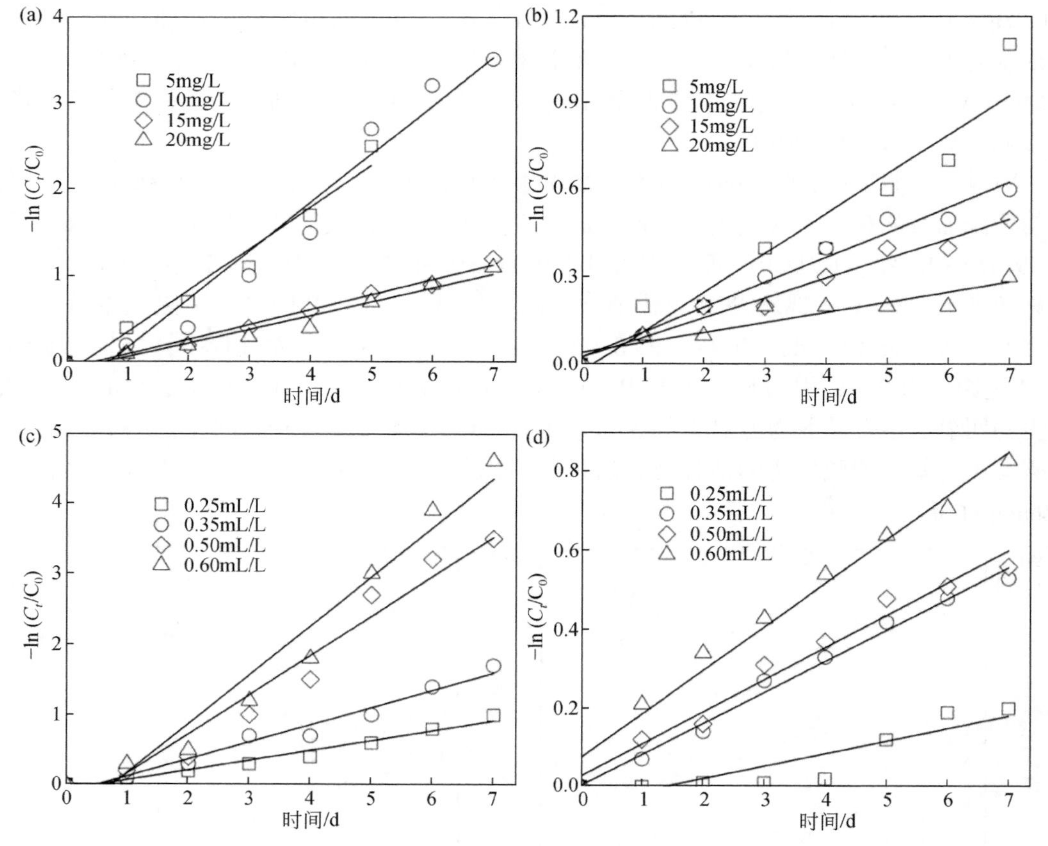

图 5.39　不同影响因素下 V(Ⅴ) 和 PCP 去除效果的伪一级动力学拟合曲线

(a) V(Ⅴ) 初始浓度对 V(Ⅴ) 去除的影响；(b) V(Ⅴ) 初始浓度对 PCP 去除的影响；(c) 乙醇初始添加量对 V(Ⅴ) 去除的影响；(d) 乙醇初始添加量对 PCP 去除的影响

表 5.10　生物反应器影响因素研究的伪一级动力学方程及相关参数

条件	污染物	方程	伪一级动力学速率常数/d^{-1}	R^2
V(V)初始浓度	V(V)	$-\ln(C_t/C_0)=0.4882t-0.1591$	0.4882	0.9634
		$-\ln(C_t/C_0)=0.5562t-0.3733$	0.5562	0.9595
		$-\ln(C_t/C_0)=0.1727t-0.0783$	0.1727	0.9860
		$-\ln(C_t/C_0)=0.1565t-0.0940$	0.1565	0.9621
	PCP	$-\ln(C_t/C_0)=0.1343t-0.0389$	0.1343	0.9298
		$-\ln(C_t/C_0)=0.0823t+0.0266$	0.0823	0.9765
		$-\ln(C_t/C_0)=0.0708t+0.0271$	0.0708	0.9815
		$-\ln(C_t/C_0)=0.0358t+0.0454$	0.0358	0.9267
初始乙醇量	V(V)	$-\ln(C_t/C_0)=0.1432t-0.0866$	0.1432	0.9634
		$-\ln(C_t/C_0)=0.2483t-0.1184$	0.2483	0.9595
		$-\ln(C_t/C_0)=0.5562t-0.3733$	0.5562	0.9860
		$-\ln(C_t/C_0)=0.6969t-0.5248$	0.6969	0.9621
	PCP	$-\ln(C_t/C_0)=0.0323t-0.0438$	0.0323	0.9298
		$-\ln(C_t/C_0)=0.0791t+0.0010$	0.0791	0.9765
		$-\ln(C_t/C_0)=0.0823t+0.0266$	0.0823	0.9815
		$-\ln(C_t/C_0)=0.1105t+0.0761$	0.1105	0.9267

通过微生物群落分析发现，微生物群落发生了显著的变化，微生物丰度随着 V(V) 和 PCP 的增加而降低，与稀释性曲线所反映的一样（图 5.40）。Ace 指数和 Chao1 指数表明，由于 PCP 的毒性高于 V(V)，B-P 中的丰度明显低于 B-V（表 5.11）。由于叠加毒性，B-V/P 的微生物丰度进一步降低。然而，Shannon 指数和 Simpson 指数表明 B-P 中的微生物群落比 B-V 更多样化，而 B-V/P 具有最低的微生物多样性。

表 5.11　接种污泥与三个生物反应器中微生物的丰度与多样性指数

样品名称	OTU	Ace 指数	Chao1 指数	Shannon 指数	Simpson 指数	覆盖度
接种污泥	755	915	919	4.21	0.0486	0.9951
B-V	448	515	520	3.65	0.0706	0.9967
B-P	438	493	500	3.95	0.0468	0.9977
B-V/P	396	454	449	3.28	0.1300	0.9977

如 5.41（a）揭示了在门水平观察到微生物群落的演变。Proteobacteria 和 Spirochaetes 在 B-V 中显著富集，这两个门中的微生物经常参与微生物还原 V(V)（Hao et al., 2015）。Chloroflexi 在 B-P 中大量累积，伴有相关的脱氯细菌（Mäntynen et al., 2017）。当同时引入 V(V) 和 PCP 时，Bateroidetes 成为主导，并且 Firmicutes 的丰度也增加。

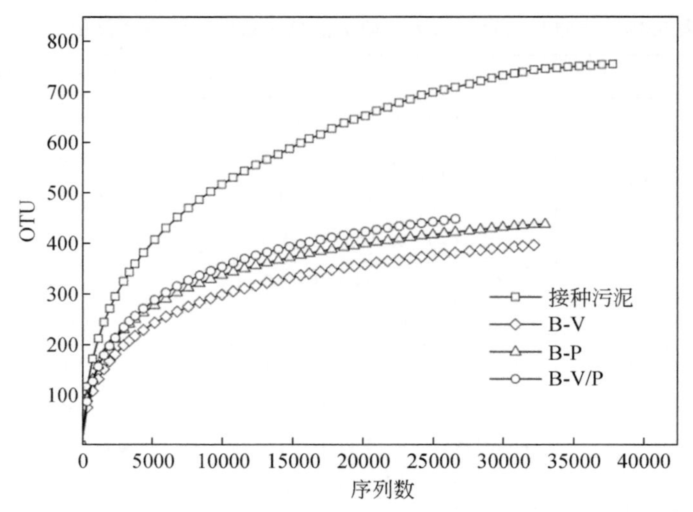

图 5.40　接种污泥与 V(Ⅴ) 和 PCP 生物反应器中微生物群落的稀释性曲线

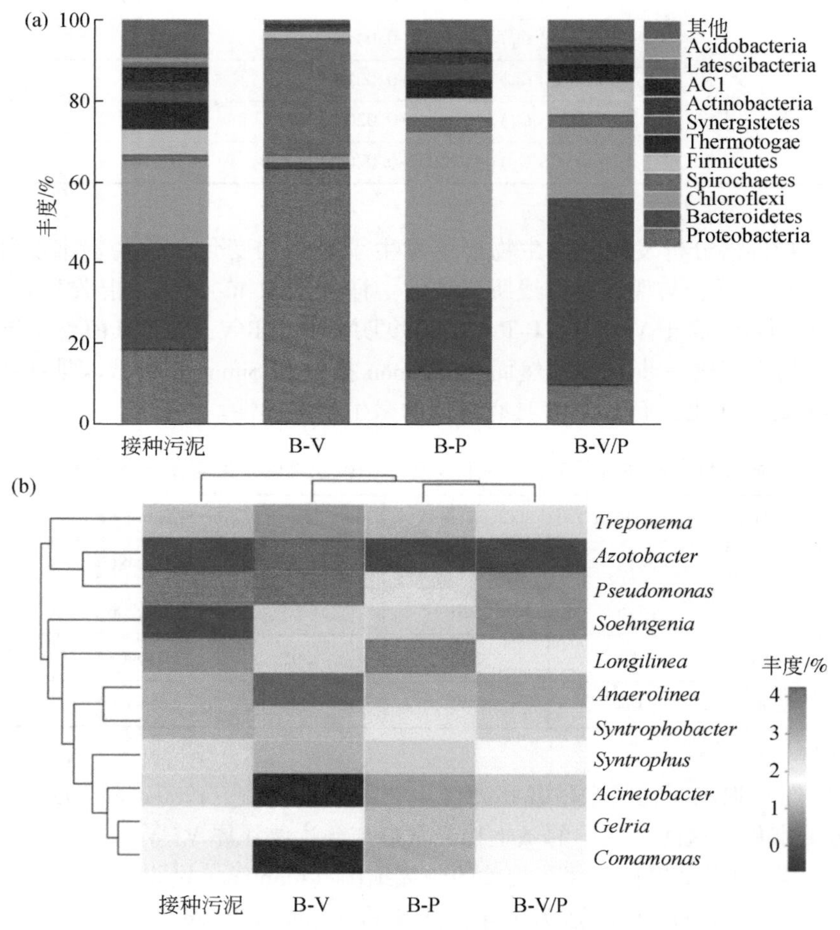

图 5.41　接种污泥与生物反应器中微生物群落的成分及丰度

(a) 门层面；(b) 属层面

在属的水平上发现了由于有机化合物的厌氧氧化导致V(Ⅴ)和PCP还原的功能物种[图5.41（b)]。在B-V中，富集的*Pseudomonas*能够在无氧呼吸中使用V(Ⅴ)作为末端电子受体，使V(Ⅴ)能够被还原和解毒（Mirazimi et al.，2015)。对于B-P，先前已发现富集的*Comamonas*具有活跃的电子转移能力（Yu et al.，2015c)，因此能够还原硝基苯和硝酸盐（Wrighton et al.，2010)，富集的*Comamonas*也可以在PCP的去除中发挥作用，它可以通过多个电子的转移过程实现还原脱氯（Chug et al.，2016)。新出现的*Longilinea*是一种特殊的厌氧性充质细菌，主要用于将碳水化合物发酵成乙酸盐和H_2，因此有利于PCP去除（Li et al.，2010)。富集的*Acinetobacter*能够降解苯酚（Adav et al.，2007)，因此有利于PCP在厌氧条件下的部分矿化。在B-V/P中，所出现的*Pseudomonas*可以促进V(Ⅴ)和PCP的去除，并且之前已经有人报道了它具有降解氯酚的能力（Nowak et al.，2018)。大量出现的*Soehngenia*是一种厌氧条件下转化苯甲醛的微生物，已被发现可以减少硫代硫酸盐和发酵糖（Parshina et al.，2003)。增加的厌氧氨氧化酶是一种化学有机营养的假定发酵罐，它可以以硝酸盐作为末端电子受体，氧化*N*-乙酰葡糖胺（Miura et al.，2007)。此外，*Soehngenia*和*Anaerolinea*的存在促进了反应器内混合微生物能够同时去除V(Ⅴ)和PCP。

参 考 文 献

Adav S S，Chen M Y，Lee D J，et al. 2007. Degradation of phenol by *Acinetobacter* strain isolated from aerobic granules. Chemosphere，67：1566-1572.

Addy K，Gold A J，Christianson L E，et al. 2016. Denitrifying bioreactors for nitrate removal：a meta-analysis. Journal of Environmental Quality，45（3)：873-881.

Baek G，Kim J，Shin S G，et al. 2016. Bioaugmentation of anaerobic sludge digestion with iron-reducing bacteria：process and microbial responses to variations in hydraulic retention time. Applied Microbiology and Biotechnology，100：927-937.

Bencheikh-Latmani R，Williams S M，Haucke L，et al. 2005. Global transcriptional profiling of *Shewanella oneidensis* MR-1 during Cr(Ⅵ) and U(Ⅵ) reduction. Applied and Environmental Microbiology，71（11)：7453-7460.

Bosso L，Cristinzio G. 2014. A comprehensive overview of bacteria and fungi used for pentachlorophenol biodegradation. Reviews in Environmental Science and Biotechnology，13：387-427.

Cai R，Zhang B，Shi J，et al. 2017. Rapid photocatalytic decolorization of methyl orange under visible light using VS_4/carbon powder nanocomposites. ACS Sustainable Chemistry and Engineering，5（9)：7690-7699.

Carpentier W，Sandra K，De Smet I，et al. 2003. Microbial reduction and precipitation of vanadium by *Shewanella oneidensis*. Applied and Environmental Microbiology，69（6)：3636-3639.

Chen D，Xiao Z，Wang H，et al. 2018. Toxic effects of vanadium(Ⅴ) on a combined autotrophic denitrification system using sulfur and hydrogen as electron donors. Bioresource Technology，264：319-326.

Chen G，Liu H. 2017. Understanding the reduction kinetics of aqueous vanadium(Ⅴ) and transformation products using rotating ring-disk electrodes. Environmental Science and Technology，51（20)：11643-11651.

Chen T，Zhou Z，Xu S，et al. 2015. Adsorption behavior comparison of trivalent and hexavalent chromium on biochar derived from municipal sludge. Bioresource Technology，190：388-394.

Chibwe L，Muir D C G，Gopalapillai Y，et al. 2020. Long-term spatial and temporal trends，and source apportionment of polycyclic aromatic compounds in the Athabasca Oil Sands Region. Environmental Pollution, 268 (A): 115351.

Chug R, Gour V S, Mathur S, et al. 2016. Optimization of extracellular polymeric substances production using *Azotobacter beijreinckii* and *Bacillus subtilis* and its application in chromium(Ⅵ) removal. Bioresource Technology, 214: 604-608.

Clothier L N, Gieg L M. 2016. Anaerobic biodegradation of surrogate naphthenic acids. Water Research, 90: 156-166.

ClémentJ C, Shrestha J, Ehrenfeld J G, et al. 2005. Ammonium oxidation coupled to dissimilatory reduction of iron under anaerobic conditions in wetland soils. Soil Biology and Biochemistry, 37 (12): 2323-2328.

Dinh N T, Hatta K, Kwon S H, et al. 2014. Changes in the microbial community during the acclimation stages of the methane fermentation for the treatment of glycerol. Biomass Bioenergy, 68: 240-249.

Drennan D M, Almstrand R, Lee I, et al. 2015. Organoheterotrophic bacterial abundance associates with zinc removal in lignocellulose-based sulfate-reducing systems. Environmental Science and Technology, 50 (1): 378-387.

Escudero C, Fiol N, Villaescusa I, et al. 2017. Effect of chromium speciation on its sorption mechanism onto grape stalks entrapped into alginate beads. Arabian Journal of Chemistry, 10: 1293-1302.

Fabiyi J S, Mcdonald A G, Morrell J J, et al. 2011. Effects of wood species on durability and chemical changes of fungal decayed wood plastic composites. Composites Part A: Applied Science and Manufacturing, 42 (5): 501-510.

Fakra S C, Luef B, Castelle C J, et al. 2018. Correlative cryogenic spectro-microscopy to investigate selenium bioreduction products. Environmental Science and Technology, 52 (2): 503-512.

Fang D, Zhang X, Dong M, et al. 2017. A novel method to remove chromium, vanadium and ammonium from vanadium industrial wastewater using a byproduct of magnesium-based wet flue gas desulfurization. Journal of Hazardous Materials, 336: 8-20.

Feng T C, Cui C Z, Dong F, et al. 2012. Phenanthrene biodegradation by halophilic *Martelella* sp. AD-3. Journal of Applied Microbiology, 113 (4): 779-789.

Ferrer-polonio E, García-Quijano N T, Mendoza-Roca J A, et al. 2016. Effect of alternating anaerobic and aerobic phases on the performance of a SBR treating effluents with high salinity and phenols concentration. Biochemical Engineering Journal, 113 (15): 57-65.

Freeborn R A, West K A, Bhupathiraju V K, et al. 2005. Phylogenetic analysis of TCE-dechlorinating consortia enriched on a variety of electron donors. Environmental Science and Technology, 39 (21): 8358-8368.

Fricker A D, Laroe S L, Shea M E, et al. 2014. *Dehalococcoides mccartyi* strain JNA dechlorinates multiple chlorinated phenols including pentachlorophenol and harbors at least 19 reductive dehalogenase homologous genes. Environmental Science and Technology, 48 (24): 14300-14308.

Gong K, Hu Q, Yao L, et al. 2018. Ultrasonic pretreated sludge derived stable magnetic active carbon for Cr(Ⅵ) removal from wastewater. ACS Sustainable Chemistry and Engineering, 6 (6): 7283-7291.

Gonzalez-gil, Sougrat R, Behzad A R, et al. 2015. Microbial community composition and ultrastructure of granules from a full-scale anammox reactor. Microbial Ecology, 70: 118-131.

Handley K M, Bartels D, O'Loughlin E J, et al. 2014. The complete genome sequence for putative H_2- and S-oxidizer *Candidatus Sulfuricurvum* sp., assembled *de novo* from an aquifer-derived metagenome. Environmental Microbiology, 16: 3443-3462.

Hao L, Zhang B, Tian C, et al. 2015. Enhanced microbial reduction of vanadium(Ⅴ) in groundwater with bioelectricity from microbial fuel cells. Journal of Power Sources, 28 (7): 43-49.

Hao L, Zhang B, Cheng M, et al. 2016. Effects of various organic carbon sources on simultaneous V(Ⅴ) reduction and bioelectricity generation in single chamber microbial fuel cells. Bioresource Technology, 201: 105-110.

He D, Zheng M, Ma T, et al. 2015. Interaction of Cr(Ⅵ) reduction and denitrification by strain *Pseudomonas aeruginosa* PCN-2 under aerobic conditions. Bioresource Technology, 185: 346-352.

Hsieh B T, Chang C Y, Chang Y C, et al. 2011. Relationship between the level of essential metal elements in human hair and coronary heart disease. Journal of Radioanalytical and Nuclear Chemistry, 290 (1): 165-169.

Huang J, Huang F, Evans L, et al. 2015. Vanadium: global (bio) geochemistry. Chemical Geology, 417 (6): 68-89.

Janbandhu A, Fulekar M H. 2011. Biodegradation of phenanthrene using adapted microbial consortium isolated from petrochemical contaminated environment. Journal of Hazardous Materials, 187: 333-340.

Jiang Y, Zhang B, He C, et al. 2018. Synchronous microbial vanadium(Ⅴ) reduction and denitrification in groundwater using hydrogen as the sole electron donor. Water Research, 141: 289-296.

Jin T, Bai B, Yu X, et al. 2020. Degradation of pyridine by a novel bacterial strain, *Sphingobacterium multivorum* JPB23, isolated from coal-coking wastewater. Desalination and Water Treatment, 188: 45-97.

Jugder B, Ertan H, Lee M, et al. 2015. Reductive dehalogenases come of age in biological destruction of organohalides. Trends in Biotechnology, 33: 595-610.

Khan M D, Khan N, Nizami A S, et al. 2017. Effect of co-substrates on biogas production and anaerobic decomposition of pentachlorophenol. Bioresource Technology, 238: 492-501.

Kodama Y, Watanabe K. 2004. *Sulfuricurvum kujiense* gen. nov., sp. nov., a facultatively anaerobic, chemolithoautotrophic, sulfur-oxidizing bacterium isolated from an underground crude-oil storage cavity. International Journal of Systematic and Evolutionary Microbiology, 54: 2297-2300.

Kümmel S, Herbst F A, Banr A, et al. 2015. Anaerobic naphthalene degradation by sulfate-reducing *Desulfobacteraceae* from various anoxic aquifers. FEMS Microbiology Ecology, 91 (3): fiv006.

Langwaldt J H, Männistö M K, Wichmahh R, et al. 1992. Simulation of *in-situ* subsurface biodegradation of polychlorophenols in air-lift percolators. Applied Microbiology and Biotechnology, 49: 663-668.

Lataye D H, Mishra I M, Mall I D. 2006. Removal of pyridine from aqueous solution by adsorption on bagasse fly ash. Industrial and Engineering Chemistry Research, 45 (11): 3934-3943.

Li F, Wang X, Li Y, et al. 2008. Enhancement of the reductive transformation of pentachlorophenol by polycarboxylic acids at the iron oxide-water interface. Journal of Colloid and Interface Science, 321 (2): 332-341.

Li F, Liu M, Li Z, et al. 2013. Changes in soil microbial biomass and functional diversity with a nitrogen gradient in soil columns. Applied Soil Ecology, 64: 1-6.

Li J, Zhang B, Song Q, et al. 2016b. Enhanced bioelectricity generation of double-chamber air-cathode catalyst free microbial fuel cells with the addition of non-consumptive vanadium(Ⅴ). RSC Advance, 6: 32940-32946.

Li R, Feng C, Hu W, et al. 2016a. Woodchip-sulfur based heterotrophic and autotrophic denitrification (WSHAD) process for nitrate contaminated water remediation. Water Research, 89: 171-179.

Li Z, Inoue Y, Yang S, et al. 2010. Mass balance and kinetic analysis of anaerobic microbial dechlorination of pentachlorophenol in a continuous flow column. Journal of Bioscience and Bioengineering, 110 (3): 326-332.

Lien H L, Jhuo Y S, Chen L H. 2007. Effect of heavy metals on dechlorination of carbon tetrachloride by iron nanoparticles. Environmental Engineering Science, 24 (1): 21-30.

Lin X, Li Z, Zhu Y, et al. 2020. Palladium/iron nanoparticles stimulate tetrabromobisphenol a microbial reductive debromination and further mineralization in sediment. Environment International, 135: 105353.

Liu H, Zhang B, Xing Y, et al. 2016. Behavior of dissolved organic carbon sources on the microbial reduction and precipitation of vanadium(Ⅴ) in groundwater. RSC Advance, 56: 97253-97258.

Liu H, Zhang B, Yuan H, et al. 2017. Microbial reduction of vanadium(Ⅴ) in groundwater: interactions with coexisting common electron acceptors and analysis of microbial community. Environmental Pollution, 23 (1): 1362-1369.

Lorowitz W H, Nagle D P, Tanner R S. 1992. Anaerobic oxidation of elemental metals coupled to methanogenesis by *Methanobacterium thermoautotrophicum*. Environmental Science and Technology, 26 (8): 1606-1610.

Lovely, Derek R. 2016. Happy together: microbial communities that hook up to swap electrons. ISME Journal, 11 (2): 327-336.

Lu J, Zhang B, He C, et al. 2020. The role of natural Fe(Ⅱ)-bearing minerals in chemoautotrophic chromium (Ⅵ) bio-reduction in groundwater. Journal of Hazardous Materials, 389: 121911.

Ma H, Zhao L, Wang D, et al. 2018. Dynamic tracking of highly toxic intermediates in photocatalytic degradation of pentachlorophenol by continuous flow chemiluminescence. Environmental Science and Technology, 52 (5): 2870-2877.

Mallaάshrestha P. 2014. A new model for electron flow during anaerobic digestion: direct interspecies electron transfer to *Methanosaeta* for the reduction of carbon dioxide to methane. Energy and Environmental Science, 7: 408-415.

Martins M, Faleiro M L, Da Costa A M, et al. 2010. Mechanism of uranium(Ⅵ) removal by two anaerobic bacterial communities. Journal of Hazardous Materials, 184 (1-3): 89-96.

Mcmahon P, Chapelle F. 2008. Redox processes and water quality of selected principal aquifer systems. Ground Water, 46 (2): 259-271.

Menzie C A, Polocki B B, Santodonato J. 1992. Exposure to carcinogenic PAHs in the environment. Environmental Science and Technology, 26 (7): 1278-1284.

Miao Y, Liao R, Zhang X, et al. 2015. Metagenomic insights into Cr(Ⅵ) effect on microbial communities and functional genes of an expanded granular sludge bed reactor treating high-nitrate wastewater. Water Research, 76: 43-52.

Mirazimi S M J, Abbasalipour Z, Rashchi F. 2015. Vanadium removal from LD converter slag using bacteria and fungi. Journal Environmental Management, 153: 144-151.

Miura Y, Watanabe A Y, Okabe S. 2007. Significance of *Chloroflexi* in performance of submerged membrane bioreactors (MBR) treating municipal wastewater. Environmental Science and Technology, 41 (22): 7787-7794.

Mizukami S, Takeda K, Akada S, et al. 2006. Isolation and characteristics of *Methanosaeta* in paddy field soils. Bioscience Biotechnology and Biochemistry, 70 (4): 828-835.

Myers J M, Aatholine W E, Myers C R. 2004. Vanadium(Ⅴ) reduction by *Shewanella oneidensis* MR-1 rrequires menaquinone and cytochromes from the cytoplasmic and outer membranes. Applied and Environment Microbiology, 70: 1405-1412.

Mäntynen S, Rantalainen A N, Häggblom M M. 2017. Dechlorinating bacteria are abundant but anaerobic dechlorination of weathered polychlorinated dibenzo-*p*-dioxins and dibenzofurans in contaminated sediments is limited. Environmental Pollution, 231: 560-568.

Nowak A, Mrozik A. 2018. Degradation of 4-chlorophenol and microbial diversity in soil inoculated with single

Pseudomonas sp. CF600 and *Stenotrophomonas maltophilia* KB2. Journal of Environmental Management, 215: 216-229.

Němeček J, Pokorný P, Lacinová L, et al. 2015. Combined abiotic and biotic *in-situ* reduction of hexavalent chromium in groundwater using nZVI and whey: a remedial pilot test. Journal of Hazardous Materials, 300: 670-679.

Ortiz-Bernad I, Anderson R T, Vrionis H A, et al. 2004. Vanadium respiration by *Geobacter metallireducens*: novel strategy for *in situ* removal of vanadium from groundwater. Applied and Environmental Microbiology, 70 (5): 3091-3095.

Padoley K V, Rajvaidya A S, Subbarao T V, et al. 2006. Biodegradation of pyridine in a completely mixed activated sludge process. Bioresource Technology, 97 (10): 1225-1236.

Parshina S N, Kleerebezem R, Sanz J L, et al. 2003. *Soehngenia saccharolytica* gen. nov., sp. nov. and *Clostridium amygdalinum* sp. nov., two novel anaerobic, benzaldehyde-converting bacteria. International Journal of Systematic and Evolutionary, 53: 1791-1799.

Pous N, Koch C, Colprim J, et al. 2014. Extracellular electron transfer of biocathodes: revealing the potentials for nitrate and nitrite reduction of denitrifying microbiomes dominated by *Thiobacillus* sp. Electrochemistry Communications, 49: 93-97.

Pradhan D, Sukla L B, Sawyer M, et al. 2017. Recent bioreduction of hexavalent chromium in wastewater treatment: a review. Journal of Industrial and Engineering Chemistry, 55: 1-20.

Qiu R, Zhang B, Li J, et al. 2017. Enhanced vanadium(Ⅴ) reduction and bioelectricity generation in microbial fuel cells with biocathode. Journal of Power Sources, 359: 379-383.

Ramos C, Suárez-Ojeda M E, Carrera J. 2016. Denitritation in an anoxic granular reactor using phenol as sole organic carbon source. Biochemical Engineering Journal, 288: 289-297.

Rasheed M A, Radha B A, Rao P S, et al. 2012. Evaluation of potable groundwater quality in some villages of Adilabad in Andhra Pradesh, India. Journal of Environmental Biology, 33 (4): 689.

Reijonen I, Metzler M, Hartikainen H. 2016. Impact of soil pH and organic matter on the chemical bioavailability of vanadium species: the underlying basis for risk assessment. Environmental Pollution, 210: 371-379.

Reul B A, Amin S S, Buchet J P, et al. 1999. Effects of vanadium complexes with organic ligands on glucose metabolism: a comparison study in diabetic rats. British Journal of Pharmacology, 126 (2): 467-477.

Sahinkaya E, Dursun N, Kilic A, et al. 2011. Simultaneous heterotrophic and sulfur-oxidizing autotrophic denitrification process for drinking water treatment: control of sulfate production. Water Research, 45: 6661-6667.

Sahinkaya E, Kilic A, Calimlioglu B, et al. 2013. Simultaneous bioreduction of nitrate and chromate using sulfur-based mixotrophic denitrification process. Journal of Hazardous Materials, 262: 234-239.

Shaheen S M, Rinklebe J, Frohne T, et al. 2016. Redox effects on release kinetics of arsenic, cadmium, cobalt, and vanadium in Wax Lake Deltaic freshwater marsh soils. Chemosphere, 150: 740-748.

Shi J, Xu C, Han Y, et al. 2019. Enhanced anaerobic biodegradation efficiency and mechanism of quinoline, pyridine, and indole in coal gasification wastewater. Chemical Engineering Journal, 361: 1019-1029.

Singh R, Dong H, Liu D, et al. 2015. Reduction of hexavalent chromium by the thermophilic methanogen *Methanothermobacter thermautotrophicus*. Geochimica et Cosmochimica Acta, 148: 442-456.

Sun Y, Lu S, Zhao X, et al. 2017. Long-term oil pollution and *in situ* microbial response of groundwater in northwest China. Archives of Environmental Contamination and Toxicology, 72 (4): 519-529.

Susan C W, Kevin C J. 1993. Bioremediation of soil contaminated with polynnuclear aromatic hydrocarbons

(PHAs): a review. Environmental Pollution, 81: 229-249.

Theuerl S, Klang J, Heiermann M, et al. 2018. Marker microbiome clusters are determined by operational parameters and specific key taxa combinations in anaerobic digestion. Bioresource Technology, 263: 128-135.

Tian C, Wang C, Tian Y, et al. 2015. Vertical distribution of Fe and Fe(Ⅲ) -reducing bacteria in the sediments of Lake Donghu, China. Canadian Journal of Microbiology, 61: 575-583.

Tong H, Hu M, Li F B, et al. 2015. Burkholderiales participating in pentachlorophenol biodegradation in iron-reducing paddy soil as identified by stable isotope probing. Environmental Science: Processes and Impacts, 17: 1282-1289.

Tsai J C, Kumar M, Li J G. 2009. Anaerobic biotransformation of fluorene and phenanthrene by sulfate-reducing bacteria and identification of biotransformation pathway. Journal of Hazardous Materials, 164: 847-855.

Wang H, Ren Z. 2014. Bioelectrochemical metal recovery from wastewater: a review. Water Research, 66: 219-232.

Wang M, Chen B, Huang S, et al. 2017. A novel technology for vanadium and chromium recovery from V-Cr-bearing reducing slag. Hydrometallurgy, 171: 116-122.

Wang W, Zhang B, Liu Q, et al. 2018. Biosynthesis of palladium nanoparticles using *Shewanella loihica* PV-4 for excellent catalytic reduction of chromium(Ⅵ) . Environmental Science-Nano, 5 (3): 730-739.

Webster G, Rinna J, Roussel E G, et al. 2010. Prokaryotic functional diversity in different biogeochemical depth zones in tidal sediments of the Severn Estuary, UK, revealed by stable-isotope probing. FEMS Microbiology Ecology, 72: 179-197.

Wolfe R S, Amy C, Stephen W. 2011. Techniques for cultivating methanogens. Methods in Enzymology, 494: 1-22.

Worm P, Koehorst J J, Visser M, et al. 2014. A genomic view on syntrophic versus non-syntrophic lifestyle in anaerobic fatty acid degrading communities. Biochimica et Biophysica Acta, 1837: 2004-2016.

Wrighton K C, Virdis B, Clauwaert P, et al. 2010. Bacterial community structure corresponds to performance during cathodic nitrate reduction. International Society for Microbial Ecology Journal, 4: 1443-1455.

Xie G, Liu T, Cai C, et al. 2017. Achieving high-level nitrogen removal in mainstream by coupling anammox with denitrifying anaerobic methane oxidation in a membrane biofilm reactor. Water Research, 131: 196-204.

Xu X, Xia S, Zhou L, et al. 2015. Bioreduction of vanadium (Ⅴ) in groundwater by autohydrogentrophic bacteria: mechanisms and microorganisms. Journal of Environmental Sciences-China, 30: 122-128.

Xu Y, He Y, Feng X, et al. 2014. Enhanced abiotic and biotic contributions to dechlorination of pentachlorophenol during Fe(Ⅲ) reduction by an iron-reducing bacterium *Clostridium beijerinckii* Z. Science of the Total Environment, 473: 215-223.

Yang X, Chen Z, Wu Q, et al. 2018. Enhanced phenanthrene degradation in river sediments using a combination of biochar and nitrate. Science of the Total Environment, 619-620: 600-605.

Yelton A P, Williams K H, Fournelle J, et al. 2013. Vanadate and acetate biostimulation of contaminated sediments decreases diversity, selects for specific taxa, and decreases aqueous V^{5+} concentration. Environmental Science and Technology, 47 (12): 6500-6509.

Yu L, Yuan Y, Tang J, et al. 2015a. Biochar as an electron shuttle for reductive dechlorination of pentachlorophenol by *Geobacter sulfurreducens*. Scientific Reports, 5: 16221-16231.

Yu L, Zhang X Y, Wang S, et al. 2015b. Microbial community structure associated with treatment of azo dye in a start-up anaerobic sequenced batch reactor. Journal of the Taiwan Institute of Chemical Engineers, 54: 118-124.

Yu Y, Wu Y, Cao B, et al. 2015c. Adjustable bidirectional extracellular electron transfer between Comamonas testosteroni biofilms and electrode via distinct electron mediators. Electrochemistry Communications, 59: 43-47.

Yu Y, Li J, Liao Y, et al. 2020. Effectiveness, stabilization, and potential feasible analysis of a biochar material on simultaneous remediation and quality improvement of vanadium contaminated soil. Journal of Cleaner Production, 277: 123506.

Zeng G, Yu Z, Chen Y, et al. 2011. Response of compost maturity and microbial community composition to pentachlorophenol (PCP) -contaminated soil during composting. Bioresource Technology, 102: 5905-5911.

Zhang B, Zhao H, Shi C, et al. 2009. Simultaneous removal of sulfide and organics with vanadium(Ⅴ) reduction in microbial fuel cells. Journal of Chemical Technology and Biotechnology, 84 (12): 1780-1786.

Zhang B, Zhang J, Liu Y, et al. 2013. Identification of removal principles and involved bacteria in microbial fuel cells for sulfide removal and electricity generation. International Journal of Hydrogen Energy, 38 (33): 14348-14355.

Zhang B, Tian C, Liu Y, et al. 2015. Simultaneous microbial and electrochemical reductions of vanadium(Ⅴ) with bioelectricity generation in microbial fuel cells. Bioresource Technology, 179: 91-97.

Zhang B, Qiu R, Lu L, et al. 2018a. Autotrophic vanadium(Ⅴ) bioreduction in groundwater by elemental sulfur and zerovalent iron. Environmental Science and Technology, 52 (13): 7434-7442.

Zhang B, Zou S, Cai R, et al. 2018b. Highly-efficient photocatalytic disinfection of *Escherichia coli* under visible light using carbon supported Vanadium Tetrasulfide nanocomposites. Applied Catalysis B: Environmental, 224: 383-393.

Zhang B, Wang S, Diao M, et al. 2019. Microbial community responses to vanadium distributions in mining geological environments and bioremediation assessment. Journal of Geophysical Research: Biogeosciences, 124: 601-615.

Zhang B, Jiang Y, Zuo K, et al. 2020a. Microbial vanadate and nitrate reductions coupled with anaerobic methane oxidation in groundwater. Journal of Hazardous Materials, 382 (15), 121228.

Zhang B, Wang Z, Shi J, et al. 2020b. Sulfur-based mixotrophic bio-reduction for efficient removal of chromium (Ⅵ) in groundwater. Geochimica et Cosmochimica Acta, 268: 296-309.

Zhu S, Deng Y, Ruan Y, et al. 2015. Biological denitrification using poly(butylene succinate) as carbon source and biofilm carrier for recirculating aquaculture system effluent treatment. Bioresource Technology, 192: 603-610.

第 6 章　电场环境对微生物转化钒的影响

6.1　电场阳极对钒转化的影响

近些年，五价钒引起了一系列的环境问题而成为研究的热点。微生物处理五价钒的研究已有所报道，报道过的微生物有异化金属还原菌 *Rhodoferax ferrireducens*、Fe/S 氧化细菌、*Shewanella oneidensis* 等（Beolchini et al.，2010；Li et al.，2009；Carpentier et al.，2003），大多数研究采用的都是单一菌种，少有采用混合菌种的，且只是单一的生物法，没有与其他方法结合。

本章采用生物法与微生物燃料电池工艺相结合，探究在微生物燃料电池阴阳极室共同还原五价钒的可行性；研究了阴阳极不同的初始五价钒组合下微生物燃料电池的产电性能和除钒效果。在阳极室的厌氧环境条件下，阳极微生物能够协同阴极还原五价钒同时产电，进而提高五价钒的去除效果。监测分析了本系统中与产电及还原五价钒相关的微生物，也研究了五价钒去除过程。结果有助于分析微生物燃料电池技术还原五价钒的机理及电能的回收。

6.1.1　阳极产电效果

双室微生物燃料电池中阳极液含有 750mg/L 葡萄糖和 75mg/L 五价钒，阴极室为 pH＝2 的 150mg/L 五价钒作为电子受体。对照组的电解液除了阳极液中没有添加五价钒外，其余与实验组相同。在 3 个月的运行中，运行周期 12h，外加电阻 100Ω，微生物燃料电池的性能稳定，输出电压在 420～460mV（图 6.1）。本研究所得输出电压与先前的双室微生物燃料电池研究结果具有可比性。根据能斯特方程，在高浓度、低 pH 条件下，五价钒具有较高的电极电位，五价钒的阴极电位（320～270mV，*vs.* Ag/AgCl）与 $K_3Fe(CN)_6$ 溶液和氧气阴极的电位相近。此外，在阳极底物中添加氧化态五价钒会增加阳极电位，但是相较于之前的研究（−250mV）（Zhang et al.，2009）和对照组（−230～−250mV）的电位，本研究中微生物燃料电池的输出电压受阳极电位（−180～−200mV）的增加的影响较小。

在闭路条件下测得微生物燃料电池的极化曲线（图 6.2）。在电流密度为（1143.8±22.4）mA/m^2 时得到最大输出功率密度为（418.6±11.3）mW/m^2。这是由于氧气和五价钒两种不同类型的电子受体在水溶液中不同的溶解度和传质性导致的产电不同。五价钒和氧气具有相近的标准电极电位，但是它的溶解度远远大于氧气，因此降低了传质阻力，从而在阳极液中提供了充足的电子受体。本研究得到的产电水平低于之前 Zhang 等（2009）报道的以硫化物来降低阳极电位产生的功率密度（572mW/m^2），同时也低于对照组的没有五价钒增加阳极电位的功率密度［（470.5±19.8）mW/m^2］。

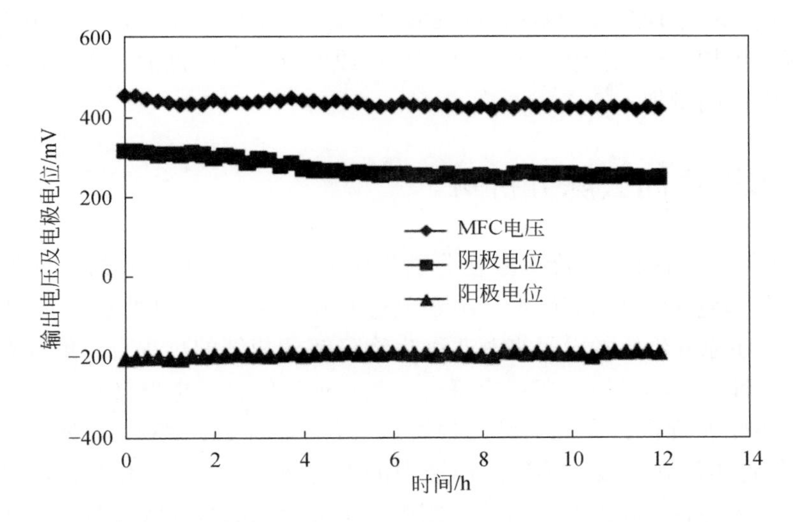

图6.1　外加电阻100Ω条件下MFC的输出电压及电极电位

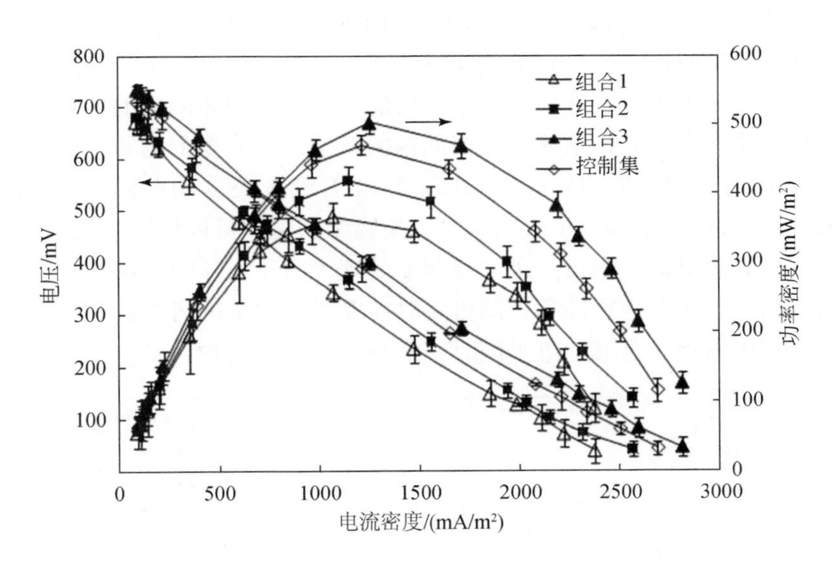

图6.2　对照组和3组实验组的极化曲线

实验组：组合1：50mg/L vs. 120mg/L，组合2：75mg/L vs. 150mg/L，组合3：100mg/L vs. 200mg/L（阳极液 vs. 阴极液）

基于微生物燃料电池消耗的COD计算出的库仑效率（Coulombic efficiency，CE）约为24.8%，比传统的以葡萄糖作为燃料的微生物燃料电池的（25.8%）略低一点。在微生物代谢过程中，葡萄糖降解产生的电子没有完全转移到阳极进行产电，除了自身消耗一部分外，还有一部分约3.6%用来在阳极室还原五价钒，这个可以从与对照组的对比中推断出来。

对另外两个阴阳极初始五价钒组合：50mg/L vs. 120mg/L、100mg/L vs. 200mg/L也进行了测定。在相同的运行周期（12h）内，这些条件下同样也可以回收能量（图6.2）。可以看出随着五价钒初始浓度的增大，最大功率密度也增大。这是由于添加五价钒可以提高阴极的电极电位。这个现象表明本研究中的输出功率由阴极电位决定。阳极室在厌氧条件下运行，厌氧微生物能够保持相对较低的氧化还原电位，从而抵消了由于添加五价钒而可能引起的阳极电位的增加。

6.1.2 阴阳极协同去除五价钒

阳极液和阴极液的初始五价钒浓度分别为75mg/L和150mg/L的条件下，测定运行中的微生物燃料电池的五价钒浓度。在测定过程中观察到阴阳极室五价钒逐渐被还原（图6.3）。所有还原五价钒的电子来源于微生物降解葡萄糖的过程。一般而言，大部分电子通过电化学活性微生物转移到阳极电极上，然后通过闭合外电路转移到阴极电极上，在阴极室电化学还原五价钒，在之前已经报道过（Zhang et al.，2009）。另一部分电子大约有3.6%在它们产生后就直接转移到阳极液中的五价钒上。尽管CE略微降低，但是五价钒因此得到了生物还原。在12h运行后，阴极液中五价钒的浓度降低到与阳极液中五价钒初始浓度相同的水平，与此同时，阳极液中的五价钒几乎被完全还原，这使得协同还原含钒［V(Ⅴ)］废水成为一种可能。同时也检测了四价钒，它的浓度相应地降低了。先前的研究表明运行到一定的时间，五价钒的电化学还原将会受到抑制，因为还原产生的四价钒将代替五价钒得到电子而进一步还原。由于阴极的电化学作用和阳极的生物作用能够同时协同还原五价钒，本研究成功地消除了类似问题的产生。在典型的运行周期结束后，阳极液的pH从6.97降到6.72，而阴极液的pH从2.14升到2.28，与此同时，在阳极室大约有300mg/L COD被去除。上述结果表明双室微生物燃料电池可以协同处理含钒［V(Ⅴ)］废水，在阴极室预处理继而在阳极室进一步深度处理。由于实际的含钒［V(Ⅴ)］废水中缺乏碳源，因此当废水从阴极室转移到阳极室时需要添加适量的有机物。同时有机物的量应该精确地控制在能够提供足够的电子同时又避免额外的有机物污染。

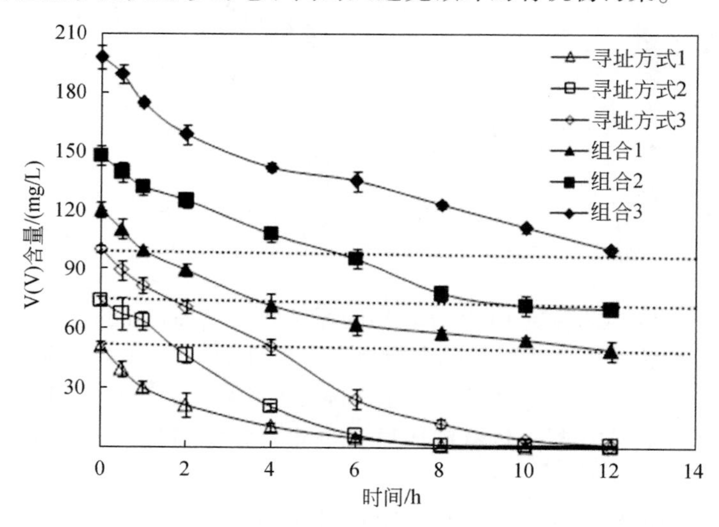

图6.3 在不同组合浓度条件下微生物燃料电池阴阳极室五价钒的降解情况

组合1：50mg/L vs. 120mg/L，组合2：75mg/L vs. 150mg/L，组合3：100mg/L vs. 200mg/L（阳极液 vs. 阴极液）

分别研究了生物作用和电化学作用两方面的影响。相较于实验组，在相同的运行周期内，对照组的五价钒从150mg/L以一个相对较快的速率降至55.4mg/L，这应该归因于相对较高的电流。然而，阳极室没有发挥生物还原五价钒的作用，因此导致相较于实验组在相同的时间内对照组的总钒［V(Ⅴ)］还原效率较低。此外，也在开路条件下运行了实验组。在相同的运行周期内，由于没有电子从阳极转移到阴极，因此没有观察到阴极液中五价钒的还原。五价钒的浓度从75mg/L降到13.5mg/L，这个值高于闭路实验组微生物燃料电池的最终阳极液的五价钒浓度，表明在电子供体充足的条件下，当电子与固体阳极电极完成碰撞，还原五价钒的功能微生物能够得到富集，Li等在微生物燃料电池的阳极室液观察到了该现象（Li et al.，2009）。相较于开路条件，在闭路条件下微生物燃料电池能够还原更多的五价钒。五价钒还原的增强表明尽管在阳极室添加五价钒对能量回收有轻微的影响，但依然是可行的且有利的。

对另外两个阴阳极初始五价钒组合：50mg/L *vs.* 120mg/L、100mg/L *vs.* 200mg/L也进行了测定。观察到相同的五价钒浓度降低的趋势（图6.3）。同时可以看到随着五价钒初始浓度的升高，五价钒降低的趋势变慢（图6.3）。此外，在12h运行周期结束时，阴极液的五价钒浓度能够降低到阳极液五价钒初始浓度，而阳极液的五价钒能完全还原。基于原始废水的特点提供了在微生物燃料电池中还原五价钒的多种选择性，同时在钒污染治理方面展现出良好的应用前景。

6.1.3　微生物群落演替

运行3个月后，微生物燃料电池的产电及五价钒去除稳定，说明在微生物燃料电池的阳极室中出现了依靠氧化葡萄糖来产电和还原五价钒的活性微生物优势菌团。原位聚合酶链反应（polymerase chain reaction，PCR）结果表明样品M（实验组微生物燃料电池阳极电极表面的微生物）中有14种基因型，样品C（对照组阳极电极表面的微生物）中有30种基因型。样品C细菌库的16S rDNA基因序列主要集中在12个门类中［图6.4（a）］。主要包括厚壁菌门（占总量的49%）、绿菌门（21.4%）、δ-变形菌门（11.2%）、TM7（5.1%）、拟杆菌门（4.1%）。与接种的厌氧污泥相比，样品C中的细菌群落的特征没有显著改变，其中与提高产电有关的δ-变形菌门的比例增大了，同时产生了两种新的产电菌：装甲菌门（2%）和黏胶球形菌门（1%）。尽管有一些拟杆菌门（如类杆菌）属于产电活性细菌，但由于阳极室没有硫化物作为共基质，拟杆菌门的比例降低。此外，在驯化后，样品M的菌群结构发生了明显的改变，样品M细菌库包含8个门［图6.4（b）］。在3个月的驯化后，β-变形菌门、黏胶球形菌门、装甲菌门、BRC1、TM7和未分类菌门消失了。与此同时，在微生物燃料电池的阳极表面出现了绿弯菌门（3.7%）、γ-变形菌门（3.7%），同时螺旋菌门的比例从1.0%增至11.1%。与样品C一样，在样品M中，厚壁菌门和绿菌门同样也是首要和次要优势菌种。这些结果表明在运行过程中细菌的群落结构已经进化，适应了新的环境。微生物燃料电池中的一些特定菌种可能与五价钒的还原相关，而这需要进一步的研究。

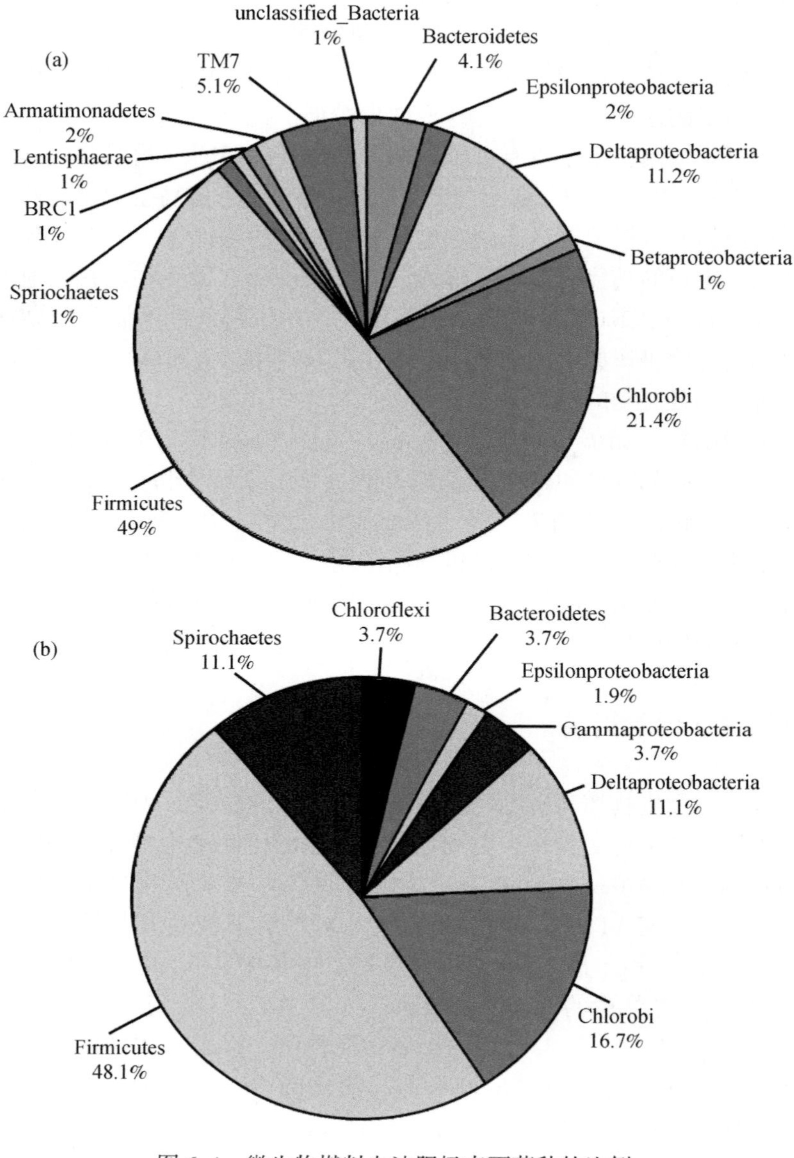

图 6.4　微生物燃料电池阳极表面菌种的比例

(a) 对照组；(b) 实验组

6.1.4　微生物的作用机理

为了更好地了解微生物燃料电池阳极室中与产电和五价钒还原相关的特定菌种，从 Genbank 数据库获得相关的序列，用这些序列一起构建了系统发育树（图 6.5）。发现了一些对产电和五价钒的还原起决定性作用的菌种，这些菌种在微生物燃料电池中也具有特定的特征。

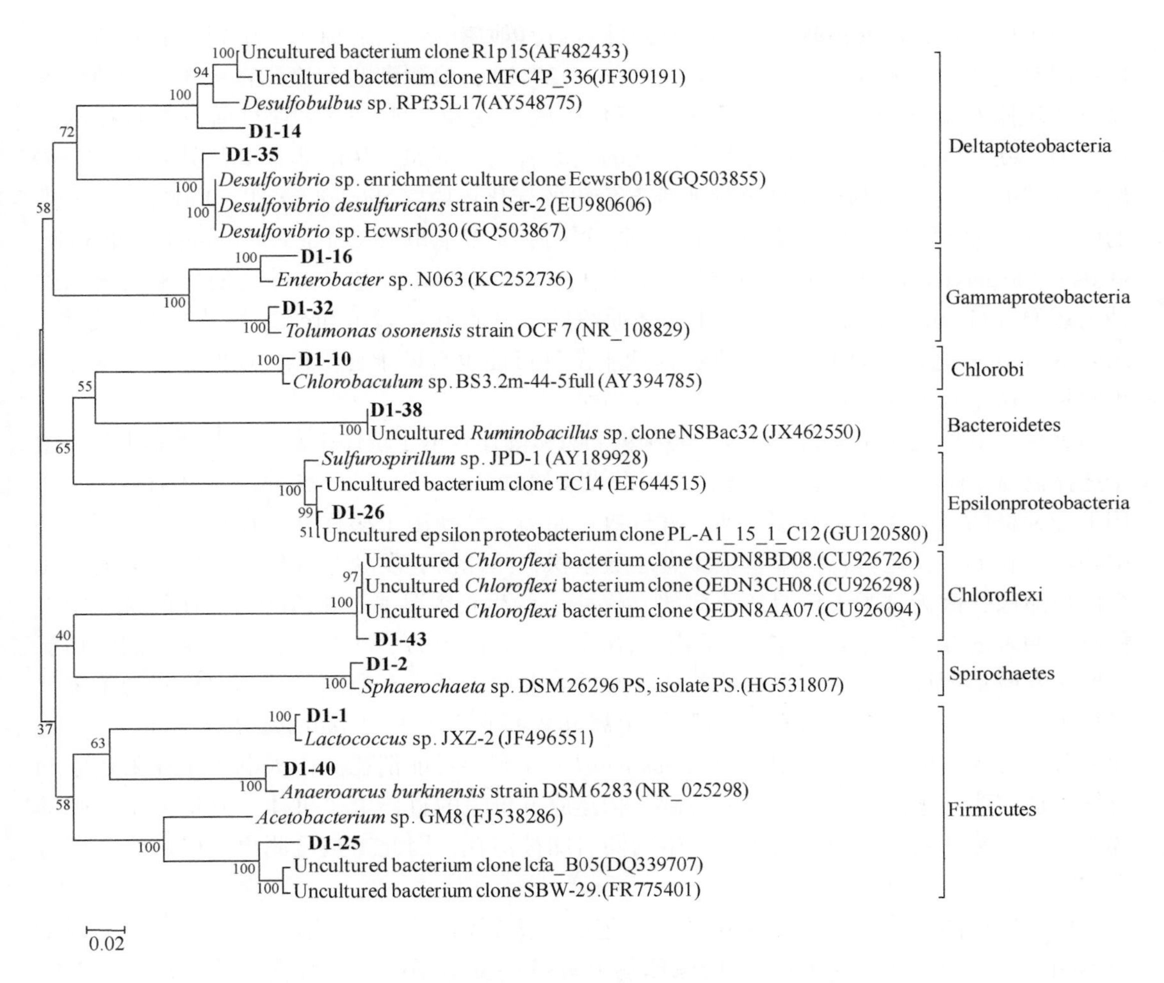

图 6.5　微生物燃料电池阳极表面的微生物的系统发育树

微生物燃料电池中的电化学活性细菌有利于稳定产电。空白对照组中与产电有关的细菌种类有 δ-变形菌门（11.2%）、拟杆菌门（4.1%）、装甲菌门（2%）和黏胶球形菌门（1%），这在早期的微生物燃料电池研究中已经被报道过（Zhang et al.，2013b）。然而，在实验组微生物燃料电池中，装甲菌门和黏胶球形菌门消失了，且 δ-变形菌门（11.2%）和拟杆菌门（3.7%）有轻微的减少，表明这些电化学活性菌对五价钒的毒性较为敏感。微生物燃料电池的功率输出下降了可归因于此。此外，在实验组微生物燃料电池中还发现了 δ-变形菌门（*Desulfobulbus* sp. 和 *Desulfovibrio desulfuricans*）中一些具有电化学活性的细菌和其他与产电相关的细菌，特别的有新产生的 γ-变形菌门。例如，已经报道在微生物燃料电池中肠杆菌属能够降解纤维素同时产电（Rezaei et al.，2009）。这说明这些电化学活性细菌对五价钒的毒性有高的耐受性，这对五价钒的还原及产电是有利的。

在厌氧环境下，特定的微生物能够通过氧化有机质还原五价钒获得能量来生长。之前已经报道了许多微生物能够还原五价钒，其中就有 γ-变形菌门中的假单胞菌属和 δ-变形菌门中的 *Geobacter*（Antipova et al.，1998；Ortiz-Bernad et al.，2004）。尽管本研究检测到了这两个门，但是没有发现这些属，这意味着有其他属的细菌还原了五价钒。有报道称变形菌门是主要的钒耐受/还原菌（Yelton et al., 2013），检测到的δ-变形菌门中的脱硫弧菌具有线粒体 C 型细胞色素能够催化还原五价钒的氧化物。此外，尽管目前没有直接的报道，但是新发现的 3 个门可能也与五价钒的还原有关。例如，从南非金矿深处发现并分离出的γ-变形菌门中的肠杆菌属能够实现五价钒的异化还原（Marwijk et al., 2009）。未分类的绿弯菌门能够在厌氧条件下通过还原脱氯降解多氯联苯（polychlorinated biphenyls, PCBs）（Fagervold et al., 2005）。螺旋菌门中的 *Sphaerochaeta* 主要通过酶催化来实现六价铀的还原（Martins et al., 2010）。由于还原酶的广泛存在以及五价钒还原酶的膜结合性，结合 NADH 氧化来还原五价钒，因此这两个菌种可能也有助于五价钒的还原，毕竟这是一种常见的微生物的代谢过程。

另外，五价钒还原菌能够以氢、各种糖和有机酸作为电子供体来获取能量供其生长。由于选择葡萄糖作为最初的电子供体，在发酵微生物如 *Anaeroarcus burkinensis* 和 *Lactococcus* 作用下葡萄糖的氧化产物具有多样性，五价钒还原菌也展现出了多样性。在接种体和阳极液中均不存在 Fe^{3+}，运行过程中也很少有乙酸累积，因此没有发现与五价钒还原相关的异化金属还原菌，因为这类五价钒还原菌如 *Geobacter* 的生长需要 Fe^{3+} 和乙酸，而在的系统中未检测到两者的存在。尽管在接种样品中也存在厚壁菌门中的醋酸杆菌属，但是它们的功能主要是发酵葡萄糖，之后产生的乙酸让其他的异养菌消耗。有趣的是，其中检测到了氢呼吸微生物。例如，γ-变形菌门中的肠杆菌属和拟杆菌门中的 *Ruminobacillus* 有助于产氢，而未分类的绿弯菌门和螺旋菌门中的 *Sphaerochaeta* 则很可能消耗氢作为电子供体来还原五价钒。这表明在本研究中氢很可能是微生物还原五价钒的直接电子供体，其他微生物则继续协同发酵葡萄糖。然而，由于氢产生的同时即被消耗，因此未被检测出。以后将采用特定的纯菌进行鉴定试验。

由于接种体是处理高强度含硫废水工艺中的厌氧污泥颗粒，因此在样品 M 中发现了与硫相关的细菌［图 6.4（a）］。脱硫球茎菌属和δ-变形菌门中的脱硫弧菌属具有产电能力，脱硫弧菌属能够直接或间接还原五价钒，而绿菌门中的 *Chlorobaculum* 和γ-变形菌利用硫、硫代硫酸盐、硫酸盐、连二亚硫酸盐等作为电子受体，有机质作为电子供体提供能量和碳源（Zhang et al., 2013a; Rodriguez et al., 2011）。接种体中最初的硫酸盐（3.5mg/L）被还原继而被氧化循环发生，形成了天然的硫酸盐/硫化物的介质，因而加速了产电的发生（Cooney et al., 1996）。此外，硫化物的存在可能促进了五价钒的还原，因为五价钒易于还原。这表明系统中与硫相关的细菌的存在对产电和五价钒的还原也起着重要的作用。

6.1.5 钒的去除和回收

在微生物燃料电池阴阳极协同处理后，五价钒几乎检测不出，同时在阳极电极表面堆积有绿色沉淀。SEM 结果也证实了这一现象［图 6.6（a）］。EDS 分析表明沉淀物的主要组成成分为钒和磷［图 6.6（b）］。表明该沉淀物可能是一种磷酸氧钒，如绿色的磷钙钒矿［$CaV_2(PO_4)_2(OH)_4 \cdot 3H_2O$］，这在之前的研究中已有报道（Zhang et al., 2014; Ortiz-

Bernad et al.，2004）。之后，运行终止后的阳极液通过0.22μm的滤膜，过滤3次以去除其中的微生物，然后调节pH至6，在溶液中出现了许多细小的悬浮颗粒。图6.6（c）展示了对应这些悬浮颗粒的两个V 2p的XPS峰，在516.8eV处最强的峰，对应着V $2p_{3/2}$。左侧在524.5eV处的另一个峰对应着V $2p_{1/2}$。V $2p_{3/2}$与V $2p_{1/2}$之间的差值为7.7eV，根据文献可知为四价钒的氧化物（Biesinger et al.，2010），再次证明四价钒是主要的还原产物。在沉淀之后，滤液中溶解性的总钒的浓度为34.8mg/L，总去除率为76.8%±2.9%，显示出微生物燃料电池相较于其他生物处理工艺的优越性。因此，可得出结论：微生物燃料电池工艺在产电的同时也利于处理含钒废水。通过结合其他合适的技术，在沉淀后微生物燃料电池的出水可以安全地排放。

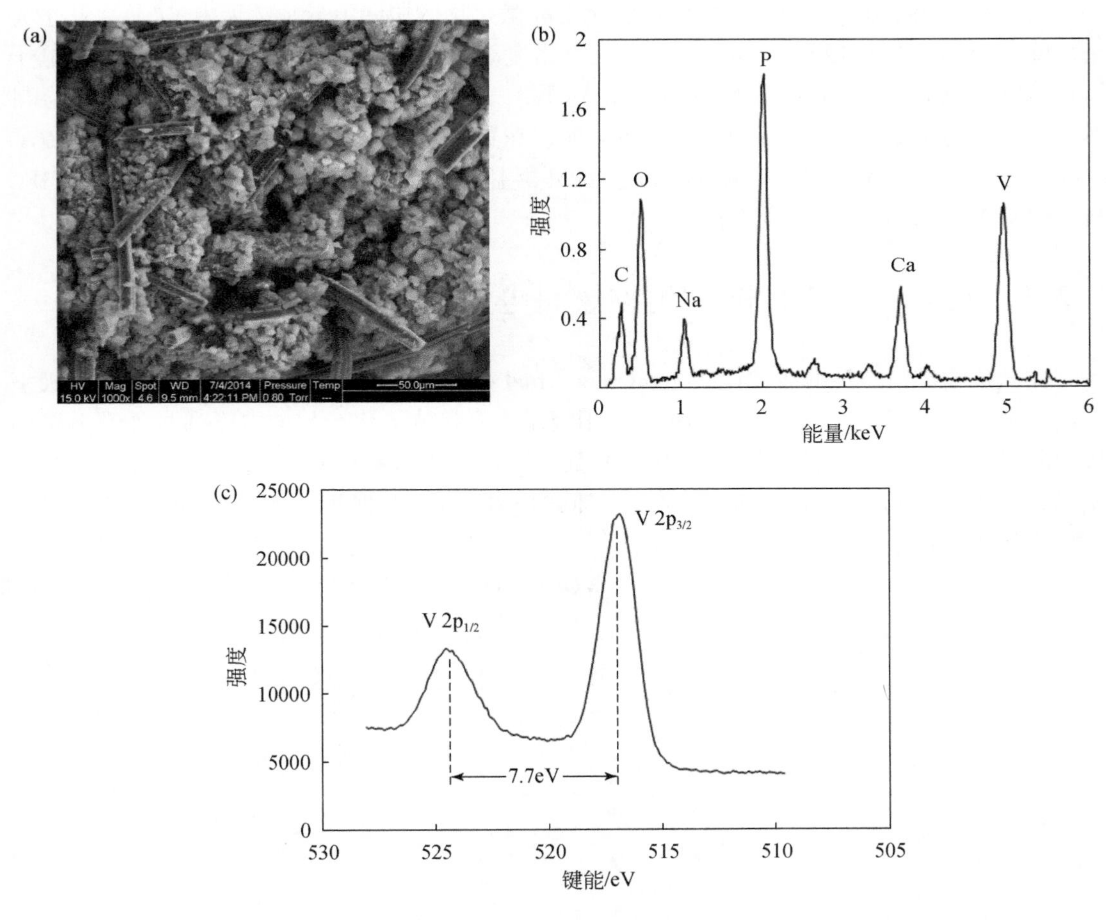

图6.6　微生物燃料电池阳极表面产物分析

（a）SEM；（b）EDS；（c）XPS

6.2　电场阴极对钒转化的影响

微生物燃料电池使用细菌作为催化剂氧化有机物产生生物电，使用代表性的Cr(Ⅵ)、

Hg(Ⅱ) 和 Cu(Ⅱ) 作为替代阴极电子受体，对具有较高氧化还原电位的重金属离子提供了安全处理的有效途径。V(Ⅴ) 在之前的研究中也是第一次被测试，并且在 0.99V 的良好半电池氧化还原电位（相对于标准氢电极）实现电化学还原为 V(Ⅳ) 并被固定（Carpentier et al., 2003），而依赖于 pH 的钒还原性能在中性条件下变差，但是微生物还原 V(Ⅴ) 在中性条件下可以顺利进行（Wang et al., 2017; Yelton et al., 2013），生物阴极的使用降低了电极的过电位，无需昂贵的催化剂，生物催化阴极还原是一种结合电化学和微生物功能的新兴技术，用于去除六价铬等多种污染物（Huang et al., 2015b）。本研究旨在揭示生物阴极的 MFC 中通过能量回收还原 V(Ⅴ) 的可行性。使用非生物阴极和生物反应器作为对照，证明了生物阴极的 MFC 对 V(Ⅴ) 清除加速和功率输出改善。

初始浓度为 200mg/L 的 V(Ⅴ) 在电化学和微生物的协同下导致 7 天内 V(Ⅴ) 几乎完全去除，得到 (529±12) mW/m^2 的最大功率密度。电化学测试表明，生物阴极促进电子转移并降低电荷转移电阻。XPS 分析证实 V(Ⅳ) 是主要的还原产物，在中性条件下会自然沉淀。高通量 16S rRNA 基因测序分析表明，在具有生物通道的 MFC 中，新出现的 *Dysgonomonas* 负责 V(Ⅴ) 还原，*Klebsiella* 主要负责生物电产生。研究进一步提高了基于 MFC 技术修复 V(Ⅴ) 污染环境的性能。

6.2.1 具有生物阴极的微生物燃料电池的性能

在微生物燃料电池非生物阴极（microbial fuel cell-abiotic cathode，MFC-AC）的阴极室中逐渐观察到 V(Ⅴ) 的去除（图 6.7）。阳极室中有机物氧化产生的电子通过外部电路转移到阴极，然后被消耗用于电化学 V(Ⅴ) 还原，但由于未调整 pH，效率低于之前研究中获得的效率（Zhang et al., 2015），因为较低的 pH 通过 H^+ 促进了 MFC 阴极室中 V(Ⅴ) 的电化学还原：

$$VO_2^+ + 2H^+ + e^- \longrightarrow VO_2^+ + H_2O \quad E^{\ominus} = 0.991V \tag{6.1}$$

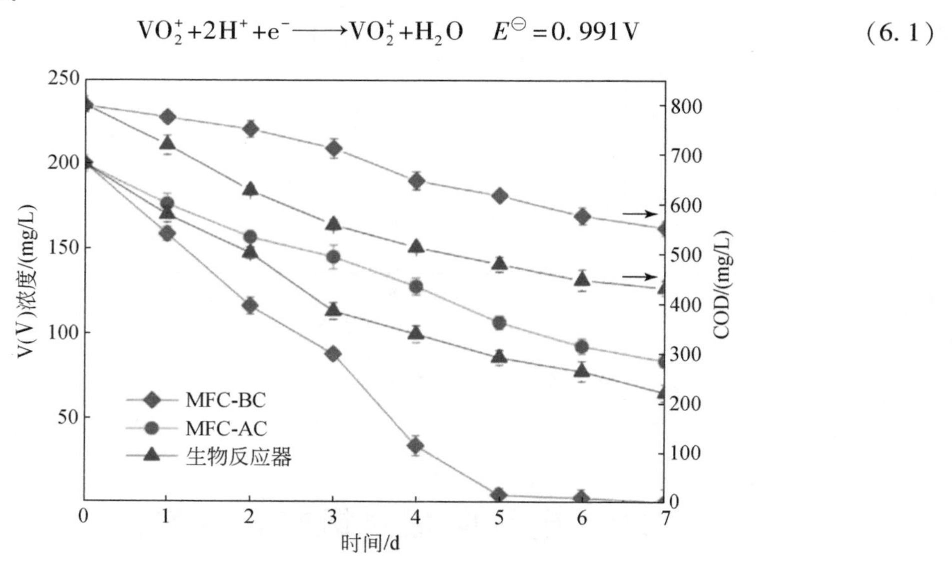

图 6.7 具有生物通道的 MFC 以及对照组中 V(Ⅴ) 浓度和 COD 的变化

关于生物反应器，随着时间的推移、有机物的消耗，通过厌氧代谢发生了具有相当效率的明显 V(Ⅴ) 去除（Liu et al., 2016）。当使用生物阴极时，由于电化学和微生物的协同还原，在微生物燃料电池生物阴极（microbial fuel cell-biological cathode，MFC-BC）中实现了对 V(Ⅴ) 的显著增强去除（图 6.7）。电化学氧化是去除 V(Ⅴ) 的主要原因，MFC-BC 的性能优于 MFC-AC，因为在阴极室中，累积的电化学活性微生物加速了电子转移，因为它们可以将电子从阴极有效地转移到高价金属离子（Huang et al., 2015b）。虽然生物反应器中消耗的有机物更多，但在此期间 V(Ⅴ) 的去除速率比 MFC-BC 慢，因为较高浓度的 V(Ⅴ) 会产生轻微的毒性抑制作用。然后，在整个运行周期的剩余时间内，微生物还原主导了 V(Ⅴ) 的去除。由于在最初 3 天内保存了相对较高的有机物浓度，MFC-BC 维持了比生物反应器更有效的 V(Ⅴ) 去除（图 6.7）。7 天后，MFC-BC 中 V(Ⅴ) 几乎完全去除。

前 3 天，在较高的 V(Ⅴ) 浓度下，所有 MFC 都具有较高的阴极电位（图 6.8）。MFC-BC 的最大功率密度为（529±12）mW/m^2，也高于 MF-AC [（478±11] mW/m^2]，这意味着生物阴极促进了能量回收，同时消除了 V(Ⅴ) 污染，在对 Cr(Ⅵ) 等其他重金属去除的研究中也得到证明（Huang et al., 2015a）。MFC-BC 的循环伏安分析（cyclic voltammetry，CV）较大闭合曲线面积和较高的电流也证实了生物通道促进了电子转移（图 6.9）。通过电化学阻抗谱（electrochemical impedance spectrum，EIS）分析评估反应过程的电阻，以了解生物电极的电化学特性（图 6.10），建立了双时间常数模型的等效电路。MFC-BC 中两个反应界面的电荷转移电阻小于 MFC-AC，这得益于电化学活性细菌在生物炭中的聚集。由于 V(Ⅴ) 还原更快导致电导率下降更快，MFC-BC 的溶液电阻略大于 MFC-AC（Li et al., 2016）。MFC-BC 的阴极电解液电导率比 MFC-AC [（0.35±0.06）mS/cm] 低。在两个 MFC 中观察到双层反应，这意味着 V(Ⅴ) 的不溶性还原产物会附着在阴极表面。机械冲击等可用于去除这些固体钒化学品，以更新阴极性能。然后随着 V(Ⅴ) 的迅速降低，MFC-BC 的阴极电位下降得更快，输出电压相应地变得低于 MFC-AC（图 6.8）。

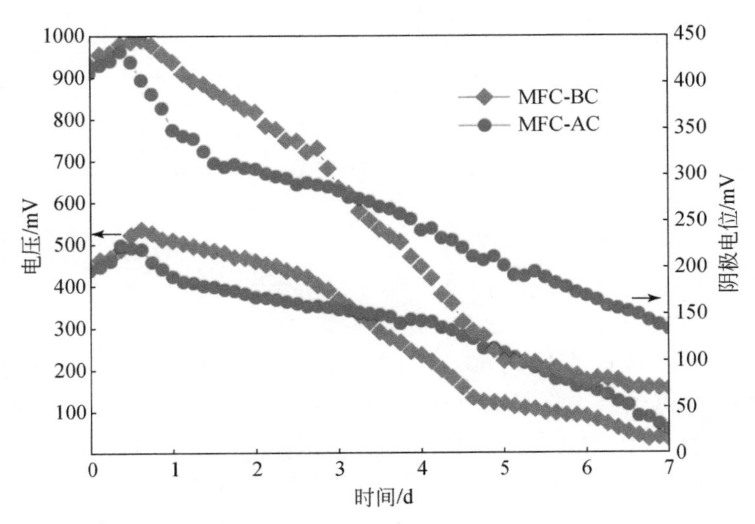

图 6.8　具有生物阴极和非生物阴极的微生物燃料电池在 7 天运行期间的输出电压和阴极电位

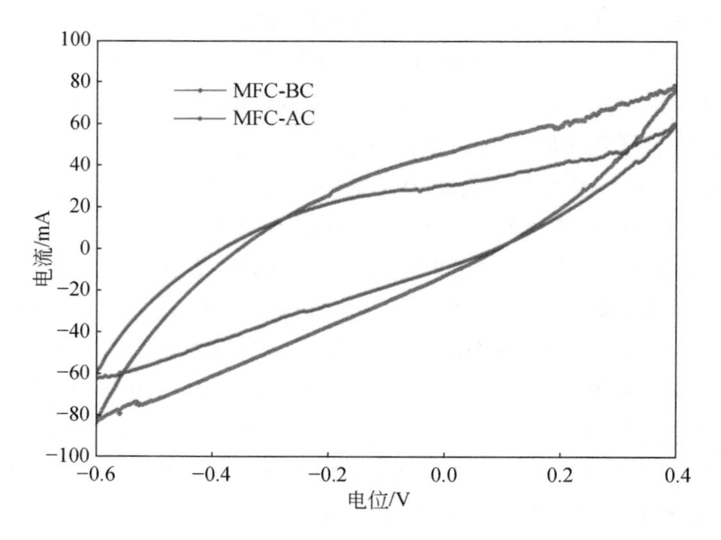

图 6.9　MFC-BC 和 MFC-AC 的电化学分析

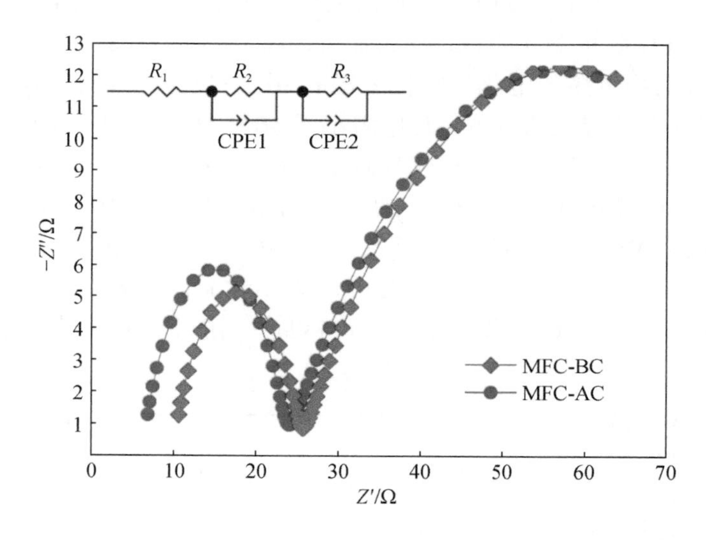

图 6.10　MFC-BC 和 MFC-AC 的 EIS 分析

6.2.2　机理研究

运行 7 天后总钒的去除率达到 60.7%±1.4%，MFC-BC 对 V(Ⅴ) 的污染有所缓解。在此期间，生物反应器中仅去除了 47.9%±1.1% 的总钒，MFC-AC 中的总钒浓度几乎没有变化。在整个实验过程中，MFC-BC 中会伴随出现绿色沉淀。通过 XPS 分析生成的沉淀物，V 2p 的高分辨率光谱如图 6.11 所示。峰值位于 517.45eV 和 524.95eV，分别为 V(Ⅴ) 的 V $2p_{3/2}$ 和 V $2p_{1/2}$，而位于约 516.3eV 的子带被鉴定为 V(Ⅳ)（Biesinger et al.,

2010)，证实了V(Ⅳ)的生成，其主要成分为磷钙钒矿（Hao et al.，2015）。该结果表明，在MFC-BC中V(Ⅴ)主要通过电化学和微生物学方式还原为V(Ⅳ)，与地下水中V(Ⅴ)的生物还原结果一致（Yelton et al.，2013）。V(Ⅳ)在天然水体pH范围内的溶解度较小，在中性条件下可自然沉淀（Ortiz-Bernad et al.，2004），从而有效修复V(Ⅴ)污染环境。

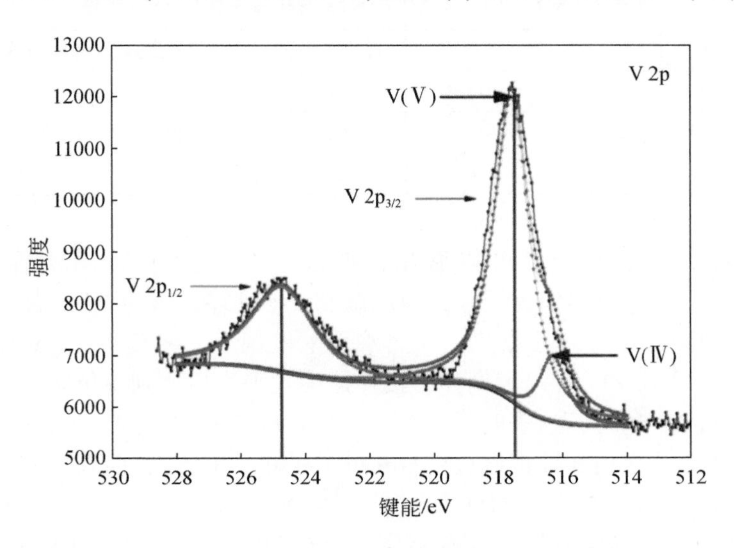

图6.11　从MFC-BC中收集的沉淀物进行XPS分析

除了直接从外部电路接收电子进行V(Ⅴ)还原外，微生物在这一过程中还在MFC-BC中发挥了关键作用。实际上，与最初的接种体相比，微生物群结构是随着MFC的V(Ⅴ)形态和MFC的特定配置而进化。如稀释性曲线以及Chao1指数和Ace指数估计所反映的（图6.12和表6.1），生物反应器中的物种丰度略有下降，表明大多数微生物耐受V(Ⅴ)浓度低于230mg/L（Kamika et al.，2012）。然而，通过选择微生物燃料电池阴极室

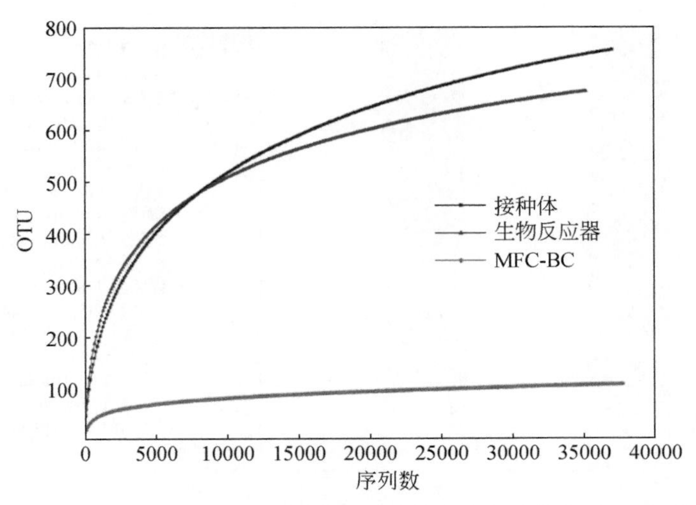

图6.12　基于MFC-BC以及生物反应器和接种体的生物通道的高通量序列稀释性曲线

OTU的拉伸距离为3%

中的电化学活性，微生物燃料电池的电化学活性显著降低。基于 Simpson 指数和 Shannon 指数的群落多样性中也观察到了类似现象（表 6.1），因为一些细菌无法在 V(Ⅴ) 型 MFC 的阴极室中存活。

表 6.1　MFC-BC 以及生物反应器和接种体的 α 多样性

	读入	读出	Ace 指数	Chao1 指数	Shannon 指数	Simpson 指数	覆盖度
接种污泥	37006	755	915	919	4.21	0.0486	0.995
生物反应器	32975	518	653	680	4.21	0.0341	0.996
MFC-BC	35510	156	234	242	2.24	0.2187	0.999

从纲水平上系统型的丰度可以看出，细菌群落发生了演替以适应不同的条件［图 6.13（a）］。生物反应器中放线菌、螺旋菌和 α-变形菌累积明显，而 γ-原生菌、放线菌和拟杆菌在 MFC-BC 中进一步富集。在属水平上发现了一些负责 V(Ⅴ) 减少和生物电产生的关键物种［图 6.13（b）］。例如，接种体中几乎未检测到假单胞菌，但其在生物反应器中显著富集（10.5%），这表明假单胞菌是生物反应器中 V(Ⅴ) 减少的原因，因为其还原 V(Ⅴ) 的能力已在前面被报道过（Mirazimi et al., 2015），而在 MFC-BC 中其显著减少（0.4%），表明其对生物电的耐受性较弱。*Psychrobacter* 对 Cd（Ⅱ）、Cr(Ⅵ) 等重金属有较好耐受性，在生物反应器中也有累积，但在 MFC-BC 中很少（Wang et al., 2013）。MFC-BC 中新出现 *Dysgonomonas*，丰度较大（6.2%），有助于 V(Ⅴ) 的显著还原，表现出还原 V(Ⅴ) 的功能（Hao et al., 2015）。*Klebsiella* 在 MFC-BC 中占优势（34.2%），在接种体和生物反应器中极少出现，是一种能有效促进细胞外电子转移的电化学活性细菌，从而在 MFC-BC 中成功产生生物电（Zhang et al., 2013b）。此外，MFC-BC 中富集的 *Desulfovibrio*（1.14%）也有利于生物电的产生和 V(Ⅴ) 的还原，其电子转移和 Cr(Ⅵ) 还原能力已经被验证（Zhang et al., 2015；Joo et al., 2015）。

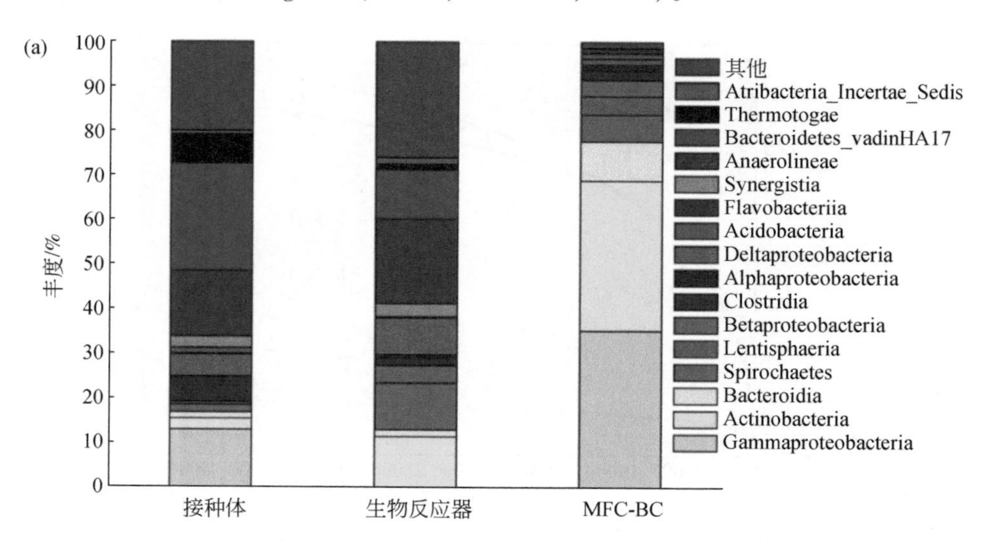

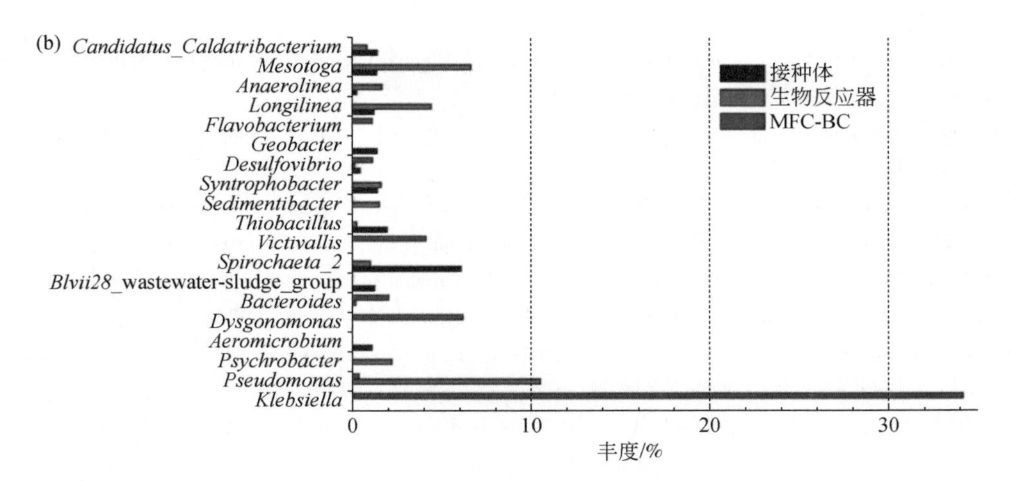

图 6.13 对 MFC-BC 以及生物反应器和接种体的微生物丰度

(a) 纲水平；(b) 属水平

参 考 文 献

Antipova A N, Lyalikova N N, Khijniak T V, et al. 1998. Molybdenum-free nitrate reductases from vanadate-reducing bacteria. FEBS Letters, 441 (2): 257-260.

Beolchini F, Fonti V, Ferella F, et al. 2010. Metal recovery from spent refinery catalysts by means of biotechnological strategies. Journal of Hazardous Materials, 178 (1-3): 529-534.

Biesinger M C, Lau L W M, Gerson A R, et al., 2010. Resolving surface chemical states in XPS analysis of first row transition metals, oxides and hydroxides: Sc, Ti, V, Cu and Zn. Applied Surface Science, 257 (3): 887-898.

Carpentier W, Sandra K, De Smet I, et al. 2003. Microbial reduction and precipitation of vanadium by *Shewanella oneidensis*. Applied and Environmental Microbiology, 69 (6): 3636-3639.

Cooney M J, Roschi E, Marison I W, et al. 1996. Physiologic studies with the sulfate-reducing bacterium *Desulfovibrio desulfuricans*: evaluation for use in a biofuel cell. Enzyme and Microbial Technology, 18 (5): 358-365.

Fagervold S K, Watts J E M, May H D, et al. 2005. Sequential reductive dechlorination of meta-chlorinated polychlorinated biphenyl congeners in sediment microcosms by two different Chloroflexi phylotypes. Applied and Environmental Microbiology, 71 (12): 8085-8090.

Hao L, Zhang B, Tian C, et al. 2015. Enhanced microbial reduction of vanadium(Ⅴ) in groundwater with bioelectricity from microbial fuel cells. Journal of Power Sources, 28 (7): 43-49.

Huang J, Huang F, Evans L, et al. 2015a. Vanadium: Global (bio) geochemistry. Chemical Geology, 417 (6): 68-89.

Huang L, Qiang W, Jiang L, et al. 2015b. Adaptively evolving bacterial communities for complete and selective reduction of Cr(Ⅵ), Cu(Ⅱ), and Cd(Ⅱ) in biocathode bioelectrochemical systems. Environmental Science and Technology, 49 (16): 9914-9924.

Joo J O, Choi J H, Kim I H, et al. 2015. Effective bioremediation of cadmium(Ⅱ), nickel(Ⅱ), and chromium(Ⅵ) in a marine environment by using *Desulfovibrio desulfuricans*. Biotechnology and Bioprocess Engineering, 20: 937-941.

Kamika I, Momba M. 2012. Comparing the tolerance limits of selected bacterial and protozoan species to vanadium in wastewater systems. Water, Air, and Soil Pollution, 223: 2525-2539.

Li H, Feng Y, Zou X, et al. 2009. Study on microbial reduction of vanadium matallurgical waste water. Hydrometallurgy, 99 (1-2): 13-17.

Li R, Feng C, Hu W, et al. 2016. Woodchip-sulfur based heterotrophic and autotrophic denitrification (WSHAD) process for nitrate contaminated water remediation. Water Research, 89: 171-179.

Liu H, Zhang B, Xing Y, et al. 2016. Behavior of dissolved organic carbon sources on the microbial reduction and precipitation of vanadium(Ⅴ) in groundwater. RSC Advance, 56: 97253-97258.

Martins M, Faleiro M L, Da Costa A M, et al. 2010. Mechanism of uranium(Ⅵ) removal by two anaerobic bacterial communities. Journal of Hazardous Materials, 184 (1-3): 89-96.

Marwijk V J, Opperman D J, Piater L A, et al. 2009. Reduction of vanadium(Ⅴ) by *Enterobacter cloacae* EV-SA01 isolated from a South African deep gold mine. Biotechnology Letters, 31 (6): 845-849.

Mirazimi S M J, Abbasalipour Z, Rashchi F. 2015. Vanadium removal from LD converter slag using bacteria and fungi. Journal Environmental Management, 153: 144-151.

Ortiz-Bernad I, Anderson R T, Vrionis H A, et al. 2004. Vanadium respiration by Geobacter metallireducens: novel strategy for *in situ* removal of vanadium from groundwater. Applied and Environmental Microbiology, 70 (5): 3091-3095.

Rezaei F, Xing D, Wangner R, et al. 2009. Simultaneous cellulose degradation and electricity production by *Enterobacter cloacae* in a microbial fuel cell. Applied and Environmental Microbiology, 75 (11): 3673-3678.

Rodriguez J, Hiras J, Hanson T E. 2011. Sulfite oxidation in *Chlorobaculum tepidum*. Front in Microbiology, 2: 112.

Wang G, Zhang B, Li S, et al. 2017. Simultaneous microbial reduction of vanadium(Ⅴ) and chromium(Ⅵ) by *Shewanella loihica* PV-4. Bioresource Technology, 227: 353-358.

Wang X, Liu M, Wang X, et al. 2013. *P*-benzoquinone-mediated amperometric biosensor developed with psychrobacter sp. for toxicity testing of heavy metals. Biosensors and Bioelectronics, 41: 557-562.

Yelton A P, Williams K H, Fournelle J, et al. 2013. Vanadate and acetate biostimulation of contaminated sediments decreases diversity, selects for specific taxa, and decreases aqueous V^{5+} concentration. Environmental Science and Technology, 47 (12): 6500-6509.

Zhang B, Zhao H, Shi C, et al. 2009. Simultaneous removal of sulfide and organics with vanadium(Ⅴ) reduction in microbial fuel cells. Journal of Chemical Technology and Biotechnology, 84 (12): 1780-1786.

Zhang B, Zhang J, Liu Y, et al. 2013a. Identification of removal principles and involved bacteria in microbial fuel cells for sulfide removal and electricity generation. International Journal of Hydrogen Energy, 38 (33): 14348-14355.

Zhang Y, Angelidaki I. 2013b. A new method for *in situ* nitrate removal from groundwater using submerged microbial desalination-denitrification cell (SMDDC). Water Research, 47: 1827-1836.

Zhang J, Dong H, Zhao L, et al. 2014. Microbial reduction and precipitation of vanadium by mesophilic and thermophilic methanogens. Chemical Geology, 370 (26): 29-39.

Zhang B, Tian C, Liu Y, et al. 2015. Simultaneous microbial and electrochemical reductions of vanadium(Ⅴ) with bioelectricity genera tion in microbial fuel cells. Bioresource Technology, 179: 91-97.

第7章 结论与展望

7.1 结　　论

采矿、冶炼等过程将大量的钒排放到环境基质中，对人类的生存和健康造成严重威胁。重金属钒污染在诸多环境污染调查中已有发现，但针对钒的地球化学转运特征、对钒在地质环境中赋存状况所开展的系统性研究仍被忽视。微生物被认为是环境钒转运过程中不可或缺的一部分，然而，关于环境中微生物对五价钒还原过程的研究有限，且还原钒机理有待探讨。

本研究立足于攀枝花矿区，系统地讨论了地质环境多种基质（土壤、大气、水和沉积物）中钒存在的时空分布规律及微生物群落分布特征。同时微生物具有可连续去除钒的特性，进一步探讨了其转化钒规律，研究了不同碳源、共存电子供体、共存电子受体及电场环境对实验室条件下微生物转化钒的影响，揭示还原五价钒的作用机理，为不同介质中钒污染的微生物修复提供理论和技术支撑。

本研究所取得的主要成果如下：

（1）表层土壤及垂直土壤剖面中的钒含量超过中国钒的土壤背景值（82mg/kg），随着与钒冶炼厂距离的增加和剖面深度的增加，钒含量逐渐减少；冶炼厂周围的农田土壤中钒含量全国平均值为（115.5±121.1）mg/kg，在西南地区和华北地区钒含量最高，高生物利用度的还原性组分是钒的主要形态。所有样品的金属含量均显著富集，平均 PLI 为 1.51。儿童危害指数高于成人，表明健康风险升高；地下水中钒含量为 0.088mg/L，超过了我国饮用水标准的限值；而地表水中的钒倾向于沉淀到沉积物中；大气作为土壤和水体中钒污染的主要来源，春季钒含量最高，达（228.0±10.3）$\mu g/m^3$。微生物在不同环境基质中钒的生物地球化学循环中发挥着重要作用。来自不同环境基质的微生物群落结构多样。放线菌门（Actinobacteria）、拟杆菌门（Bacteroidetes）、变形菌门（Proteobacteria）、厚壁菌门（Firmicutes）和绿弯菌门（Chloroflexi）易在土壤和沉积物中富集。水样中的丰度和多样性较低，变形菌门（Proteobacteria）在地下水中广泛分布并占主导地位。芽孢杆菌属（*Bacillus*）在钒含量较高的环境样品中相对丰度最高，被报道具有钒还原功能。

（2）混合微生物还原钒最适碳源为乙酸盐，钒去除率随着 COD、pH 和电导率的增加先升高后降低。微生物群落多样性降低，拟杆菌属（*Paludibacter*）、醋酸杆菌属（*Acetobacterium*）、颤螺旋菌属（*Oscillibacter*）将有机物质降解为小分子酸，为乳球菌属（*Lactococcus*）和肠杆菌属（*Enterobacter*）微生物还原钒供能；木屑与硫颗粒以及菲、吡啶等有机物作为共存电子供体时，微生物利用共存电子供体降解所产生的中间产物还原钒。地杆菌属（*Geobacter*）、长杆菌属（*Prolixibacter*）和类麦氏杆菌属（*Macellibacteroides*）微生物参与木屑的发酵，并将其转化为糖和有机酸为微生物还原钒供能，地杆菌属

(*Geobacter*) 和醋酸酐菌属使用甲醇和非降解的中间体作为电子供体用于钒还原。芽孢杆菌属 (*Bacillus*) 和假单胞菌属 (*Pseudomonas*) 实现了同步吡啶和钒去除；自然界中普遍存在的 NO_3^-、Fe^{3+}、SO_4^{2-}、CO_2、Cr(Ⅵ) 和氯酚等共存电子受体影响了五价钒的还原，体系中存在着能直接或间接参与这些共存的电子受体减少的微生物，如地杆菌属、长线藻属 (*Longilinea*)、互营杆菌属 (*Syntrophobacter*)、螺旋体 (*Spirochaeta*)、厌氧绳菌属 (*Anaerolinea*)、假单胞菌属、丛毛单胞菌属 (*Comamonas*)、不动杆菌属 (*Acinetobacter*) 等；利用微生物燃料电池对阴阳电极中不同含量五价钒的去除钒效果结果表示，阳极液中的五价钒几乎被完全还原，同时微生物产生的电子量是产电及还原五价钒的限制性因素，δ-变形菌和拟杆菌以及螺旋菌对该过程起主要作用。生物阴极促进电子转移并降低电荷、转移电阻，拟杆菌门的 *Dysgonomonas* 有利于还原五价钒。

综上所述，矿区周边不同地质环境都受到了钒的污染，这主要是由钒冶炼厂的冶炼活动造成的。环境中钒含量随着基质、季节、空间的变化而改变，同时微生物对不同时空分布的钒有不同的响应特征，钒还原优势菌存在于各个钒污染严重的环境中。实验室条件下模拟微生物转化钒过程，表明共存物质和环境因子通过改变微生物优势物种共同影响钒还原，是影响环境介质中钒转运过程的重要因素。本研究揭示了钒现状及其地球化学命运，为进一步发展钒生物修复技术提供理论基础。

7.2 展　　望

随着钒在现代工业中应用越来越广泛，钒的环境危害引起更多的重视，新发布的《生活饮用水卫生标准》(GB 5749—2022) 将于 2023 年 4 月 1 日起实施，其中新增了钒的限值（不高于 0.01mg/L)，此标准高于欧盟的标准，可见我国对钒危害的高度重视。厘清钒的时空分布特征和微生物转化规律，对于钒污染环境的有效修复极为重要。虽然已有部分相关研究，此领域仍存在大量的知识空白，建议从以下几方面继续加强研究：

(1) 区域尺度冶炼场地钒的分布特征及对微生物群落的影响机制。虽然已有全国冶炼场地周围农田钒分布的报道，但其相较于冶炼场地本身，污染相对较轻，而冶炼场地的整体钒浓度水平尚未揭示；现有钒冶炼场地微生物生态的研究主要集中在场地尺度，展示了钒对微生物群落的影响，但缺乏更大尺度的视角下钒对微生物群落塑造和功能微生物影响规律的认识。除土壤外，大气、水体、沉积物中也有钒的存在，其分布规律及微生物响应特征，也需在更大尺度上揭示。

(2) 环境介质中钒的赋存形态及生态系统内钒的迁移转化规律。固相介质中钒的形态，虽常用顺序提取法分析，但所获取的信息有限，需采用更高端的分析手段，对其赋存形态进行细致揭示，钒冶炼的主要产品为五氧二钒、三氧化二钒，而产生的冶炼灰的粒径在纳米级，所以预测固相介质中会有钒氧化物纳米颗粒存在，而纳米材料的环境行为不同于溶解态，具有更大的环境风险，需格外重视；在深部土壤中，仍观察到较高浓度的钒存在，指示钒从表层土壤迁移到深部，而迁移规律及其中微生物的作用需进一步揭示，钒在水相-沉积相以及土壤-植物/动物系统的迁移特征也需深入探究。钒的转化，与碳、氮、硫、磷等生源要素的生物地球化学循环密切相关，其规律及机理有待进一步阐释。

（3）冶炼场地地质环境中钒的来源及源头阻控。“焙烧-酸浸-沉淀”是常用的钒冶炼工艺，焙烧常添加钠盐或钙盐，酸浸时常使用硫酸，氯化铵是主要的沉淀剂。冶炼过程产生的废水、废气、废渣，是地质环境中钒的主要来源。研发先进的湿法冶金或生物冶金，可避免焙烧过程产生废气污染，沉钒废水呈酸性，含钒、氨氮、硫酸等污染物，可探究生物处理的可行性与性能优化，冶炼渣中钒的释放受到微生物影响，定向调控微生物群落以实现源头可溶性钒的溶出值得深入探究。